北京理工大学"双一流"建设精品出版工程

Adaptive Control Theory and Application
(2nd Edition)

自适应控制理论与应用
（第2版）

张卫忠 王伟 赵良玉 ◎ 主编

北京理工大学出版社
BEIJING INSTITUTE OF TECHNOLOGY PRESS

版权专有　侵权必究

图书在版编目（CIP）数据

自适应控制理论与应用 / 张卫忠，王伟，赵良玉主编. -- 2版. -- 北京：北京理工大学出版社，2022.6（2025.1重印）
ISBN 978 - 7 - 5763 - 1376 - 5

Ⅰ. ①自… Ⅱ. ①张… ②王… ③赵… Ⅲ. ①自适应控制 - 高等学校 - 教材 Ⅳ. ①TP273

中国版本图书馆 CIP 数据核字（2022）第 098201 号

责任编辑：陈莉华	**文案编辑**：陈莉华
责任校对：周瑞红	**责任印制**：李志强

出版发行 /	北京理工大学出版社有限责任公司
社　　址 /	北京市丰台区四合庄路6号
邮　　编 /	100070
电　　话 /	（010）68944439（学术售后服务热线）
网　　址 /	http://www.bitpress.com.cn
版 印 次 /	2025年1月第2版第3次印刷
印　　刷 /	廊坊市印艺阁数字科技有限公司
开　　本 /	787 mm × 1092 mm　1/16
印　　张 /	13
彩　　插 /	2
字　　数 /	318 千字
定　　价 /	59.00 元

图书出现印装质量问题，请拨打售后服务热线，负责调换

题献

北京理工大学"十四五"规划教材项目及研究生教育教学改革项目支持

前言(第2版)

按照习近平总书记提出的"因事而化、因时而进、因势而新"的理念,本书编者根据近年来的教学实践,对原书第1版进行了改进,修正和更新了其中的一些内容。特别是针对习总书记强调要给学生以深刻的学习体验,打造"实践感强"的育人模式的指示精神,我们在新版中更加注重学生在实践方面能力的培养,额外增加了自适应控制理论在半实物仿真系统中的实践。本书主要内容来自编者在北京理工大学为研究生开设的"自适应与鲁棒控制"课程中的备课资料和讲义。在多年的上课过程中,我们当时选用的教材是瑞典著名控制理论科学家 Karl Johan Åström 的 *Adaptive Control* 这本关于自适应控制的经典教科书,但是学生们普遍反映对于全英文教材的学习感觉比较费劲,理解上有一定难度。因此,我们编写了这本适合国情的针对高年级本科生及研究生的中文教材。在编写的过程中,我们遵循的原则是"博采众长、有所取舍",因此广泛参考了国内外的相关教材,并进行了有目的的取舍。希望本书能体现出自适应控制理论核心和关键的知识点,并由此培养学生独立思考和解决问题的能力。

本书在第1版的基础上增加了课程思政和实践部分的内容,并围绕理论发展方向增加了自适应理论与人工智能方向的关联内容,启发学生们持续追踪理论前沿,引导学生不断钻研新理论、新方法。本书主要分为10章。第1章主要是从宏观的角度介绍了自适应控制理论提出的背景和意义,培养学生努力学习和勇于创新的精神;第2章介绍了自适应控制的数学基础,力求给学生奠定良好的解决问题的基础;第3章介绍了实时参数估计,注重具体的技术细节讲述;第4章介绍了模型参考自适应控制,引入向模范学习的思政点;第5章是自校正控制,熏陶同学们自我驱动的精神追求;第6章介绍了一些主要的非线性自适应控制,这部分内容作为基本自适应控制的拓展;第7章介绍了自适应观测器的设计;第8章列举了几个关于自适应控制理论的应用实例,第9章内容为采用半实物仿真系统进行自适应控制理论的应用实践;第10章是与自适应理论相关的人工智能理论方法内容,这部分实际上是对理论发展的一个展望,并希望引导学生们打下扎实理论基础,培养同学继续钻研先进理论的精神。

最后对北京理工大学出版社的编辑在本书编写过程中的协助以及提出的建议表示深深的感谢。

前言（第1版）

编写这本书的初衷来源于编者在北京理工大学为高年级本科生开设的"自适应控制理论及其应用"，以及为研究生开设的"自适应与鲁棒控制"课程。在多年的上课过程中，当时选用的教材是瑞典著名科学家 Karl Johan Åström 的 *Adaptive Control* 这本关于自适应控制的经典教科书，但是学生觉得全英文还是有一定难度，因此编写一本适合高年级本科及研究生的教材成为我们的目的。在编写的过程中，我们遵循的原则是"博采众长、有所取舍"，因此广泛参考了国内外的相关教材，并进行了有目的的取舍。希望本书能体现出自适应控制理论最核心和最关键的知识点，并由此培养学生独立思考解决问题的能力。

本书主要分为8章。第1章主要是从宏观的角度阐述了自适应控制理论提出的背景和意义；第2章介绍了自适应控制的数学基础；第3章介绍了实时参数估计；第4章介绍了模型参考自适应控制；第5章介绍了自校正控制；第6章介绍了一些主要的非自适应控制，这部分内容作为基本自适应控制的拓展；第7章介绍了自适应观测器的设计；第8章列举了几个关于自适应控制理论的应用实例，其主要来自编者自2010年以来在北京理工大学开设的博士生课程"自适应与鲁棒控制"中学生根据理论知识体现出来的分析和解决问题的理论应用过程。

在课程的建设过程中，北京理工大学系统与仿真实验室的老师给予了编者很大的支持，特别是孟秀云教授编撰了第1版的本课程教学大纲，正是以此为基础编者开始了课程内容的修订和准备。课题组的其他同事，如王肇敏高级实验师、单家元教授、刘永善副教授、徐红副教授、贾庆忠副教授、王佳楠副教授、丁艳副教授、王彦恺讲师等对本书的编写也多有帮助，在此表示感谢。在课程的多年教学过程中，编者根据课程教学过程获得的反馈，对教学内容不断地进行改进与更新。有部分学生的相关应用实例列入了本书内容之中，对于学生们在此过程中做出的工作，由于人数众多，不能一一列出，在此仅列出部分名单如下：兰宏炜、刘惠明、邓剑峰、张宇桐等。笔者的硕士生郑青青同学参与了校核工作。

最后对北京理工大学出版社的孙澍编辑表示感谢，感谢在本书编写过程中给出的意见和协调工作。

目 录
CONTENTS

第1章 自适应控制概述 ·· 001
1.1 自动控制的提出 ··· 001
1.2 自适应控制的创立 ·· 005
1.3 自适应控制系统的类型 ·· 008
1.4 自适应控制理论的发展 ·· 010
习题 ··· 015

第2章 自适应控制的数学基础 ·· 016
2.1 状态方程、传递函数与时序模型 ·· 016
    2.1.1 连续系统的状态方程与传递函数 ·· 016
    2.1.2 离散系统的状态方程、脉冲传递函数 ·································· 017
    2.1.3 时序模型 ··· 017
2.2 Diophantine方程与非最小实现 ··· 018
2.3 Lyapunov稳定性理论 ·· 020
2.4 超稳定性理论 ··· 028
习题 ··· 031

第3章 实时参数估计 ·· 033
3.1 系统辨识的基本概念 ··· 033
3.2 最小二乘法 ·· 035
3.3 递推最小二乘法 ··· 037
3.4 具有遗忘因子的递推最小二乘法 ·· 039
3.5 闭环系统辨识 ··· 040
    3.5.1 问题的出现 ·· 040
    3.5.2 什么是闭环系统可辨识 ·· 040
    3.5.3 闭环状态下的辨识方法和可辨识条件 ·································· 041

习题 ··· 043

第4章 模型参考自适应控制 ··· 045
4.1 系统结构 ··· 045
4.2 MIT 法则 ··· 048
4.3 基于 Lyapunov 理论的模型参考自适应 ··· 051
习题 ··· 058

第5章 自校正控制 ··· 060
5.1 自校正系统原理 ··· 060
5.2 极点配置自校正控制 ··· 064
5.3 最小方差自校正控制 ··· 065
5.3.1 预测模型 ··· 066
5.3.2 最小方差控制 ··· 068
5.3.3 最小方差自校正调节器 ··· 069
习题 ··· 073

第6章 非线性自适应控制 ··· 074
6.1 非线性自适应反步控制 ··· 074
6.1.1 反馈线性化 ··· 074
6.1.2 自适应反馈线性化 ··· 075
6.1.3 反步 ··· 076
6.1.4 自适应反步 ··· 078
6.2 自适应逆控制 ··· 081
6.3 变结构自适应控制 ··· 084
6.3.1 变结构自适应发展脉络 ··· 084
6.3.2 单变量变结构自适应控制 ··· 085
6.3.2 多变量变结构自适应控制 ··· 088
6.4 鲁棒自适应控制 ··· 090
6.4.1 H_∞ 控制概述 ··· 090
6.4.2 鲁棒稳定性与 H_∞ 性能指标之间的关系 ··· 094
6.4.4 H_∞ 自校正控制 ··· 095
习题 ··· 097

第7章 自适应观测器设计 ··· 099
7.1 基本设计方法 ··· 099
7.2 连续系统的自适应观测器 ··· 099
7.2.1 可观测标准型与非最小实现 ··· 099
7.2.2 典型自适应观测器 ··· 106
7.3 离散系统的自适应观测器 ··· 109

7.3.1 系统表现与问题的设定 ………………………………………………… 109
7.3.2 典型离散自适应观测器 ………………………………………………… 110
7.4 自适应观测器在自适应控制系统中的应用 ……………………………………… 113
习题 ……………………………………………………………………………………… 114

第8章 自适应控制应用 …………………………………………………………… 115
8.1 自适应控制应用发展历史 …………………………………………………… 115
8.2 导弹自适应滑模制导律 ……………………………………………………… 119
8.2.1 问题模型 ……………………………………………………………… 119
8.2.2 自适应滑模制导律设计 ……………………………………………… 120
8.2.3 应用效果 ……………………………………………………………… 121
8.3 针对火星探测器的自适应模型逆控制器设计 ……………………………… 123
8.3.1 问题背景 ……………………………………………………………… 123
8.3.2 自适应模型逆控制器设计 …………………………………………… 124
8.3.3 数值仿真及结果分析 ………………………………………………… 127
8.4 基于模型参考自适应的四旋翼控制器设计 ………………………………… 133
8.4.1 问题定义 ……………………………………………………………… 133
8.4.2 四旋翼控制模型 ……………………………………………………… 133
8.4.3 基于Lyapunov函数的模型参考自适应控制律设计 ………………… 134
8.4.4 仿真验证 ……………………………………………………………… 135

第9章 采用自适应控制的半实物仿真试验 ……………………………………… 138
9.1 问题描述 ……………………………………………………………………… 138
9.2 半实物仿真试验平台的构建 ………………………………………………… 140
9.2.1 半实物仿真系统构建 ………………………………………………… 140
9.2.2 实时仿真系统的工作原理 …………………………………………… 142
9.2.3 实时仿真系统硬件组成 ……………………………………………… 143
9.3 半实物仿真系统的软件设计与误差分析 …………………………………… 145
9.3.1 半实物仿真系统的软件设计与工作流程 …………………………… 145
9.3.2 半实物仿真系统误差分析 …………………………………………… 146
9.4 航空航天应用案例——高超声速飞行器轨迹优化半实物仿真试验 ……… 148
9.5 图像/电视制导远程火箭半实物仿真实验 …………………………………… 157
9.5.1 问题描述 ……………………………………………………………… 157
9.5.2 MRAC控制器设计 …………………………………………………… 160
9.5.3 室内图像制导半实物仿真系统应用方案 …………………………… 162
9.4.4 室外图像制导半实物仿真系统与火箭橇结合应用方案 …………… 170
9.4.5 半实物仿真结果 ……………………………………………………… 172
习题 ……………………………………………………………………………………… 184

第 10 章　自适应与人工智能 ……………………………………………… 185
10.1　概述 …………………………………………………………… 185
10.2　深度学习网络与自适应 ………………………………………… 187
10.3　强化学习与自适应 ……………………………………………… 189
10.4　通用人工智能 …………………………………………………… 192
10.5　总结 …………………………………………………………… 192
习题 …………………………………………………………………… 193

参考文献 ……………………………………………………………… 194

第1章
自适应控制概述

1.1 自动控制的提出

社会生产力的发展随着人们改造世界的手段和方式水平的提高而变化剧烈。马克思主义认为：生产力决定生产关系，生产关系反作用于生产力。在这个过程中，一代代劳动人民通过思考，想出了解决一个又一个理论与实践问题的办法或者方案，推动了社会生产力的不断进步，生产力从极不发达状态到今天开始应用各类人工智能，技术突飞猛进，效率日新月异。从一开始由人来担任各种繁杂任务的主要执行者到由各种自动化设备机械来承担主要工作，技术的进步解放了人们手脚的同时也提高了生产效率。古人云：士不可以不弘毅，任重而道远。精神力量的奋发促成了一代代人们追求美好生活，追求更高效的生产力。自动控制在促进生产力提高中承担了很重要的作用，它是人们通过思考设计的改造世界的一种有效方案。从控制论的观点来说，人类社会发展至今已经经历了两个时代：人力时代和机械化时代，现在开始进入第三个时代——自动化时代或智能化时代。自动控制是指在无人干预的情况下，利用外加的设备或装置，使机器、设备或生产过程等（统称被控对象）的某一个工作状态变量或参数（称为被控量，如温度、压力等）自动、准确地按照预期的规律运行。在过程中无须人参与，但是控制方面很重要规律的设计和控制器的制作是必须由人来完成的，自动只是指一旦设定规律，造出并应用控制器后，就不需要控制者再干预，被控对象会按照设计的规则自行运作，实现控制者的愿望。

自动控制学科是一个包罗万象的学科，融合了信息论、电子技术、计算机技术等各个方面，控制理论的发展和实现极大地提高了人们的工作效率，提高了社会生产力。从理论方面的发展来看，自动控制大体上可分为三个发展阶段，即古典控制理论、现代控制理论和智能控制理论阶段。目前人工智能受到越来越多人的重视，其可以与控制论相结合，或者说基于人工智能的控制使得无数原来需要人去做的、低效率完成的工作可以由程序化的计算机通过控制特定的设备来完成。目前，工业使用的自动化设备大多数还是基于古典控制理论的成果。古典控制理论是以传递函数为基础的一种控制理论，控制系统的分析与设计是建立在某种近似和试探基础上的，控制对象只能是单输入单输出系统，对于多输入多输出控制系统、时变控制系统、非线性控制系统等，则是无能为力的。其主要的分析方法有频率特性分析法、根轨迹分析法、描述函数法、相平面法等。控制策略通常局限于反馈控制，典型的控制包括PID控制等。而在此基础上发展出来的现代控制理论是建立在状态空间上的一种分析方法，它的数学模型主要是状态方程，控制系统的分析与设计可以说是精确的。控制对象也可以是单输入单输出控制系统，也可以是多输入多输出控制系统，可以是线性定常控制系统，也可以是非线性时变控制系统，可以是连续控制系统，也可以是离散或数字控制系统。因此，现代控制理论的应用范围更加广泛。但这些控制对象也仅局限于已知系统之上。其分析与设计方法是建立在状态空间上的，主要的控制策略有极点配置、状态反馈、输出反馈等。控制理论的发展到了近代，产生了智能控制这一分支，智能控制包括最优控制、鲁棒控制、神经网络控制、自适应控制等。其控制对象可以是已知系统，也可以是未知系统，这里包括系统参数未知和系统状态未知。智能控制中的大多数控制策略不仅能抑制外界干扰、周围环境变化、系统参数变化的影响，而且能有效消除模型化误差的影响。

控制理论的发展实际上来源于实践应用需求的推动。在 19 世纪和 20 世纪，由于工业生产效率提升的要求，发展自动化被认为是一个可以大幅提高效率的方向，因此针对被控对象的主要特点进行研究，一般的被控对象在不同的工业领域中被抽象归纳出来，如船、飞机、武器系统或者化工厂中的某类环节等，对这些抽象出来的对象开展研究工作，设计和应用新的控制理论和控制方法。自动控制作为一个独立的工程学科，由于其广泛的用途得到了迅速发展。各处可见隐含的控制技术。如推动工业革命的蒸汽机的发明与改进中，自动化控制技术就体现了巨大的作用，从手工劳动向动力机器生产的转变，极大地提高了生产效率。1764年，英国的仪器修理工瓦特在修理蒸汽机模型时，发现了原来蒸汽机的缺点，于是进行了带有分离冷凝器的改进设计，解决了蒸汽机控制中存在的速度控制问题，使得机器以常速旋转。随着对蒸汽机的不断改进，瓦特于 1788 年发明了离心式调速器，进一步提高了机器的性能。利用调速器和控制阀对蒸汽机进行控制，从而组成一个闭环控制系统，但这样带来了一个副作用，即产生了稳定性问题，由此产生稳定性理论，一些工程师和科学家做出了推动性贡献，如 Watt、Maxwell、Routh 和 Hurwitz 等，这些在经典的自动控制课本中都有讲述。特别是苏联数学家李雅普诺夫（Lyapunov），他针对一般运动系统，不仅仅限于线性系统，提出了稳定性的定理，只要找到合适的 lyapunov 函数，经过推导证明，就能判断设计的控制系统是否稳定。在工业过程控制中，例如在电厂和化工厂生产过程中，工艺要求厂里各管道中的压力、温度等参数保持稳定问题，一般常用的解决方案是 PID（比例微分积分）控制，那么涉及的问题就是需要调节参数，John Ziegler 和 Nathaniel Nichols 于 1942 年提出了调节法则，直到现在还被广泛应用着，主要是依据过程临界周期和临界增益来计算最合适的整定参数值，这些规则目前可以通过程序设计整合到完全数字化的微处理器中，这样编程器可以自动地实现 Ziegler–Nichols 回路整定技术，方便实际使用。工业部门设计的各种传感器、阀门和通信系统，控制器都要满足一定的标准，以使得整个自动控制系统能够运行。

自动控制中突出的应用就是在飞行器控制中，一开始工程师试图模仿鸟类飞行，使得人能像鸟一样飞起来，很直观的想法就是建造像鸟类一样的装置，至少模仿鸟类的一些特点，如加上翅膀，当然这样首先要理解鸟类的动力学特性，进行模型建立然后进行控制系统设计与实现。想象力促进了人类的创造发明，也推动了人类的进步。从世界航天第一人、中国明朝的万户到美国的莱特兄弟发明世界第一架飞机，最终使得人类拥有了各种飞行装备，也使得地球成了一个村落。对于飞行器控制系统来说，除了对飞行器本身的动力学和运动学的准确把握之外，控制系统是其中的关键。一般而言，设计控制系统是针对特定的对象进行控制，主要需要掌握被控系统的本质特性，而不是一味地模仿已有生物体的表面特征，比如现在的飞行器一般的机翼就是固定的,而不是像鸟类一样可活动的。随着技术的进步,产生了自动驾驶仪的概念和装置,这其中就有自动控制回路的结构,这样很大程度上减小了飞行员的工作量,并使得系统更稳定和安全。在自动控制理论实施的领域,被控对象数学模型应该在物理上正确,但是又不需要完全与物理系统一致,关键是有用,有利于设计控制器,有利于真正地利用特性进行有效控制。本身不稳定系统有一定的优势,通过对鸟类的研究发现,系统本身不稳定时,它的灵活性和可操纵性会更好。在控制中,有效地处理信号的方法作为反馈环节的一部分是必不可少的,需要把测量数据和数学模型结合起来,测量中做出贡献的有 Kalman 等,在此基础上又有各种改进,如扩展 Kalman 滤波、粒子滤波等。谈起在此基础上的应用,不胜枚举。自动控制应用到各类大型企业,如在现代化发电厂中,集散控制系统被广泛利用。这些控制系统通常由专业的厂商提供,这些厂商负责进行系统销售和维护,主观上是为了企业的利益,客观上却是推动了社会生产力的发展。

现在互联网已经广泛深入社会日常生活中的方方面面,不要忘记控制技术在其中起的开创性作用。一开始在进行长距离(如跨洋通信)电话通信时,为了保持信号的有效性,信号放大器必不可少,然而因为电子元器件本身有内在非线性特性,传输信号的过程中会叠加很多的噪声并受到各种干扰,这样对于通信质量产生了巨大的不良影响。其解决方案是由美国工程师 Harold Stephen Black 于 1934 年提出的,他提出了负反馈放大器即 "Negative Feedback Amplifier"。这个发明在电子领域是革命性的,因为当时的各种电子器件本身是非线性的,长途传输信号带来了很多噪声问题,而通过这个负反馈,很大程度上成了线性。然而,系统加入负反馈放大器后,可能会使得系统不稳定而振荡,直到稳定性理论(由 Nyquist 和 Bode 做出了开创性贡献)被用来分析和确保系统的稳定性,它在电子行业的作用就更大了,长期以来被认为是电子领域在 20 世纪最伟大的发明。从这里可以看出,控制论中反馈概念在电子通信行业发展中起到了关键作用。

从自动控制理论与应用的历史发展可以看出,控制理论的发展完全是从实践中提取出来的,是要解决实际问题的。在其中很多杰出的数学家、物理学家、工程师都做出了突出的贡献。控制理论中的稳定性理论、各类智能控制理论(如最优控制等)的发展包含了前辈的努力,其中如 Hamilton、Bellman、Euler、Lagrange、Pontryagin、Kalman 等先驱都做出了开创性贡献。

围绕控制系统的应用与设计需求,设计者主要关注三点:控制的目的、控制系统的组成、控制系统的输出。

各种类型的传感器和作动器,可以构成各类特定目的的控制系统,如车床(通过控制振动幅度提高精度)、机器人(各种类型,包括手术机器人)和工业自动化系统等。控制系统越来越智能,人们的生活越来越丰富与便利,技术进步推动人类社会发展,控制系统在其中的作用越来越大。汽车辅助驾驶系统,乃至自动泊车、无人驾驶,将进一步便利人们的生活,如谷歌的无人驾驶汽车可帮助盲人便捷外出。控制系统中主要就是收集各种传感器的信息,然后进行分析、处理和计算,得到合适的输出指令,传递给作动器,这样执行机构就能使整个系统的运行满足预期要求。反馈是为了实现控制系统的自动实现目标和要求而设计的,这个概念最初是从生物学中获得启发而由控制论创始人维纳提出的,闭环控制系统使得系统可以自我运行并完成设定功能。

下面给出一般闭环控制系统的结构图。

如图 1.1 所示，这是典型的闭环控制系统，其中 $R(s)$ 是参考输入信号，一般是指令信号，$E(s)$ 是误差信号，$C(s)$ 是控制器环节，$G(s)$ 是被控对象环节，$Y(s)$ 是被控对象的输出，$H(s)$ 是反馈环节。从这张图可以看出什么是反馈，以及如何通过反馈形成闭环。

图1.1 典型闭环控制系统

闭环系统是用反馈回路来减小参考输入和系统输出之间的误差的。直观地看，反馈仅仅是减小了系统的误差，然而反馈对于系统的影响不仅在于减小误差，还影响系统的稳定性、带宽、整体增益、阻尼和敏感度。

典型反馈系统的闭环传递函数，这里不考虑 $C(s)$，可以表示为

$$M = \frac{Y}{R} = \frac{G}{1 + GH} \tag{1.1}$$

反馈对于系统增益的影响通过式（1.1）可以表示出来。在自动控制中，我们所指的反馈主要是指负反馈。因为一般来讲，负反馈才能使得系统趋于稳定，使得输出值与期望设定值趋于一致，而正反馈则有可能会使系统振荡，趋于不稳定。反馈的总体影响是它可能增加或者减小开环增益 G。在一个实际的控制系统中，G 和 H 是频率的函数，所以 $1 + GH$ 的幅值可能在一个频率时大于 1，而在另一个频率时小于 1。反馈对系统的稳定性有影响，稳定性是定义系统是否能跟踪输入指令，是有用的前提条件，而不稳定的系统是无法使用的。严格意义上，一个系统被称为不稳定，也就是它的输出失去控制，是不希望在正常系统中出现的。假如 $GH = -1$，系统的输出对于任何有限输入都是无限的，这样的系统就被称为不稳定系统，因此，我们可以说反馈能导致原来稳定的系统变得不稳定。反馈有两面性，一方面，它带来了一些好处，但是当它没有被正确地使用时，它能带来害处。

下面讨论一下反馈控制系统的类型。反馈控制系统根据不同的分析和设计方法，可以分为非线性系统和线性系统。现实世界中的系统大体上都有一定程度的非线性，但是非线性系统分析起来复杂，而且可以适用的理论工具不多。因此，如果可能，控制工程师还是希望把系统首先在一定范围内进行线性化，再利用各种理论工具进行分析设计。真实系统可以当成线性系统的条件是当系统中信号幅值范围在一定区间，且系统成分表现出线性特点，如符合叠加原理，这个系统本质上是线性的。但是当信号的幅值超过线性操作的范围，取决于非线性程度时，那么此时的系统不能看作线性系统，如控制系统中的放大器，当输入信号很大时有饱和效应，电机的磁场也有饱和特性，其他非线性特性包括齿轮间关系、摩擦力和弹簧的非线性等。非线性也不一定都是不好的特性，有时候通过非线性能提高控制系统的性能，如为了获得最小时间控制，在许多导弹和航天器的控制中使用开关控制。通常在这类系统中，喷气管安装在飞行器的边上，在一定时间内喷出一定量的气体，来控制飞行器的姿态。

相对于非线性系统的多变性和复杂性，线性系统表现的特点使得它们有一整套完善的处

理工具，非线性系统的处理没有一个通用的方法，因此我们通常对于实际系统的处理是忽略系统的非线性，先设计控制器，然后把设计的控制器应用到非线性系统中，经过试验进行调整改进。时变系统分析相对来说也比较困难，很多时候认为系统是非时变的，是合理的。当控制系统的参数相对于时间在系统运行过程中保持不变时，那么该系统称为时不变系统。实际上，大多数系统会随着时间而变化，如导弹控制系统，随着导弹的飞行，导弹的指令信号由于燃料的损耗会发生衰减。

　　根据系统中信号的特点，系统可以分为连续系统和离散系统。连续时间系统中的各部分信号是连续时间变量的函数，连续系统中的信号可以进一步被分为直流和交流。当我们说一个交流控制系统时，通常意味着系统中的信号通过了一定形式的调制；直流控制系统则意味着信号没有经过调制，但是它们仍然是交流信号。典型直流控制系统的组成是直流放大器、直流电机、直流电位计和直流转速计等。离散系统中的各部分信号是数字量，典型的离散系统包含计算机控制系统，由计算机控制系统中的计算机对信号进行处理。有一些系统实际上是混合系统，中间虽有连续环节，比如被控对象可能是连续的，而负责指令计算的部分是计算机，那却是离散的。

1.2　自适应控制的创立

　　自动控制理论通过反馈的引入已经能在一定程度上应对系统中存在的干扰，那人们又为什么要提出自适应控制呢？它与一般的自动控制（反馈控制）又有什么不一样的呢？这是因为在控制系统中的被控对象不是一成不变的，随着时间的推移以及工作环境的变化，原来系统中元器件的性能会发生不可避免的变化。这样就会导致原来进行控制规律设计时所依赖的模型变得不准确了，有时候还会导致原来建模时允许忽略的因素成为至关重要的部分。被控对象的特点发生了变化，如果控制规律不进行相应的变化，控制效果就很难达到理想情况。例如导弹或飞机的气动参数会随其飞行速度、飞行高度和大气密度而变。特别是导弹的飞行速度和飞行高度的变化范围很大，因此导弹所处的环境条件可在很大的范围内变化，如气动系数等就会相应地发生改变。除了环境变化对控制对象的影响外，控制对象本身的变化也可影响其数学模型的参数。例如导弹在飞行过程中，其重量和质心位置会随着燃料的消耗而改变，这会影响其数学模型的参数。于是，一个自然的问题是如何对控制规律进行设计，使得其能够应对对象的变化。事实上自动控制中的一个基本概念——反馈能在一定程度上应付对象的变化，然而对于某些变化仅通过单一的反馈是不能获得理想控制效果的。一个实际系统的数学模型是不可能描述它的全部动态特性的，未被描述的那部分动态特性称为未建模动力学特性，已被描述的那部分动态特性称为已建模动力学特性。当控制对象的数学模型参数在小范围内变化时，可用一般的反馈控制、最优控制或者补偿控制等方法来消除或减小参数变化对控制品质的有害影响。如果控制对象的参数在大范围内变化时，上面的这些方法就不能很好地解决问题。

　　为了解决控制对象参数在大范围内变化时，系统仍能自动地工作于最优或接近于最优的运行状态，提出了自适应控制。这种控制能在控制系统的运行过程中，通过不断地测量系统的输入、状态、输出或者性能参数，逐渐了解和掌握对象，然后根据所得的过程信息，按一定的设计方法，做出控制决策去更新控制器的结构、参数或者控制作用，以便在某种意义下使控制效果达到最优或次优，或达到某个预期目标，按此设计建立的控制系统就是自适应控制系统。自适应控制的英文为 Adaptive Control，是一种"你变我也变"的控制策略。自适应控制有许多不同的定义，到目前为止尚未统一，争论也比较多，许多学者提出的定义都是与具体的自适应控制系统类型相联系的。其中有些定义比较流行，概念也清楚。1962 年 Gibson 提出一个比较具体的自适应控制定义：一个自适应控制系统必须提供出被控对象当前状态的连续信息，也就是辨识对象；它必须将当前系统性能与期望的或最优的性能相比较，并做出使系统趋向期望或最优性能的决策；它必须对控制器进行适当的修正，以驱使系统走向最优状态。这三个方面的功能是自适应控制系统所必须具备的功能。1974 年法国学者 Landau 也提出了一个针对模型参考自适应控制系统的自适应控制定义：一个自适应系统，将利用其中的可调系统的各种输入状态和输出来度量某个性能指标；将所测得的性能指标与规定的性能指标相比较；然后，由自适应机构来修正可调系统的参数或者产生一个辅助的输入信号，以保持系统的性能指标接近于规定的指标。定义中提出的可调系统一般由被控制对象和调节器组成，它可以通过修改它的内部参数或者输入信号来调整其性能。综合以上定义，在本书中自适应控制可简单定义如下：在系统工作过程中，系统本身能不断地检测系统参数或运行指标，根据参数的变化或运行指标的变化，改变控制参数或改变控制作用，使得系统运行于最优或接近于最优工作状态。自适应控制也是一种反馈控制，但它不是一般的系统状态反馈或系统输出反馈，而是一种比较复杂的反馈控制。它和模糊控制、神经网络控制、鲁棒控制等同属于智能控制范畴。自适应控制系统比较复杂，即使对于线性定常被控对象，其自适应控制也是非线性时变反馈控制系统。自适应这种思想看起来很直观也容易理解，然而在真正进行具体实现时，存在一些问题，第一个是如何辨析对象的变化？有时候对象的变化是缓慢的，有些变化是很难测量的。第二个问题是如何应对这种变化？这两个主要问题正是自适应控制理论与实践要解决的。

笼统地说，自适应控制是一种适应性控制策略，它是根据检测到的性能指标的变化，产生相应的反馈控制律，以消除这种变化，达到预期的控制目标。自适应控制必备的功能是：能够从输入输出数据的分析中，检测到对象的变化，根据这种变化调节控制律。当对控制对象的动态特性知道很少或对象的动态特性具有不可预测的较大变化时，为了构造高性能的控制系统，产生了自适应控制系统。自适应，根据韦伯词典解释，是针对一个特定的或者新情况通过修正自身来适应。由此，自适应控制器的定义诞生了，它应该也是满足以上定义的，不过针对的是控制器这个对象，特定的情况就是控制器所应用的场合。

自适应控制系统能自动地适时地调节系统本身控制规律的参数，以适应外界环境变化、系统本身参数变化、外界干扰等的影响，使整个系统能按某一性能指标运行在最佳状态。自适应控制系统主要含有两个关键点，一是参数可调，二是有可以调节参数的机制。

1. 自适应控制的基本思想

在控制系统的运行过程中，系统本身不断地测量被控系统的状态、性能和参数，从而"认识"或"掌握"系统当前的运行指标并与期望的指标相比较，进而做出决策，来改变控制器的结构、参数或根据自适应规律来改变控制作用，以保证系统运行在某种意义下的最优或次优状态。按这种思想建立起来的控制系统就称为自适应控制系统。

实际上，从控制理论的发展来说，反馈控制、扰动补偿控制、最优控制，以及鲁棒控制等，都是为了克服或降低系统受外来干扰或内部参数变化所带来的控制品质恶化的影响。这些在一定范围或某个侧面上亦能克服或抑制某些不确定性或干扰的传统控制方法与自适应控制的区别在于：

自适应控制是主动去适应这些系统或环境的变化，而其他的控制方法一般是被动地、以不变应万变地靠系统本身设计时所考虑的稳定裕量或鲁棒性克服或降低这些变化所带来的对系统稳定性和性能指标的影响；好的自适应控制方法能在一定程度上适应被控系统的参数大范围变化，使控制系统不仅能稳定运行，而且能保持某种意义下的最优或接近最优，而其他控制方法只能适应小范围的变化或扰动，在一定范围保持系统稳定，伴随而来的还会降低系统的性能指标。

自适应控制也是一种基于模型的方法，与基于完全模型的控制方法相比，它所依赖的关于模型和扰动的先验知识比较少，自适应控制策略可以在运行过程中不断提取有关模型的信息，自动地使模型逐渐完善。

2. 自适应控制系统的基本组成

从图 1.2 中可以看出，设定值输入控制器后，控制器输出控制信号给被控对象，根据被控对象的输入输出进行分析，对控制器参数进行调整。在图 1.2 中给出了自适应控制的两个回路，一个回路是原有的一般反馈系统的回路，另一个是自适应控制系统独有的控制器参数调节回路。与传统的控制方法相比，自适应控制方法最显著的特点是，不但能控制一个已知系统，而且还能控制一个完全未知的系统或部分未知的系统。传统的控制方法例如 PID 控制、状态反馈控制、最优控制等，其控制对象只能是一个已知系统，即参数已知，状态已知。它的控制策略、控制规律往往是建立在已知系统的基础之上的。而自适应控制的控制策略、控制规律是建立在未知系统的基础之上的，它不但能抑制外界干扰、环境变化、系统本身参数变化的影响，在某种程度上，还能有效消除模型化误差等的影响。自适应控制的目的是通过设计一个自适应控制器，使被控对象的输出满足其动态性能的要求或使某个目标函数为最小。从这个意义上讲，自适应控制范围更加广泛，控制程度更加深入，更有实际应用价值。一个理想的自适应控制系统应该具有下列能力：

图 1.2　自适应控制系统的基本组成

（1）有适应环境变化和系统要求的能力。
（2）有学习的能力。
（3）在变化的环境中能逐渐形成所需的控制策略。
（4）在内部参数失效时有自行恢复的能力。
（5）应具有良好的鲁棒性，从而使控制系统的性能对环境变化、过程参数变化和误差等不敏感。

1.3 自适应控制系统的类型

在 20 世纪 50 年代初，自适应控制系统就已经出现，但只是到了最近几十年才取得了较大进展，其理论、设计方法和应用还没有成熟，新的概念和方法仍然在不断涌现，这使得这一领域的学术观点繁多，在许多问题上还没有形成统一的认识。最突出的例子是没有一个公认的用以确定一个系统是否具有自适应性质的"自适应"定义。"自适应"这个术语是从生物学中借用过来的。在生物学家看来，一个细胞、一个器官、一个机体或者一个物种，如果在变化着的环境中，能调节自身的性能以维持生理平衡，那它就是自适应的，冠以自适应的问题，生理学中已有一种含义确切的自适应度理论，歧义很小。然而，当把这个形象直观的概念移植到其他学科时，"自适应"这个术语便在各种具体的应用场合下有了不同的含义并引起了争议。在 1973 年，美国电气与电子工程师协会所属控制系统学会的一个专门小组委员会（自适应学习和模式识别标准与定义小组）建议，把"自适应控制"正名为"适应式自组织控制"。"自组织"一词是从技术观点提出的，它含有系统的结构和参数可在线调整的意思，但是，这个建议没有得到多数人的响应，至于自适应控制系统的分类和其他问题，更是众说纷纭。尽管如此，在这里，我们只限于介绍已被普遍认可的、应用较为广泛的自适应控制系统类型，并把重点放在主要的两种。自适应系统的类型，主要可以分为模型参考自适应控制、自校正控制和其他形式自适应控制。模型参考自适应控制系统基于李雅普诺夫稳定性定理和波波夫超稳定性定理等，自校正控制基于概率理论和辨识理论。其中，模型自适应控制主要是要求有一个参考模型，将对象的输出结果与参考模型的输出结果进行比较，用得到的误差信息来对控制器参数进行修正。参考模型是一个动态品质优良的模型，在系统运行过程中，要求被控对象的动态特性与参考模型的动态特性一致。例如要求状态一致或输出一致。按照结构形式分，模型参考自适应控制系统有并联模型参考自适应、串联模型参考自适应和串并联模型参考自适应控制系统，一般并联模型用得较多。对于自校正控制系统，Gibson 在 1962 年提出了这样的定义：一个自适应控制系统必须连续地提供受控系统的当前状态信息，也就是必须对过程进行辨识；然后将系统的当前性能与期望的或最优的性能进行比较，做出使系统趋向期望的或最优的性能的决策；最后，必须对控制器进行适当的修正，以驱使系统接近最优状态。除了这种分类方法，还可按照自适应控制的实现方式（连续性或离散性）进行分类，分为连续时间模型参考自适应系统、离散时间模型参考自适应系统和混合式模型参考自适应系统。模型参考自适应控制一般适用于确定性连续系统。模型参考自适应控制的设计可采用局部参数优化理论、李雅普诺夫理论和超稳定性理论。用局部参数优化理论来设计模型参考自适应系统是最早采用的方法，用这种方法设计出来的模型参考自适应系统不一定稳定，因此还需进一步研究自适应系统的稳定性。目前多采用李雅普诺夫稳定性理论和超稳定性理论来设计模型参考自适应系统，在保证系统稳定的前提下，求出自适应控制规律。

如图 1.3 所示，模型参考自适应控制系统由参考模型、被控对象、常规的反馈控制器和自适应控制器构成。其中设定点也称为参考输入，模型输出表示系统希望的动态特性，参考模型表示符合系统性能要求的理想系统，因此也可以称参考模型为希望模型，它的输出为希望输出。自适应控制器的自适应调节过程是当规范输入（参考输入）同时加到被控对象和参考模型的输入端时，由于被控对象的初始参数不确定（或事先未知），控制器的初始参数不能调节得很好，因此被控对象的输出与参考模型的输出之间会产生一定的误差，这个误差称为自适应控制误差。当自适应控制误差被引进到自适应调节器中去时，经过自适应控制规律运算，直接改变控制器的参数，产生新的控制作用控制被控对象，从而使被控对象的输出渐近一致地跟随参考模型的输出，直到自适应控制误差满足要求为止。设计这类系统的核心是如何综合自适应控制调节规律。

图 1.3　模型参考自适应控制系统结构图

如图 1.4 所示，自校正调节器的控制对象也是一个未知系统或部分未知系统。这种控制系统可以看成是一个通常的状态反馈控制系统的在线化系统。它的设计思想是先假设被控系统的参数已知，适当选择目标函数，决定最优控制规律。即先确定控制器结构，接着根据输入输出信息，通过辨识机构进行系统参数辨识，将辨识参数看成系统实际参数，修改控制器参数，构成控制输入，调节未知系统，使被控系统动态性能达到最优。由图 1.4 还可以看出，自校正调节器系统是由参数辨识器和自适应控制器构成的，参数辨识器通常是用最小二乘法、扩张最小二乘法或卡尔曼滤波器反复计算进行辨识的。

图 1.4　自校正调节器系统

自校正控制需要对被控对象的模型进行参数辨识，再用得到的信息来修正控制器的参数。自校正控制的基本思想是将参数递推估计算法与对系统运行指标的要求结合起来，形成一个能自动校正调节器或控制器参数的实时计算机控制系统。首先读取被控对象的输入和输出的实测数据，用在线递推辨识方法，辨识被控对象的参数向量和随机干扰，按照辨识求得的参数向量估值和对系统运行指标的要求，随时调整调节器或控制器参数，给出最优控制，使系统适应于本身参数的变化和环境干扰的变化，处于最优的工作状态。自校正控制可分为自校正调节器和自校正控制器两大类。自校正控制的运行指标可以是输出方差最小、最优跟踪或具有希望的极点配置等。因此自校正控制又可以分为最小方差自校正、广义最小方差自校正和极点配置自校正控制等。设计自校正控制的主要问题是用递推辨识算法识别系统参数，而后根据系统运行指标来确定调节器或控制器的参数。一般情况下，自校正控制适用于离散随机控制系统。其他类型的自适应控制，主要有变结构自适应控制、混合自适应控制和模糊自适应控制等。

模型参考自适应控制系统与自校正控制系统的共同特点是，控制器的参数能随被控系统特性的变化和环境的改变而不断进行调节，因而系统具有一定的"自适应"能力，但控制器参数的调节方法是不同的，其中模型参考自适应控制系统的参数调节，是基于参考模型与被控系统的输出之间的误差进行调节的，而自校正控制系统的参数调节是基于被控对象的参数辨识进行的。其基本设计思想也是有区别的，模型参考自适应控制系统的设计思想是在保证系统稳定的前提下构成自适应控制律，自校正控制系统是按某一性能指标为最优来决定自适应控制规律的。

1.4 自适应控制理论的发展

控制器参数的自动调节最早出现于1940年，当时的自适应控制仅被定义为控制器所具有的按照过程动态和静态特性调整本身参数的能力。在此期间，飞机自适应控制器的设计对自适应控制的研究产生了巨大的影响。在20世纪50年代初期，自适应控制首先由Draper和Li在1951年提出，他们介绍了一种能使性能不确定的内燃机达到最优性能的控制系统。这种类型的控制能自动地达到最优的操作点，所以称为最优控制或极值控制。而自适应这一专门名词是1954年由钱学森在《工程控制论》一书中提出，其后，在1955年Benner和Drenick也提出了一个控制系统具有"自适应"的概念。

自适应控制诞生之后，一个重要的应用是在航空领域，当时是为了设计高性能飞行器如X-15的自动驾驶仪。这类高速飞行器的特点是飞行速度和高度的范围很广。在研究中发现，对于这种飞行器常规的常值比例以及线性反馈控制系统只能够在某一个工作点附近获得期望的控制效果，但是对于整个大范围飞行包线，控制效果不理想。因此，需要设计一种更有用的控制器，使得对于宽范围工作条件仍然能够适用。通过一段时间的研究和发展，研究人员发现增益调度对于飞行器控制系统是适用的，因此对于自适应控制的需求就不大了，而且那时候自适应控制问题需要的一些技术还不具备，导致很难处理这类问题，事实上，增益调度能很好地处理各种可预测的变化，但对于不可预测的变化，自适应控制是更好的选择。

美国麻省理工学院的怀特克教授针对飞机自动驾驶仪提出了参考模型自适应控制方法。20世纪50年代，怀特克（Whitaker）教授和他的同事为设计一种自动适应飞机飞行控制的系统，首先提出了这样一种控制方案：利用参考模型期望特性与实际飞行特性之间的误差，去调整控制器的参数，使飞机驾驶达到理想的状态。该控制方案就是著名的MIT方案，它用梯度法实现了控制器参数的自适应调节规律，是一种模型参考自适应控制系统。由于该方案并不能保证系统总是稳定的，而且当时因现代控制理论尚不成熟和计算机技术的限制，于1957年自动驾驶仪试验时随着飞机失事而失败。MIT方案是基于传递函数的，讨论的是单变量系统，主要手段是局部参数优化，这种方案无法保证系统的稳定性，在MIT方案产生后，在控制界还是引起了不少关注，但一直没有突破。到了20世纪60年代，对于自适应控制的理论研究又兴盛起来了，引入了状态空间方法和稳定性理论，在随机控制理论方面也获得了一些重要结果，贝尔曼提出了动态规划，增加了对自适应过程的理解。关于自适应控制，基础性的贡献也由Tsypkin做出，他证明了许多学习和自适应控制结构能用一个通用的架构进行描述。同时对于系统辨识，有许多进展。直到20世纪70年代，这一方法才重新兴起。1960年到1970年间，控制理论（如状态空间和稳定性理论）得到了发展，从而为自适应控制提供了有效服务，并注入了新技术（对偶控制、自适应控制递推方法及模型辨识与参数估计）。1962年首次成功地实现了过程计算机进行直接数字式控制。1963年，罗马尼亚学者波波夫（V. M. Popov）提出了超稳定性理论，随即法国学者兰道（I. D. Landau）把这一理论应用到模型参考自适应控制中。在1966年德国科学家帕克斯（Parks）提出了用李雅普诺夫第二法推导自适应算法，以保证自适应系统全局渐近稳定，从而奠定了模型参考自适应控制的基本形式。1973年瑞典学者阿斯特罗姆（K. J. Åström）和威特马克（B. Wittenmark）首先提出自校正调节器，并在造纸厂获得成功，由于该算法容易在微处理器上实现，因而受到了普遍的重视。1974年Monopoli提出了辅助变量的方法，使得模型参考自适应控制只需要利用系统的输入输出信息就能实现。Narendra等人在模型参考自适应控制系统稳定性证明和参数估计方面取得了成绩。所有这些人的工作，丰富和逐步完善了模型参考自适应控制理论。此后，英国的Clarks和Gawthrop提出了一种广义自校正控制器，使得自校正控制能用于非最小相位系统，1976年英国Edmunds首次提出了极点配置值校正技术，Åström等人也对其进行了研究，而Borrisson、Koivo、Prager等人将自校正控制引入多输入/输出系统。在自适应控制系统的稳定性和收敛性方面，美国的Narendra、Morse和澳大利亚的Goodwin做了许多研究，Edgart和Landau研究了模型参考自适应控制与自校正控制之间的关系。还有许多学者和研究人员做了很多研究和试验工作，并取得了有意义的成果，在此不一一列举。这些结果导致20世纪70年代，自适应控制的研究开始重新兴起，许多融合不同设计和估计方法的控制应用被报道，但是理论的进展却非常有限。在20世纪70年代后期和80年代早期，在一些假设条件下，自适应系统的稳定性得到了证明。鲁棒控制和系统辨识结合起来的想法与自适应控制联系紧密，引出了对于自适应控制鲁棒性的研究。在20世纪80年代晚期和90年代早期，对于自适应控制的鲁棒性研究获得了一些进展。自适应控制事实上与工业实践联系密切，很多理论成果在工业上得到了应用，并由此推动了理论的发展，在80年代早期，很多自适应控制器进行了商业化应用。目前来说，很多工业用控制器都有一定形式的自适应功能。总体而言，自适应控制是为了应对过程动态和干扰特性的变化，使得被控系统满足应用需求。

李雅普诺夫　　　　　　　　　兰道

下面，分别针对自适应控制中两种主要的类型——模型参考自适应控制与自校正控制，具体进行介绍。

模型参考自适应控制系统设计方法可以分为以下四个阶段。

（1）第一阶段：1958—1966年，主要基于局部参数最优化理论进行设计。

1958年Whitaker等人首先提出该方法，并命名为MIT规则，接着Dressber、Price、Pearson等人也基于局部参数最优化理论提出了不同的设计方法。局部参数最优化的最大缺点是该方法设计的自适应控制律容易引起整个系统的不稳定。

（2）第二阶段：1966—1972年，解决了MRAC系统的稳定性问题。

Butchar和Shachcloth、Parks、Phillipson等人首先提出用李雅普诺夫稳定性理论设计MRAC系统的方法。这种方法可保证控制系统的稳定性，但是，它需要利用系统的全部状态或输出量的微分信号，这是Parks方法的严重缺点。

1974年，美国马萨诸塞大学的Monopoli提出了一种增广误差信号法，仅由系统的输入输出，便可调整控制器参数。与此同时，Landau采用Popov的超稳定性理论进行设计，也得到了类似的结果。

（3）第三阶段：1974—1980年，解决了系统状态不可观测问题。

前面两个阶段提出的方法要求能直接获得控制对象的全部状态，这个比较困难。为了解决这个问题，人们采用如下两种方法。

直接法：直接利用能观测到的对象的输出/输入数据来综合一个动态控制器。

间接法：设法将对象的参数和状态重构出来，即利用所谓的自适应观测器，然后利用这种估计在线地改变控制器的参数，以达到自适应控制的目的。对此，Monopoli和Narendra、Valavani分别利用直接法设计了模型参考自适应控制系统。1979年，Valavani等又提出了间接修改控制器参数的MRAC方案。

（4）第四阶段：1980年至今，基于神经网络的模型参考自适应控制系统的设计。

神经网络直接模型参考自适应控制通过调整神经网络控制NNC的权值参数，力图使被控过程的输出最后以零误差跟踪参考模型的输出。有人采用 NMRAC 的直接结构，基于稳定性理论设计控制律，可以使研究的闭环系统渐近稳定。

从上面的表述可以看出，自适应控制发展的重要进展是 1958 年麻省理工学院的怀特克及其同事设计了一种自适应飞机飞行控制系统。该系统利用参考模型期望特性和实际飞行特性之间的偏差去修改控制器的参数，使飞行达到理想的特性，这种系统称为模型参考自适应控制系统（MRAC 系统）。此后，此类型因英国皇家军事科学院的 Parks 利用李雅普诺夫稳定性理论和法国 Landau 利用 Popov 的超稳定性理论等设计方法而得到很大的发展，使之成为一种最基本的自适应控制系统。1974 年，为了避免出现输出量的微分信号，美国的 Monopoli 提出一种增广误差信号法，因而使由输入输出信号设计的自适应控制系统更加可靠地应用于实际工程中。1960 年 Li 和 Van Der Velde 提出的自适应控制系统，它的控制回路中用一个极限环使参数不确定性得到自动补偿，这样的系统称为自振荡的自适应系统。Petrov 等人在 1963 年介绍了一种自适应系统，它的控制输入由开关函数或继电器产生，并以与参数值有关的系统轨线不变性原理为基础来设计系统，这种系统称为变结构系统。1960—1961 年，Bellman 和 Fel'baum 分别在美国和苏联应用动态规划原理设计具有随机不确定性的控制系统时，发现作为辨识信号和实际信号的控制输入之间存在对偶特性，因此提出对偶控制。

除了模型参考自适应控制，自校正控制也是一种主要的自适应控制类型，自校正控制的思想可以追溯到 Kalman，1958 年 Kalman 在讨论 CARMA 过程（Controlled Auto-Regressive Moving Average Process）时，采用了最小二乘估计模型参数，然后再设计最优控制器，他称这样的系统为自最优控制系统。自校正控制一开始就是以随机模型作为研究对象的，与模型参考自适应控制的开端相比，Kalman 的自最优设计思想的提出没有受到重视，这与其当时还没有名气有关。1970 年，IFAC 的辨识和参数估计专题研讨会在布拉格召开，捷克学者 Peterka 发表了一篇论文，该文也考虑到了 CARMA 过程，也采用了最小二乘估计参数，但不是估计模型的参数而是直接估计由模型导出的控制器参数，当时他讨论的是单变量离散系统。这篇文章也只是理论上的推演，缺乏应用实例，因此也没有引起控制界的呼应。突破性的工作是由瑞典控制理论专家 Åström 和 Wittenmark 完成的，他们提出最小方差自校正调节器，这种调节器容易实现，仅用一台微处理器甚至单板机就能实现，可以在工业生产中应用，经济效益明显。他们证明了参数估计收敛时，设计的调节器将收敛到模型已知时设计的调节器状态。控制理论界几乎公认 Åström 和 Wittenmark 的工作奠定了自校正的基础，但缺点是不能用于逆不稳定系统，没有工程约束，且功能单一。为了克服这些不足，1975 年英国牛津大学的学者 Clarke 和 Gawthrop 提出广义最小方差自校正控制器，他们发表了多篇文章，不断改进设计，直到这种控制器基本全部弥补了最小方差自校正调节器的局限为止，所以受到了普遍重视。不过，这种算法在处理逆不稳定系统时，尚需选择目标函数中的控制权。由于存在不定性，这个控制权的选择常常要依靠试凑法。因此，人们开始研究既能保持实现简易，又能具有直观性和鲁棒性的新方法，哪怕这种方法不是最优的也能为工程界所接受，这就是极点配置自校正控制技术，这是首先由英国剑桥大学的 Edmunds 在 1976 年提出的，Åström 等也在这方面做了一些工作，但比较富有成效的工作是由英国曼彻斯特大学的 Wellstead 等完成的。除了最优性这一指标外，这种方案在其他方面都超过了上述自校正器，随后又有人提出了线性二次高斯控制器 LQG、广义预测和 PID 等自校正器。

总的来说，在 20 世纪 50 年代后期，以及 60 年代前期和中期，由于现代控制理论正处于萌芽和发展阶段，加上实现自适应控制算法的技术手段非常有限，致使自适应控制系统的设计和实现十分困难，直接造成某些自适应控制系统在应用上的失败，极大地挫伤了人们研究和应用自适应控制的积极性。直到20世纪60年代后期和70年代，随着现代控制理论的成熟，微电子技术和计算机技术的发展，以及廉价微型计算机的出现，自适应控制的研究才重新热起来，自适应控制技术的应用也呈现增多的趋势。实践产生了理论，理论指导新的实践，新的实践又提高和完善了理论。自适应控制的发展也离不开这种理论与实践的依赖关系。自适应控制的应用是自适应控制发展的直接动力，是自适应控制理论研究的终极点。下面列举几个发生在20世纪70年代中后期的成功实例。

在24英寸（1英寸＝2.54厘米）的光学跟踪望远镜中，Gilbart和Winston（1974）利用模型参考自适应控制技术将跟踪精度提高了6倍；Borrison和Syding（1974）在200 kW的矿石破碎机中采用自校正控制，把产量提高了10%；在年产13万吨纸的纸机中，Cegrall和Hedquist（1975）利用类似的自适应方案改进了湿度控制回路的性能，由于静态和动态性能的改善都十分显著，致使这个自适应控制系统被永久地安装在这台纸机上；Dumont和Belanger（1978）在工业二氧化钛窑上获得了类似的成果，静态性能改善了10%，动态性能也有改进，在这个窑中实现了最成功的梯度变化；与飞机相比，在船舶中采用自适应自动驾驶仪要成功得多，Kallstrom等在35.5万吨的油轮上采用自校正驾驶控制，使速度提高了1%；有工程师在一艘远洋测量船上采用模型参考自适应方法，使得平均速度有了提高。进入20世纪80年代以后，随着计算机硬件价格的降低，自适应控制技术的应用急剧增长。1982年，第一台工业数字式自适应控制器进入市场，到1986年，生产并出售工业过程数字自校正装置或自适应控制器的厂家已有十多家。现在几种著名的产品已经经历了迭代更新，性能越来越先进，使用越来越方便。与此同时，自适应控制技术再度对航空、航天机器人、舰船驾驶以及现代武器系统产生了极大的吸引力，并获得了具体应用。在航空方面，自适应控制首次成功地解决了高性能飞机的自适应自动驾驶仪问题。除此之外，还可借助鲁棒直接自适应控制重构故障后的飞行控制系统；利用飞行员自适应驾驶模型研究和预测新机飞行操纵品质；通过自适应控制技术实现空中飞行模拟和采用自校正控制技术设计飞机刹车防滑控制规律等。增益调度已成为高性能飞行器飞行控制系统的标准方法，并且它也被用到机器人和过程控制中；在高新技术密集的现代武器系统上，自适应控制是极其重要的一个方面。以导弹武器系统为例，可以说所有类型的导弹（无论是一般导弹或是遥控导弹，近距小型导弹还是中远程战术导弹）的自动驾驶仪都实现了自适应控制。在航天领域内，自适应控制能为飞船姿态调节和跟踪、卫星跟踪望远镜安装和使用，以及空间环境模拟等提供必不可少的关键技术。对于船舶操纵、电机驱动、工业机器人，都有相应的商业化自适应控制系统。在过程控制中，自适应技术不仅用在单回路控制器中，也用在多回路和复杂的控制系统中。目前自适应控制技术已广泛应用于许多领域，例如机器人操作、飞机、导弹、火箭和飞船的控制，化工过程、工业过程，动力系统舰船驾驶，生物工程以及武器系统，并逐步渗透至经济管理、交通、通信等各个领域。可以预言，随着对控制系统要求的不断提高和计算机技术的迅速发展，自适应控制应用前景将十分广阔，越来越多的自适应控制新结构、新方法和新方案将展现在人们面前。

多年来，除了实际的产品不断出现外，自适应控制理论也取得了一些不小的成就。自校正控制系统和模型参考自适应控制系统已经形成了较为成熟的理论体系。从结构到算法，从设计到实施，形形色色的自适应控制方案层出不穷。总体而言，研究自适应控制算法的多，理论分析与研究的少。这主要是因为：不论是线性时不变过程，还是非线性时变过程，由于自适应机构的引入，整个自适应控制系统呈现出较强的非线性时变的特征。过程参数、控制器参数与系统性能之间的关系难以用传统的数学方式表述，要想分析它们自然十分困难。这些理论研究方面的问题主要包括系统的稳定性、收敛性和鲁棒性。对于某些简单或者特殊的例子，虽然已经有一些结论，但就一般情况而言，要找到答案仍然需要进一步努力。比如，对于模型参考自适应控制的稳定性问题，我们已经解决了确定性和线性时不变系统的稳定性。因为借助李雅普诺夫稳定理论和波波夫超稳定理论推导出的自适应调节规律无疑是稳定的，但是对于随机系统和非线性系统的模型参考自适应控制系统的稳定性研究，还缺乏一般的结论。在自校正控制系统中，参数的收敛、系统的收敛与稳定是比较困难的问题。自适应控制理论与技术的发展应用凝结着国内外许多学者的努力和心血，他们曾在自适应控制的不同方面，如理论奠基和发展、方法和方案研究、各类控制器的设计、系统分析与试验、系统管理和协调、工程实现及应用等方面做出了突出贡献，其中主要的学者有 R. Kalman、V. M. Popov、K. J. Åström、B. Wittenmark、R. Isermann、I. D. Landau、R. Lozano、D. W. Clarke、R. Kofahl、R. Schumann、D. Matko、H. Krutz、M. A. Jordan、G. C. Goodwin，以及我国学者王子才、韩曾晋、郭雷、李清泉、吴宏鑫、冯纯柏、陈宗基、陈新海、柴天佑、刘树棠、周东华和王利新等。

习　　题

1. 试用数学方程描述已建模动力学特性和未建模动力学特性，为什么说前者的不定性弱于后者的不定性？
2. 试举出一两个具有自适应性质的具体控制系统。
3. 在什么条件下宜采用或不宜采用自适应控制，为什么？

第 2 章
自适应控制的数学基础

2.1 状态方程、传递函数与时序模型

2.1.1 连续系统的状态方程与传递函数

设控制输入函数 $u(t)$ 为 r 阶，输出函数 $y(t)$ 为 m 阶的线性系统，$X(t)$ 为它的状态向量，则连续系统可表示成

$$\dot{X}(t) = AX(t) + Bu(t), \quad X(0) = X_0 \tag{2.1}$$
$$y(t) = CX(t)$$

式中

$$X^T = (x_1 \quad x_2 \quad \cdots \quad x_n), \quad y^T = (y_1 \quad y_2 \quad \cdots \quad y_m), \quad u^T = (u_1 \quad u_2 \quad \cdots \quad u_r)$$

A、B、C 分别为 $n \times n$、$n \times r$、$m \times n$ 阶矩阵。

上式称为线性连续系统状态微分方程，当给定控制输入 $u(t)$ 及其初始值 $X(0)$ 时，其唯一解为

$$y(t) = Ce^{At}X(0) + C\int_0^t e^{A(t-\tau)}Bu(\tau)d\tau \tag{2.2}$$

其传递函数为

$$Y(s) = G(s)U(s) \quad \text{或} \quad y(t) = G(p)u(t) \tag{2.3}$$

式中，p 为微分算子。

式 (2.3) 中，$G(s)$ 为传递函数矩阵，即

$$G(s) = \begin{bmatrix} G_{11}(s) & G_{12}(s) & \cdots & G_{1r}(s) \\ G_{21}(s) & G_{22}(s) & \cdots & G_{2r}(s) \\ \vdots & \vdots & & \vdots \\ G_{m1}(s) & G_{m2}(s) & \cdots & G_{mr}(s) \end{bmatrix} \tag{2.4}$$

状态方程与传递函数式之间的关系为

$$G(s) = C(sI - A)^{-1}B \tag{2.5}$$

这说明线性系统传递函数 $G(s)$ 可由系数矩阵 A、B、C 唯一确定。若系统状态变量的个数与系统传递函数分母的阶次相同，称此系统为最小实现。这里应当注意，系统传递函数是系统本身固有的，而系统状态变量的选择并非唯一。

2.1.2 离散系统的状态方程、脉冲传递函数

与连续系统相对应，离散系统可用状态差分方程来表示。设控制输入函数 $u(k)$ 为 r 阶、输出函数 $y(k)$ 为 m 阶的线性系统，$X(k)$ 为它的状态变量，则离散系统的状态差分方程为

$$\begin{cases} X(k+1) = F(T)X(k) + H(T)u(k) \\ y(k) = C(T)X(k) + D(T)u(k) \end{cases} \tag{2.6}$$

式中，T 为采样周期。当给定控制输入 $u(k)$ 及初始值 $X(0)$ 时，其唯一解为

$$y(k) = CF^k X(0) + C\sum_{j=0}^{k-1} F^{k-j-1} Hu(j) + Du(k) \tag{2.7}$$

其脉冲传递函数为

$$y(z) = G(z)u(z) \text{ 或 } y(k) = G(q^{-1})u(k)$$

式中，q 为差分算子。

离散系统的状态差分方程与脉冲传递函数之间存在如下关系

$$G(z) = C(zI - F)^{-1}H + D \tag{2.8}$$

连续系统与离散系统之间满足如下关系

$$F(T) = e^{AT}, H(T) = \left(\int_0^T e^{A\tau} d\tau\right) B \tag{2.9}$$

当采样周期 $T \to 0$ 时，可近似写成如下形式

$$F(T) \approx I + TA, \quad H(T) \approx BT \tag{2.10}$$

2.1.3 时序模型

在随机环境下，离散系统可以表示成如下形式

$$y(k) = \frac{B(q^{-1})}{A(q^{-1})} u(k) + n(k) \tag{2.11}$$

式中

$$A(q^{-1}) = 1 + a_1 q^{-1} + \cdots + a_n q^{-n}$$
$$B(q^{-1}) = b_0 + b_1 q^{-1} + \cdots + b_m q^{-m}$$

其中 q 为差分算子，$n(k)$ 为满足下列关系的噪声干扰

$$n(k) = H(q^{-1}) m(k) \tag{2.12}$$

这里 $m(k)$ 设为白噪声，$H(q^{-1})$ 用下式表示

$$H(q^{-1}) = \frac{D(q^{-1})}{C(q^{-1})} \tag{2.13}$$

式中

$$D(q^{-1}) = 1 + d_1 q^{-1} + \cdots + d_r q^{-r}$$
$$C(q^{-1}) = 1 + c_1 q^{-1} + \cdots + c_p q^{-p}$$

在随机环境下，系统中的随机干扰具有以下三种典型形式。

1. 自回归移动平均模型（Auto-Regressive Moving Average Model，ARMA 模型）

$$n(k) = -c_1 n(k-1) - c_2 n(k-2) - \cdots - c_p n(k-p) + m(k) + d_1 m(k-1) + \cdots + d_r m(k-r) \tag{2.14}$$

自回归移动平均模型,是由博克思(Box)和詹金斯(Jenkins)于20世纪70年代初提出的一种时间序列预测模型,又称为 Box – Jenkins 模型。这是将自回归过程和移动平均过程结合起来模拟产生已有时间序列样本数据的随机过程的模型。对于给定的一组时间序列数据,可通过上式寻找一个能产生这组数据的随机过程的 ARMA 模型。

2. 自回归模型(Auto – Regressive Model)

当 $D(q^{-1}) = 1$ 时,

$$n(k) = -c_1 n(k-1) - c_2 n(k-2) - \cdots - c_p n(k-p) + m(k) \tag{2.15}$$

时间序列分析的理论基础是假设时间序列(随机过程)的任一元素与其前期元素之间存在某种关联,则我们可以根据该时间序列的既往观测值来预测其在未来的值。上面的式(2.15)就是 p 阶自回归过程,其中 c_1、$\cdots$、c_p 是 p 个待求参数,$m(k)$ 是白噪声,也就是满足经典计量模型的随机误差项。

3. 移动平均模型(Moving Average Model)

当 $C(q^{-1}) = 1$ 时,

$$n(k) = m(k) + d_1 m(k-1) + \cdots + d_r m(k-r) \tag{2.16}$$

另外,对于非平稳的时间序列,首先要利用差分变换进行平稳化,然后再用上面的三种模型来模拟已经平稳化的随机过程,这就是所谓的差分自回归移动平均模型(Auto – Regressive Integrated Moving Average Model),简单记为 ARIMA(p, d, r),其中 d 是实施差分变换的次数。

由上可得,离散系统的输出为

$$y(k) = \frac{B(q^{-1})}{A(q^{-1})} u(k) + \frac{D(q^{-1})}{C(q^{-1})} m(k) \tag{2.17}$$

此式被称为系统辨识基本模型,也称为时序模型。在随机干扰作用下,根据输入、输出信息 $u(k)$、$y(k)$,估计 $A(q^{-1})$、$B(q^{-1})$、$C(q^{-1})$、$D(q^{-1})$ 的系数,称为系统辨识问题。

2.2 Diophantine 方程与非最小实现

具有整系数的不定方程只考虑其整数解时,这类方程称为 Diophantine 方程,又称为不定方程。这是以最早的代数发明者之一的希腊数学家 Diophantine 命名的方程。典型的方程例子,即费马大定理:$x^n + y^n = z^n$,当 $n > 2$ 时没有正整数解。公元 1637 年前后,费马在《算术》这本书问题 8 附近的页边处记下这个结论的同时又下了一个评注:"对此,我确信已发现一个美妙的证明方法,但是这里的空白太少,写不下。"这就是数学历史上著名的费马大定理。费马制造了一个数学史上的一个谜。为了寻求这个问题的解答,三百多年来,一代代数学家努力奋斗,直到美国普林斯顿大学的安德鲁·怀尔斯教授经过 8 年多的孤军奋战,用 130 页长的篇幅给出了证明。在这 8 年的过程中,怀尔斯放弃了所有与证明费马大定理无直接关系的工作,不在意是否会一事无成,终于获得了成功。有人评论,这个最终证明与分裂原子或发现 DNA 结构相比,费马大定理的证明是人类智力活动的一曲凯歌,同时,它一下子使数学发生了革命性的变化。从解决这一个世界难题的过程可以看出,专业的杰出成就需要工作者投入热情与执着,并且无惧失败和挫折,才有可能获得成功。正如马克思在 1872 年《资本论》法文版序言中所说,"在科学上没有平坦的大道,只有不畏劳苦沿着陡峭山路攀登的人，才有希望达到光辉的顶点。"

下面讨论该方程在自适应系统中的相关内容。

设线性系统可用下述方程表示

$$y(t) = \frac{B(p)}{A(p)} u(t) \tag{2.18}$$

式中，p 为微分算子，且

$$A(p) = p^n + a_{n-1} p^{n-1} + \cdots + a_1 p + a_0$$
$$B(p) = b_m p^m + b_{m-1} p^{m-1} + \cdots + b_1 p + b_0$$

引进 n 阶及 n^* 阶（$n^* = n - m$，称为相对次数）稳定标准多项式 $Q(p)$、$D(p)$，则满足下述方程

$$R(p)A(p) + H(p)B(p) = Q(p)[-b_m A(p) + D(p)B(p)] \tag{2.19}$$

的多项式 $R(p)$、$H(p)$ 存在，且为

$$R(p) = r_{n-1} p^{n-1} + \cdots + r_1 p + r_0$$
$$H(p) = h_{n-1} p^{n-1} + \cdots + h_1 p + h_0$$

则称式（2.19）为 Diophantine 方程，对于低阶滤波器，多项式 $Q(p)$ 为 $n-1$ 阶，$D(p)$ 为 n^* 阶，$R(p)$ 为 $n-2$ 阶，$H(p)$ 为 $n-1$ 阶。Diophantine 方程是一个很重要的方程，利用这个方程可获得零极点配置，在自适应控制系统的设计中经常使用这个方程。为了获得被控系统的最小实现形式，在 Diophantine 方程两边同时乘以 $B^{-1}(p)y(t)$ 并考虑到系统方程式的关系，可得

$$D(p)y(t) = b_m u(t) + \frac{R(p)}{Q(p)} u(t) + \frac{H(p)}{Q(p)} y(t) \tag{2.20}$$

此式被称为非最小实现，它和系统方程式是等阶的。

最小实现，指的是给定一个严格真传递函数，为寻找一个维数最小的状态空间表达式，使得两者等价，那么此状态空间是原传递函数的最小实现，也称为不可约实现。

另外，这里还涉及一些可以继续学习和思考的地方，比如丢番图的墓志铭上的数学题；还有费马大定理的故事，是 1637 年的问题，直到 1995 年才由英国数学家安德鲁·怀尔斯宣布已被证明，这说明理论上的突破和重大成果的取得是来之不易的，需要踏实钻研精神。

例 2.1 设被控系统可用下述传递函数描述

$$\frac{y(t)}{u(t)} = \frac{b}{p+a}$$

试利用 Diophantine 方程将系统表示成非最小实现形式。

解 由于被控系统的阶数 $n = 1$，$m = 0$，根据 Diophantine 方程可选择多项式 $Q(p)$、$H(p)$ 代入式（2.19）中得出

$$Q(p) = q_0, \; D(p) = p + d_0, \; R(p) = 0, \; H(p) = h_0$$

即该系统的非最小实现为

$$(p + d_0) y(t) = bu(t) + \frac{h_0}{q_0} y(t)$$

例 2.2 设离散系统可用下述数学模型描述

$$\frac{y(k)}{u(k)} = \frac{b_1 q + b_0}{q^3 + a_2 q^2 + a_1 q + a_0}$$

试根据 Diophantine 方程将系统写成非最小实现形式（式中 q 为差分算子）。

解 由于给定系统 $n=3$，$m=1$，根据 Diophantine 方程，选择

$$Q(q) = q^2 + g_1 q + g_0, \quad D(q) = q^2 + d_1 q + d_0$$
$$R(q) = r_1 q + r_0, \quad H(q) = h_2 q^2 + h_1 q + h_0$$

根据式（2.20）得

$$y(k) = \frac{1}{D(q)} \left[b_1 u(k) + \frac{R(q)}{Q(q)} u(k) + \frac{H(q)}{Q(q)} y(k) \right]$$

$$= \frac{1}{q^2 + d_1 q + d_0} \left[b_1 u(k) + \frac{r_1 q + r_0}{q^2 + g_1 q + g_0} u(k) + \frac{h_2 q^2 + h_1 q + h_0}{q^2 + g_1 q + g_0} y(k) \right]$$

取参数向量 $\boldsymbol{\Theta}$ 为

$$\boldsymbol{\Theta}^{\mathrm{T}} = [\, b_1 \quad r_1 \quad r_0 \quad h_2 \quad h_1 \quad h_0 \,] = [\, \theta_1 \quad \theta_2 \quad \theta_3 \quad \theta_4 \quad \theta_5 \quad \theta_6 \,]$$

信号向量 $\boldsymbol{\xi}$ 为

$$\boldsymbol{\xi}^{\mathrm{T}} = \left[\, u(k) \quad \frac{q}{q^2 + g_1 q + g_0} u(k) \quad \frac{1}{q^2 + g_1 q + g_0} u(k) \quad \frac{q^2}{q^2 + g_1 q + g_0} y(k) \quad \frac{q}{q^2 + g_1 q + g_0} y(k) \quad \frac{1}{q^2 + g_1 q + g_0} y(k) \,\right]$$

$$= [\, \xi_1(k) \quad \xi_2(k) \quad \xi_3(k) \quad \xi_4(k) \quad \xi_5(k) \quad \xi_6(k) \,]$$

状态滤波器的输出向量为

$$\boldsymbol{\zeta}(k) = \frac{1}{q^2 + d_1 q + d_0} \boldsymbol{\xi}(k)$$

则该系统的非最小实现为

$$y(k) = \boldsymbol{\Theta}^{\mathrm{T}} \boldsymbol{\zeta}(k)$$

2.3 Lyapunov 稳定性理论

模型参考自适应控制系统和自校正控制系统的设计原理分别以稳定性理论和随机控制理论为基础。对于控制工程师设计的控制系统来说，第一要求是要保证系统的稳定性，对于自适应控制系统，首要品质必须是全局稳定。因此，用局部参数最优化方法设计的自适应系统必须经过稳定性的验证。例如对于 MIT 方案来讲，尤其是高阶系统，验证系统的稳定性是不容易的。对于其他一些比较复杂的自适应系统，要验证其全局稳定性也是很困难的，为了解决稳定性验证的复杂性问题，在 20 世纪 60 年代中期，就有研究人员提出以稳定性理论为基础进行自适应控制系统的设计。在这方面的工作中，德国科学家帕克斯在 1966 年首先提出根据李雅普诺夫理论来设计自适应控制律，他基于李雅普诺夫第二法，即通过设定李雅普诺夫函数，推导保证系统稳定性的控制律。随后兰道把波波夫超稳定性理论用于自适应控制系统设计，获得了成功。

一个控制系统的稳定性，通常是指在外部扰动作用停止后，系统恢复初始状态的性能。即要使系统能稳妥地保持预定的工作状态，在受到扰动后能够恢复或接近原来的工作状态。对于自适应控制系统来说，由于系统是按照一定的方式调整控制器的参数或输出信号的。调整的目的是使系统性能逼近一个预想的性能指标，实际上可归结为一个非线性时变系统的稳定性问题。它来源于力学问题，在力学上如何选择与稳定性状态相对应解的这一问题很早就引起了研究者的兴趣，一些学者如 Laplace、Lagrange、Maxwell、Poincare 等都在论文中使用

过稳定性的概念，但是都没有给予稳定性以精确的数学定义。控制系统的稳定性通常有两种定义方式：外部稳定性是指系统在零初始条件下通过其外部状态即由系统的输入和输出两者关系所定义的一种稳定性，即有界输入有界输出稳定。外部稳定性只适用于线性系统。内部稳定性是指系统在零输入条件下通过其内部状态变化所定义的一种稳定性，即状态稳定。内部稳定性不但适用于线性系统，而且也适用于非线性系统。对于同一个线性系统，只有在满足一定的条件下两种定义才具有等价性。稳定性是系统本身的一种特性，只和系统本身的结构和参数有关，与输入输出无关。

为了分析系统的稳定性，考虑系统受到扰动后的状态，分为以下两种情况。

1）在某些情况下，干扰因素对系统的影响不明显，即受干扰系统的解与未受干扰系统的解在经历很长时间后，差别限制在一个很小范围内，这类系统可以称为"稳定"系统。

2）在某些情况下，即使扰动因素十分小，但是经过足够长的时间后，受干扰系统的解和未受干扰系统的解差别可以很大，这类系统可以称为"不稳定"系统。

经典控制理论稳定性判别方法包括代数判据、奈奎斯特判据、对数判据和根轨迹判据等。对于一、二阶非线性系统，也可以用相平面法等进行稳定性判断。但是对于一般的非线性系统的稳定性判别，这些方法不好用。许多研究者都想找出一种比较通用的判断系统稳定性的方法。不少研究者投入了不限的努力，直到俄罗斯学者李雅普诺夫研究理论的出现，才为这个问题的解决提出了一种好的可用方法，他是第一个给运动稳定性以精确数学定义并系统解决了运动稳定性的一般问题的学者，它的博士论文《运动稳定性的一般问题》为稳定性一般理论和方法奠定了坚实的理论基础。

俄罗斯数学家和力学家李雅普诺夫在 1892 年所创立的用于分析系统稳定性的理论，对于分析控制系统稳定性这个基本问题，是一个有力工具。对于线性定常系统，已有许多判据如代数稳定判据和奈奎斯特稳定判据等可用来判定系统的稳定性，而李雅普诺夫稳定性理论能同时适用于分析线性系统和非线性系统、定常系统和时变系统的稳定性，是更为一般的稳定性分析方法。它也是自适应控制系统设计的重要理论基础。李雅普诺夫对于运动稳定性问题的研究提出了两种方法。第一方法是寻求扰动微分方程组的通解或特解，以级数形式将它表达出来，在此基础上研究稳定性问题。这种方法在理论上是完整的，但在实际应用上有很大的局限性，主要应用于非线性振动领域。第二方法则不一样，仅借助于一个类似于能量泛函的标量函数和根据扰动运动方程所计算的符号性质来直接推断稳定性问题，所以也被称为直接方法。第二方法的创立受到了法国数学家庞加莱的《微分方程所定义的积分曲线》中所采用的研究方法的启发。一般地，李雅普诺夫稳定性理论主要指李雅普诺夫第二方法，又称李雅普诺夫直接法。李雅普诺夫第二方法可用于任意阶的系统，运用这一方法可以不必求解系统状态方程而直接判定稳定性。对非线性系统和时变系统，状态方程的求解常常是很困难的，因此李雅普诺夫第二方法就显示出很大的优越性。与第二方法相对应的是李雅普诺夫第一方法，又称李雅普诺夫间接法，它是通过研究非线性系统的线性化状态方程的特征值分布来判定系统稳定性的。第一方法的影响远不及第二方法。在现代控制理论中，李雅普诺夫第二方法是研究稳定性的主要方法，既是研究控制系统理论问题的一种基本工具，又是分析具体控制系统稳定性的一种常用方法。它不需要求解系统微分方程，而是通过分析虚构的李雅普诺夫函数来判定或设计系统的稳定性。李雅普诺夫第二方法的局限性是运用时需要有相当的经验和技巧，而且所给出的结论只是系统为稳定或不稳定的充分条件；但在用其他方法无效时，这种方法还能解决一些非线性系统的稳定性问题。因此，李雅普诺夫第二方法被广泛用于自适应控制系统设计中。

为了讨论系统的稳定性，首先要定义一下系统的平衡态，设被控系统在零输入作用下其状态服从以下的非线性状态方程：

$$\frac{\mathrm{d}\boldsymbol{x}}{\mathrm{d}t} = f(\boldsymbol{x}, t), \; \boldsymbol{x}(t_0) = \boldsymbol{x}_0 \tag{2.21}$$

其中，$\boldsymbol{x} \in \mathbf{R}^n$；$f(\boldsymbol{x}, t)$是$n$维向量函数。假设式（2.21）满足解的唯一性条件，且过每一点$(t_0, \boldsymbol{x}_0)$，解的存在区间都是$[t_0, +\infty]$；其中的平衡态满足导数为0。尽管此式的左边只含有一阶导数，但是任意一个最高阶微分可以解出的常微分方程都可以化成这种形式。这里总假设$f(\boldsymbol{x}, t)$是连续的，并且局部满足利普希茨（Lipschitz）条件，对于任意初始条件$\boldsymbol{x}_0$，式（2.21）的解存在而且唯一。

系统的稳定性是针对平衡态来定义的，系统的平衡态不一定在原点，但我们总可以通过坐标平移变换，将平衡态转化到原点。为了理解下面的定义和概念，需要明白系统的解、系统的平衡态、系统的稳定性之间的联系与区别。系统的解指的是满足系统方程的解，系统的平衡态是当系统的状态可以维持平衡的点，系统的稳定性是围绕系统的平衡态开始讨论的。

定义2.1 稳定性 假设$\boldsymbol{x}(t; t_0, \boldsymbol{x}_0)$是系统（2.21）的解，$\bar{\boldsymbol{x}}_0(t)$是系统（2.21）的一个平衡态，若对于任意给定的$\varepsilon > 0$，存在$\delta(t_0, \varepsilon) > 0$使得初值$\boldsymbol{x}(t_0) = \boldsymbol{x}_0$，满足$\|\boldsymbol{x}_0 - \bar{\boldsymbol{x}}_0(t)\| < \delta$时就有

$$\|\boldsymbol{x}(t; t_0, \boldsymbol{x}_0) - \bar{\boldsymbol{x}}_0(t)\| < \varepsilon, \; t \geq t_0 \tag{2.22}$$

则称系统在平衡点$\bar{\boldsymbol{x}}_0(t)$时在李雅普诺夫意义下是稳定的。

定义2.2 渐近稳定性 设式（2.21）表示的系统在其平衡态$\bar{\boldsymbol{x}}_0(t)$时在李雅普诺夫意义下稳定，且满足条件：存在$\eta(t_0) > 0$，使得当$\|\boldsymbol{x}_0 - \bar{\boldsymbol{x}}_0(t)\| < \eta$时，则由其所确定的解$\boldsymbol{x}(t; t_0, \boldsymbol{x}_0)$满足

$$\lim_{t \to +\infty} \|\boldsymbol{x}(t; t_0, \boldsymbol{x}_0) - \bar{\boldsymbol{x}}_0(t)\| = 0 \tag{2.23}$$

定义2.3 一致渐近稳定性 如果式（2.21）表示的系统在其平衡态$\bar{\boldsymbol{x}}_0(t)$是稳定的，且$\delta = \delta(\varepsilon)$与$t_0$无关，则称该系统为一致稳定。如果该系统是渐近稳定的，且η与t_0无关，则称该系统在平衡态$\bar{\boldsymbol{x}}_0(t)$是一致渐近稳定的。

在某些工程技术应用中，人们往往不仅要求系统在平衡态$\bar{\boldsymbol{x}}_0(t)$是渐近稳定的，而且要求该系统受扰动的解$\boldsymbol{x}(t; t_0, \boldsymbol{x}_0)$较快地趋近于$\bar{\boldsymbol{x}}_0(t)$，在给定某段时间内可以使得$\boldsymbol{x}(t; t_0, \boldsymbol{x}_0)$和$\bar{\boldsymbol{x}}_0(t)$差别变得足够小。然而，渐近稳定性只是说明$t \to +\infty$时，$\boldsymbol{x}(t; t_0, \boldsymbol{x}_0)$和$\bar{\boldsymbol{x}}_0(t)$差别无限小，但对趋近的快慢程度并没有要求，因此需要引入指数稳定性的概念。

定义2.4 指数稳定性 设$\bar{\boldsymbol{x}}(t)$是式（2.21）的一个解，$\boldsymbol{x}(t)$为邻近$\bar{\boldsymbol{x}}(t)$的一个解。如果对任何$M > 0$，存在$\delta(M) > 0$，以及与M无关的$\alpha > 0$，使得当$\|\boldsymbol{x}(t_0) - \bar{\boldsymbol{x}}_0(t)\| < \delta(M)$时，对一些$t \geq t_0$有

$$\|x(t) - \bar{x}_0(t)\| \leq M e^{-\alpha(t-t_0)} \tag{2.24}$$

则称解 $\bar{x}(t)$ 是指数稳定的。

从定义 2.4 可以看出，如果解 $\bar{x}(t)$ 是指数稳定的，则它必是一致渐近稳定的。此时受扰动的解 $x(t)$ 与未受扰动的解 $\bar{x}(t)$ 之差随时间衰减的过程不慢于指数衰减规律。而正数 α 是表征衰减快慢程度的一个量。

应该注意的是，李雅普诺夫意义下的稳定性是一个局部性概念，它是考虑未受扰动的解 $\bar{x}(t)$ 附近的其他解的性态。稳定、渐近稳定以及指数稳定等都是对很小的扰动而言的，并且 δ、ε 只要存在就行，不必考虑其区域大小。而在工程实际中，要让扰动小于 δ，可能本身很难做到。另外，在自适应控制系统设计中，还要求系统对任意大小的扰动，都具有渐近稳定或指数稳定的性质。下面给出定义。

定义 2.5　全局稳定性　如果式（2.21）表示的系统在平衡态 $\bar{x}_0(t)$ 是稳定的，且对任何从 $x_0 \in \mathbf{R}^n$ 出发的解 $x(t)$ 都有

$$\lim_{t \to +\infty} \|x(t) - \bar{x}_0(t)\| = 0 \tag{2.25}$$

即对任何 t_0，$\bar{x}_0(t)$ 的吸引域都是整个 $\mathbf{R}^n$，则称 $\bar{x}_0(t)$ 是全局渐近稳定的。

若 $\bar{x}_0(t)$ 是一致稳定的，且是全局吸引的，则称 $\bar{x}_0(t)$ 是全局一致渐近稳定的。

如果对任何给定的 $\beta > 0$（β 可任意大），存在 $M(\beta) > 0$ 及与 β 无关的 $\alpha > 0$，使得当 $\|x(t_0) - \bar{x}_0(t)\| < \beta$ 时，对一切 $t \geq t_0 \in I$ 有

$$\|x(t) - \bar{x}_0(t)\| \leq M(\beta) \|x(t_0) - \bar{x}_0(t)\| e^{-\alpha(t-t_0)} \tag{2.26}$$

则称 $\bar{x}_0(t)$ 是全局指数稳定的。

在分析模型参考自适应控制系统时，人们常常更关心的是系统的解和参考模型的解的误差 $e(t) = x(t) - \bar{x}_0(t)$ 在 $e(t) = \mathbf{0}$ 附近的稳定性问题。这可以归结为位于原点的平衡点的稳定性问题。一般地，若 $\bar{x}_0(t)$ 为系统的一个平衡点，则只要取 $\bar{x}(t) \equiv \bar{x}_0(t)$，就可以得到非线性系统关于平衡点的稳定性的定义。而在研究平衡点的稳定性时，总可以通过坐标平移，使得新的坐标系的原点和平衡点重合。因此可以只研究位于原点的平衡点的稳定性而不失一般性。

定义 2.6　Lipschitz 条件　在数学中，特别是实分析中，Lipschitz 条件即利普希茨连续条件（Lipschitz Continuity），以德国数学家鲁道夫·利普希茨命名，是一个比通常连续更强的光滑性条件。直觉上，利普希茨连续函数限制了函数改变的速度，符合利普希茨条件的函数的斜率，必小于一个称为利普希茨常数的实数（该常数依函数而定）。对于微分方程，利普希茨连续是皮卡－林德洛夫定理中确保了初值问题存在唯一解的核心条件。

定义 2.7　动态系统的正实性　在稳定性理论和控制理论中，特别是在自适应控制系统的稳定性分析和系统辨识的收敛性分析中，源于电路网络理论的正实性概念和理论起了关键性作用。正实性概念最先是在网络分析与综合中提出来的。随着控制理论的不断发展，在滤波、最优控制和自适应控制等方面也引入正实性概念，正实性概念对自适应控制起着重要的作用。下面引入一些基本的数学定义，在这些定义基础上讨论系统的正实

性及有关问题。

定义 2.8 Hurwitz 多项式 即稳定多项式，其根都在开左半平面内。

对于有理传递函数，如果其分母多项式是 Hurwitz 多项式，则称之为稳定的；如果其分子多项式是 Hurwitz 多项式，则称之为最小相位的或逆稳的。反之称之为非最小相位的或非逆稳的。

定义 2.9 正实函数 在电工网络分析与综合中首先提出正实性概念。数学中的正实函数概念与电工中的无源网络概念密切相关。由电阻、电容、电感及变压器等构成的无源网络总要从外界吸收能量，因此无源性表现了网络中能量的非负性，其相应的传递函数是正实的。正实性的概念也被引进自动控制中来，系统传递函数的正实性概念对研究自适应控制起着重要作用。

在自适应控制系统与自适应观测系统的设计中，正实函数的概念起着重要的作用，特别是不利用微分值（离散系统中不利用未来值）而仅利用输入输出信号构成参数调节规律时，这个正实条件是很有必要的。

A. 复变量的正实函数

设 $h(s) = \dfrac{M(s)}{N(s)}$ 是复变量 $s = \sigma + j\omega$ 的有理函数，其中 $M(s)$ 和 $N(s)$ 都是多项式。下面给出正实函数和严格正实函数的定义。

若 $h(s)$ 为正实函数，则 $h(s)$ 应满足下列条件：

a. 当 s 为实数时，$h(s)$ 是实数。

b. $h(s)$ 在开右半平面时，$\mathrm{Re}(s) > 0$ 上没有极点。

c. $h(s)$ 在 $\mathrm{Re}(s) = 0$ 轴（也就是 $s = j\omega$）上时，如果存在极点，则是相异的，相应的留数为实的，且为正或为零。

d. 对任意 $\omega(-\infty < \omega < +\infty$，当 $s \neq j\omega$ 不是极点时)，有 $\mathrm{Re}[h(j\omega)] \geq 0$。

若 $h(s)$ 为严格正实函数，则 $h(s)$ 应满足下列条件：

a. 当 s 为实数时，$h(s)$ 是实数。

b. $h(s)$ 在开右半平面即 $\mathrm{Re}(s) \geq 0$ 上没有极点。

c. 对任意 $\omega(-\infty < \omega < +\infty)$，当 $s = j\omega$ 时有 $\mathrm{Re}[h(j\omega)] > 0$。

从上面的两个定义可看出，正实函数与严格正实函数之间的差别是：在严格正实函数的情况下，不允许 $h(s)$ 在虚轴上有极点，并且对于所有的实数 ω，$\mathrm{Re}[h(j\omega)] > 0$。

这里主要讨论具有下列形式的传递函数 $h(s) = \dfrac{M(s)}{N(s)}$ 的正实性。式中 $M(s)$ 和 $N(s)$ 都是复变量 s 的互质多项式。当具有哪些特点时，$h(s)$ 为正实函数，归纳起来有下列几点：

a. $M(s)$ 与 $N(s)$ 都具有实系数。

b. $M(s)$ 和 $N(s)$ 都是 Hurwitz 多项式。

c. $M(s)$ 和 $N(s)$ 的阶数差不超过 ± 1。关于这一点可解释如下：$h(j\omega)$ 为 $h(s)$ 的频率特性，因为要求正实传递函数的频率特性的实部 $\mathrm{Re}[h(j\omega)] \geq 0$，所以在复变量 s 平面上，当 ω 在无穷范围内变化时，$h(j\omega)$ 只能在第一和第四象限内变化，也就是正实函数 $h(j\omega)$ 的相角在 $\pm \dfrac{\pi}{2}$ 变化，因此 $M(s)$ 和 $N(s)$ 的阶数差不超过 ± 1。

d. $\dfrac{1}{h(s)}$ 仍然为正实函数。

B. 正实函数矩阵的定义

设传递函数矩阵 $H(s)$ 是一个 $m \times n$ 实有理函数矩阵。与正实函数一样，传递函数矩阵也可分为正实矩阵与严格正实矩阵。

当 $H(s)$ 为正实函数矩阵时，须满足下列三个条件：

a. $H(s)$ 的所有元素在开右半平面上都是解析的，即在 $\text{Re}(s) > 0$ 时，$H(s)$ 没有极点。

b. $H(s)$ 的任何元在 $\text{Re}(s) = 0$ 轴上（即虚轴上）时，如果存在极点，也是相异的，相应的 $H(s)$ 的留数矩阵为非负的赫米特矩阵。

c. 对于不是 $H(s)$ 任何元素的极点的所有实际 ω 值，矩阵 $H(j\omega) + H^{\text{T}}(j\omega)$ 是非负赫米特矩阵。

这里对赫米特矩阵的性质做一简单介绍，以便加深对上面内容的理解。

复变量 $s = \sigma + j\omega$ 的函数矩阵 $\boldsymbol{\phi}(s)$ 为赫米特矩阵，如果 $\boldsymbol{\phi}(s) = \boldsymbol{\phi}^{\text{T}}(\bar{s})$（式中 $\bar{s}$ 为 s 的共轭），则赫米特矩阵的特性如下：

a. 赫米特矩阵为一方阵，它的对角元素为实数。

b. 赫米特矩阵的特征值恒为实数。

c. 如果 $\boldsymbol{\phi}(s)$ 为赫米特矩阵，X 为具有复数分量的向量，则二次型 $X^{\text{T}} \boldsymbol{\phi} \bar{X}$ 恒为实数（$\bar{X}$ 为 X 的共轭）。

上面的 a、b 两条件也可表示为：在 $\text{Re}(s) > 0$ 的平面内，矩阵 $H(s) + H^{\text{T}}(\bar{s})$ 是非负定的赫米特矩阵。

C. 严格正实函数矩阵定义

当 $H(s)$ 为严格正实函数矩阵时，须满足下列条件：

a. 所有元素在闭右半平面内都是解析的，即在内没有极点。

b. 对所有实数 ω，矩阵 $H(j\omega) + H^{\text{T}}(j\omega)$ 是正定的赫米特矩阵。

在李雅普诺夫直接法中，要用到具有某些特性的辅助函数 $V(x)$，因此需要介绍一些基本概念。

标量函数的符号概念：对于单变量函数 $f(x)$，若在区间 $a \leq x \leq b (a < 0 < b)$ 上，有 $f(x) > 0$，且 $f(0) = 0$，则称之是正定的。若有 $f(x) \geq 0$，则称之是半正定的。以上规定可以推广到一般的多变量标量函数。

定义 2.10 正定函数 设以 D 为原点的某个邻域，如果对任何 $x \in D$，当 $x \neq 0$ 时，有标量函数 $V(x) > 0(<0)$，且 $V(0) = 0$，则称 $V(x)$ 为正定（负定）函数。若对任何 $x \in D$ 有 $V(x) \geq 0 (\leq 0)$，则称 $V(x)$ 为半正定（半负定）函数。

下面推导李雅普诺夫直接法的基本定理，研究非自治系统

$$\frac{\mathrm{d}x}{\mathrm{d}t} = f(x, t), \quad x \in D \subseteq \mathbf{R}^n, \quad t \in I = [\tau, +\infty) \tag{2.27}$$

的平衡点的稳定性问题。若 $f(x_0, t) = 0(\forall t)$，则称 x_0 为非自治系统（2.27）的平衡点。不失一般性，令 $x = 0$ 为系统（2.27）的平衡点，当研究全局稳定性时，还假定 $x = 0$ 是系统的唯一平衡点。

首先规定沿非自治系统的解对 t 的全导数为：

$$\frac{\mathrm{d}V}{\mathrm{d}t} = \frac{\partial V}{\partial t} + \frac{\partial V}{\partial x}\frac{\mathrm{d}x}{\mathrm{d}t} = \frac{\partial V}{\partial t} + (\nabla V, f) \tag{2.28}$$

定理 2.1 稳定性定理 如果对于 $t \in I$, $x \in \Omega \subset D$，存在一个正定函数 $V(x,t)$，且沿非自治系统（2.27）的解对 t 的全导数是半负定的，则系统（2.27）的平衡点 $x=0$ 是稳定的。

定理 2.2 渐近稳定定理 如果对于 $t \in I$, $x \in \Omega \subset D$，存在一个正定函数 $V(x,t)$，且沿非自治系统（2.27）的解对 t 的全导数是负定的，或者虽然是半负定，但是对于平衡点满足 $x \neq 0$, $\dot{V}(x)$ 不恒为 0 的条件时，则系统（2.27）的平衡点 $x=0$ 是渐近稳定的。

定理 2.3 全局渐近稳定定理 如果对于 $t \in I$, $x \in \Omega \subset D$，存在一个正定函数 $V(x,t)$，且沿非自治系统（2.27）的解对 t 的全导数是负定的，或者虽然是半负定的，但是对于平衡点满足 $x \neq 0$, $\dot{V}(x)$ 不恒为 0 的条件时，则系统（2.27）的平衡点 $x=0$ 是渐近稳定的。如果进一步还有 $\|x\| \to \infty$，$V(x) \to \infty$，则系统是大范围渐近稳定的。

定理 2.4 不稳定定理

a. 如果存在一个连续可微的，具有无限小上界的函数 $V(x,t)$，在原点任一邻域内，总存在点 x 使得 $V(x,t) > 0 (<0)$，并且 V 沿系统（2.27）的解对 t 的全导数是正定的（负定的），则系统（2.27）的平衡点 $x=0$ 是不稳定的。

b. 如果存在一个连续可微的函数 $V(x,t)$，满足 $V(0,t) = 0$，且在原点的任一邻域内，总存在点 x 使得 $V(t_0, x) > 0 (<0)$，V 沿系统（2.27）的解对 t 的全导数可以写成

$$\frac{\mathrm{d}V}{\mathrm{d}t} = \lambda V(x,t) + U(x,t) \quad (\lambda > 0) \tag{2.29}$$

式中，$\lambda > 0$。若函数 $U(x,t)$ 恒等于零或是常正的，则系统（2.27）的平衡点 $x=0$ 是不稳定的。

定理 2.5 Barbalat 定理

如果 $f(t)$ 是一个一致连续函数，同时 $\lim\limits_{t \to \infty} \int_0^t |f(\tau)| \mathrm{d}\tau$ 存在而且有界，则当 $t \to \infty$ 时 $f(t) \to 0$。

$\lim\limits_{t \to \infty} \int_0^t |f(\tau)| \mathrm{d}\tau$ 表示函数与时间轴所包含的面积。如果这个面积不是无穷，当 $t \to \infty$ 时，则函数 $f(t)$ 一定趋于零，否则上述面积就将为无穷。

另外，在系统定性分析中，还常常用到两个重要推论。

推论 2.1 考虑时域的一个自治、线性时不变连续动态系统

$$\dot{X} = AX \tag{2.30}$$

其平衡状态 $X_e = 0$ 渐近稳定的主要条件是，对于任意给定的正定对称矩阵 Q，存在一正定对称矩阵 P，它是下列矩阵方程的唯一解

$$A^\mathrm{T} P + PA = -Q$$

且 $\|X\|_P^2$ 是系统（2.26）的李雅普诺夫函数。

推论 2.2 常数矩阵 F 的特征值的实部小于 0 的充要条件是对于任意给定的正定对称矩阵 Q，存在一正定对称矩阵 P，它是下列矩阵方程的唯一解

$$-2\sigma P A^\mathrm{T} P + PA = -Q$$

在上述稳定性概念、定义定理和推论的基础上，李雅普诺夫确定了两种分析系统稳定性

的方法，也就是第一法和第二法。如前所述，第一法是利用求解系统微分方程组来分析系统运动的稳定性，称之为直接法。第二法则不需求解微分方程，而是利用李雅普诺夫函数及其导数的符号来分析系统运动的稳定性，因此称之为间接法。

下面主要讨论李雅普诺夫第二法在线性系统稳定性分析中的应用。对于一般线性系统，设系统状态为式（2.30），并选下列二次型函数为李雅普诺夫函数

$$V(X) = X^T P X \tag{2.31}$$

式中，X 为 n 维状态向量；A 为 $n \times n$ 维常数矩阵；P 为 $n \times n$ 对称正定矩阵。

V 对时间 t 求导数有

$$\dot{V} = \frac{dV}{dt} = \dot{X}^T P X + X^T P \dot{X} = X^T (A^T P + PA) X \tag{2.32}$$

由于 $V(X)$ 取正定，若欲使系统渐近稳定，必须使 $\dot{V}(X)$ 为负定，即要求

$$\dot{V}(X) = -X^T Q X \tag{2.33}$$

式中

$$-Q = A^T P + PA \tag{2.34}$$

可见，使一个线性系统稳定的充分条件是 Q 必须为正定的，而 P 为正定是其必要条件。为方便起见，常取 Q 为么阵 I，于是 P 的元素可按照式（2.35）确定，即

$$A^T P + PA = -I \tag{2.35}$$

例 2.3 判断如下系统的稳定性

$$\begin{cases} \dot{x}_1 = x_2 - x_1(x_1^2 + x_2^2) \\ \dot{x}_2 = -x_1 - x_2(x_1^2 + x_2^2) \end{cases} \tag{2.36}$$

解

（1）选择 V 函数，令 $V(x) = x_1^2 + x_2^2$，可知当 $x_1 = x_2 = 0$ 时，$V(x) = 0$；$x_1 \neq 0$ 或 $x_2 \neq 0$ 时，$V(x) > 0$ 为正定的；$\dot{V}(x) = 2x_1 \dot{x}_1 + 2x_2 \dot{x}_2$ 是连续的；$V(x)$ 是 x 的单调非降函数，符合能量函数的要求。

（2）求 $\dot{V}(x)$ 的值：

$$\dot{V}(x) = 2x_1 \dot{x}_1 + 2x_2 \dot{x}_2 = -2(x_1^2 + x_2^2)^2 < 0$$

根据李雅普诺夫稳定性理论可知，系统是李雅普诺夫意义上渐近稳定的。

（3）当 $\|x\| \to \infty$ 时，$V(x) \to \infty$，且 $x_e = 0$ 是个唯一的平衡点，故该系统还是李雅普诺夫意义上全局渐近稳定的。

例 2.4 设系统状态方程为 $\dot{X} = AX$，其中，$X = \begin{bmatrix} x_1 \\ x_2 \end{bmatrix}$，$A = \begin{bmatrix} 0 & 0.25 \\ -0.5 & -0.75 \end{bmatrix}$，试求系统的李雅普诺夫函数。

解 设 $P = \begin{bmatrix} p_{11} & p_{12} \\ p_{21} & p_{22} \end{bmatrix}$，且 $p_{12} = p_{21}$，由式（2.34）有

$$\begin{bmatrix} 0 & -0.5 \\ 0.25 & -0.75 \end{bmatrix} \begin{bmatrix} p_{11} & p_{12} \\ p_{21} & p_{22} \end{bmatrix} + \begin{bmatrix} p_{11} & p_{12} \\ p_{21} & p_{22} \end{bmatrix} \begin{bmatrix} 0 & 0.25 \\ -0.5 & -0.75 \end{bmatrix} = \begin{bmatrix} -1 & 0 \\ 0 & -1 \end{bmatrix}$$

求解得 $p_{11} = 5$，$p_{22} = 1$，$p_{12} = p_{21} = 1$，则 P 矩阵为 $P = \begin{bmatrix} 5 & 1 \\ 1 & 1 \end{bmatrix}$。

由于 P 为正定矩阵，根据李雅普诺夫函数

$$V(X) = X^{\mathrm{T}}PX = 4x_1^2 + (x_1 + x_2)^2$$

$V(X)$ 对时间 t 求导为

$$\dot{V}(X) = \frac{\partial V}{\partial x_1}\dot{x}_1 + \frac{\partial V}{\partial x_2}\dot{x}_2 = -16(x_1^2 + x_2^2)$$

因为 $V(X)$ 正定，又 $\dot{V}(X)$ 负定，所以系统渐近稳定。

例 2.5 试分析下列系统的稳定性

$$\dot{x}_1 = 4x_2 - 3x_1 + 4x_1x_2$$
$$\dot{x}_2 = x_1 - x_1^2$$

解 由 $\dot{x}_1 = 0$，$\dot{x}_2 = 0$ 可得系统平衡点为 $x_1 = 0$ 和 $x_2 = 0$。构造李雅普诺夫函数为

$$V(x_1, x_2) = x_1^2 + 4x_2^2$$

$V(x_1, x_2)$ 对时间 t 求导数得

$$\dot{V}(x_1, x_2) = 2x_1\dot{x}_1 + 8x_2\dot{x}_2 = -16x_1^2 \leq 0$$

显然，系统是全局渐近稳定的。

例 2.6 设某控制系统，其传递函数为

$$f(s) = \frac{s+1}{(s+2)(s+3)}$$

试判断该系统的正实性。

解 根据实有理函数的正实条件可知，多项式 $s+1$、$(s+2)(s+3)$ 的根全部位于左半平面，均为稳定多项式，且多项式 $s+1$、$(s+2)(s+3)$ 的次数差为 1，因此有理函数为严格正实的。

2.4 超稳定性理论

我们在工作实际中常常会遇到如图 2.1 所示的多变量非线性时变控制系统。这类控制系统的稳定性问题有两种提法：一是绝对稳定性问题，研究前馈环节具有什么条件时，系统对于满足不等式

$$y_i\omega_i > 0, \quad i \in m \tag{2.37}$$

的任何反馈环节都是全局稳定的。二是超稳定性问题，研究前馈环节具有什么条件时，系统对于满足波波夫积分不等式

$$\eta(t_0, t_1) = \int_{t_0}^{t_1} \boldsymbol{\omega}^{\mathrm{T}}(t)\boldsymbol{y}(t)\mathrm{d}t \geq 0, \quad t_1 \geq t_0 \tag{2.38}$$

的反馈环节都是全局稳定的。由于满足不等式（2.37）的所有环节的集合是满足不等式（2.38）的所有反馈环节的一个子集合，所以，问题将归结为对超稳定性问题的研究，从而产生了超稳定性理论。

该理论是罗马尼亚学者波波夫在 20 世纪 60 年代研究非线性系统的绝对稳定性时提出的一种稳定性理论。当时，波波夫对某种类型的非线性系统的渐近稳定性问题，提出了一个具有充分条件的频率判据，对研究这类非线性系统的稳定性提供了比较实用的方法，这类非线性系统是由线性时不变部分与非线性无记忆元件相串联而构成的反馈系统。如果这样一个闭

环系统的前向通道对于所有满足波波夫积分不等式的非线性模块都可以满足系统全局渐近稳定，就称该系统是超稳定的，前向通道模块被称为超稳定模块。前向通道模块超稳定的充要条件是其传递函数必须正实或严格正实。

波波夫超稳定性理论的一个重要应用是在模型参考自适应控制领域。20 世纪 60 年代末，兰道等人做了基于波波夫超稳定性理论的模型参考自适应控制方面的研究。在此之前，就已经有人做了基于李雅普诺夫稳定性理论的模型参考自适应控制方面的研究，并成功地利用李雅普诺夫方法设计出了稳定的模型参考自适应控制系统。但李雅普诺夫方法的关键在于找到一个合适的李雅普诺夫函数，如果选择的李雅普诺夫函数不是唯一的，也无法找到最优的李雅普诺夫函数，因此有一定的局限性。利用波波夫超稳定性理论设计模型参考自适应控制系统克服了这一问题，可以利用波波夫不等式来计算满足条件的参数，并找到最优解。从兰道利用波波夫超稳定性理论实现模型参考自适应控制之后，波波夫稳定性理论逐渐被应用于模型参考自适应控制领域。

波波夫超稳定性理论指出：当线性部分的传递函数（矩阵）为严格正实的（或正实的），且非线性部分满足波波夫不等式时，闭环系统是全局渐近稳定的，正如图 2.1 所示的由前向线性部分和非线性反馈部分组成的反馈系统。在 1969 年，兰道提出用超稳定性的方法设计模型参考自适应控制系统，这种方法的逻辑推理性很好，取得了较普遍的应用结果。这种方法主要的设计思路是：首先列写系统数学模型并建立等效误差系统，然后再按超稳定性方法特有的三个步骤来推导自适应控制规律。

图 2.1 多变量非线性时变控制系统

对于许多实际对象来说，往往不能获取对象的全部状态信息，而对象的输入、输出信息总是可以直接获取的，这时只能利用对象的输入输出信息来设计自适应律。

1964 年罗马尼亚学者波波夫提出了不等式（2.38）。该式还可以写成下列形式

$$\eta(t_0, t_1) = \int_{t_0}^{t_1} \boldsymbol{\omega}^{\mathrm{T}}(t)\boldsymbol{y}(t)\mathrm{d}t \geqslant -r_0^2, \quad t_1 \geqslant t_0 \tag{2.39}$$

式中，r_0^2 为一常数。上式表示输入输出必须在平均意义上大于一个负常数，以此来代替这个积分在每一个瞬间都大于零。对于满足波波夫积分不等式的非线性反馈方块所组成的非线性系统，线性时不变前馈系统环节在这个条件下能使得闭环系统稳定。

下面讨论连续系统的超稳定性理论。

定义 2.11 若对于所有满足不等式（2.38）的反馈系统，图 2.1 所示的反馈系统是全局渐近稳定的，则称此反馈系统是超稳定的。

定义 2.12 考虑一个闭环系统（见图 2.2），它的前向模块为

$$\dot{\boldsymbol{X}} = \boldsymbol{A}\boldsymbol{X} + \boldsymbol{B}u = \boldsymbol{A}\boldsymbol{X} - \boldsymbol{B}\boldsymbol{\omega} \tag{2.40}$$

$$\boldsymbol{Y} = \boldsymbol{C}\boldsymbol{X} + \boldsymbol{D}u = \boldsymbol{C}\boldsymbol{X} - \boldsymbol{D}\boldsymbol{\omega} \tag{2.41}$$

反馈模块为

$$\boldsymbol{\omega}=f(\boldsymbol{y},t,\tau),\quad t\geq\tau \tag{2.42}$$

式中，$\boldsymbol{X}\in\mathbf{R}^n$，$\boldsymbol{Y}\in\mathbf{R}^m$，$\boldsymbol{A}$、$\boldsymbol{B}$ 是完全可控的，$\boldsymbol{C}$、$\boldsymbol{D}$ 是完全可观测的。如果它是超稳定的，且 $\lim_{t\to\infty}X(t)=0$，则此闭环系统是渐近超稳定的。

定义 2.13 如图 2.1 所示的系统对所有满足波波夫积分不等式（2.38）的反馈模块，系统是全局渐近稳定的，则此闭环系统称为强渐近超稳定的。

定理 2.6 设闭环系统由式（2.40）至式（2.42）给出，如果对于满足波波夫积分不等式（2.38）的任何反馈模块 $\boldsymbol{\omega}=\boldsymbol{\varphi}(\boldsymbol{y},t,\tau)$，存在一个正常数 $\delta>0$ 和一个正常数 $r_0>0$，使得式（2.40）、式（2.41）的所有解满足不等式

$$\|X(t)\|<\delta[\|X(0)\|+r_0]t\geq 0 \tag{2.43}$$

则此闭环系统是超稳定的，或称式（2.40）、式（2.41）所表示的前向模块是超稳定的。

定理 2.7 由式（2.40）～式（2.42）和不等式（2.38）所描述的反馈系统为超稳定的，其充要条件是

$$H(s)=D+C(sI-A)^{-1}B \tag{2.44}$$

为正实传递函数矩阵。

例如，对图 2.2 所示系统，假定矩阵对 $[A,B]$ 是完全可控的，矩阵对 $[C,A]$ 是完全可观测的。系统传递函数矩阵为式（2.44），$\boldsymbol{\omega}=\boldsymbol{\varphi}(\boldsymbol{y},t)$ 是反馈模块的非线性特性，它满足波波夫不等式 $\eta(t_0,t_1)=\int_{t_0}^{t_1}\boldsymbol{\omega}^T\boldsymbol{y}\mathrm{d}t\geq 0$，$t_1\geq t_0$，若系统的传递函数矩阵 $H(s)$ 为正实的，即 $\mathrm{Re}[H(s)]=\mathrm{Re}[D+C(sI-A)^{-1}B]\geq 0$，$\mathrm{Re}[s]\geq 0$，则系统一定是超稳定的。

图 2.2 系统方块图

定理 2.8 由式（2.40）～式（2.42）和不等式（2.38）所描述的反馈系统为渐近超稳定的，其充要条件是式（2.44）给出的传递函数 $H(s)$ 是一个严格正实传递函数矩阵。

定理 2.9 由两个超稳定模块相并联所得到的组合模块是超稳定的。

定理 2.10 由两个超稳定模块的反馈组合所得到的模块是超稳定的。

定理 2.11 当 $G(s)$ 为正实的，$\varphi(V)$ 的特性满足波波夫积分不等式时，则闭环系统为超稳定的。

下面来证明这个结论。

设闭环系统的状态方程为

$$\begin{aligned}\dot{X}&=AX+B\dot{u}=AX-BW\\ Y&=CX+Ju=CX-JW\\ W&=\boldsymbol{\phi}[Y,t]\end{aligned} \tag{2.45}$$

式中，X 是前向方块的 n 维状态向量；u 是 m 维控制向量；Y 是 m 维输出向量；W 是反馈方块 m 维输出向量。

假定矩阵对 $[A,B]$ 完全可控，矩阵对 $[A,C]$ 完全可观测，则系统的传递函数矩阵为

$$G(s) = J + C(sI - A)^{-1}B \tag{2.46}$$

是反馈方块的非线性特性，它满足波波夫积分不等式

$$W = \phi(Y,t)\eta(0,t_1) = \int_0^{t_1} W^T Y \mathrm{d}t \geq 0, \ t_1 > 0 \tag{2.47}$$

或

$$-\int_0^{t_1} W^T Y \mathrm{d}t = \int_0^{t_1} u^T Y \mathrm{d}t \leq 0 \tag{2.48}$$

应用李雅普诺夫稳定性理论来讨论系统的超稳定性和渐近超稳定性问题，可用反证法证明。如果一个闭环系统，其前向方块 $G(s)$ 是正实的，则对所有满足波波夫不等式的反馈方块，都能使系统全局稳定，即系统一定是超稳定的。

若系统的传递函数矩阵是正实的，则有

$$\mathrm{Re}G(s) = \mathrm{Re}[J + C(sI - A)^{-1}B] \geq 0$$
$$\mathrm{Re}(s) \geq 0$$

根据正实引理必存在对称正定矩阵 P 及实矩阵 q、R，使下列三个等式成立

$$\begin{cases} PA + A^T P = -qq^T \\ PB - C^T = qR \\ J + J^T = R^T R \end{cases} \tag{2.49}$$

选择李雅普诺夫函数为

$$V = X^T P X \tag{2.50}$$

求 V 对时间 t 的导数，并将前面系统状态方程代入得

$$\dot{V} = X^T P \dot{X} + \dot{X}^T P X = X^T (PA + A^T P)X + 2u^T B^T P X \tag{2.51}$$

把前面的三个等式代入得到

$$\dot{V} = -[q^T X - u^T R^T]^2 + 2u^T Y \tag{2.52}$$

将式（2.52）从 t_0 到 t_1 积分得

$$X^T(t_1)PX(t_1) - X^T(t_0)PX(t_0) = V(t_1) - V(t_0) = -\int_{t_0}^{t_1}(q^T X - u^T R^T)^2 \mathrm{d}t + 2\int_{t_0}^{t_1} u^T Y \mathrm{d}t \leq 0 \tag{2.53}$$

由于 $t_1 > t_0$，且为任意值，那么由上式可以看出 V 是时间的递减函数，则 $\dot{V}$ 是负定的，因此系统是超稳定的。这就证明了，如果前向通道传递函数矩阵是正实的，反馈通道满足波波夫积分不等式，则闭环系统是超稳定的。同理也可证明，如果前向通道传递函数矩阵是严格正实的，则系统是渐近超稳定的。

习 题

1. 应用李雅普诺夫稳定性方法确定下列系统的原点稳定性：

(1) $\begin{bmatrix} \dot{x}_1 \\ \dot{x}_2 \end{bmatrix} = \begin{bmatrix} 0 & 1 \\ -2 & -7 \end{bmatrix} \begin{bmatrix} x_1 \\ x_2 \end{bmatrix}$；

(2) $\dot{x}_1 = -2x_1 + 2x_2^4,\ \dot{x}_2 = -x_2$;

(3) $\dot{x}_1 = -x_1 + 2x_1^2 x_2,\ \dot{x}_2 = -x_2$;

2. 检验下列传递函数的正实性和严格正实性：

(1) $\dfrac{K(1+T_1 s)}{1+T_2 s}$；

(2) $\dfrac{K}{s^2+\omega^2}$。

3. 分析由两个严格正实传递函数串联或反馈所得到的传递函数的正实性。

4. 试证明若线性系统渐近稳定，则必然全局渐近稳定。

5. 试讨论下列系统的稳定性：

$$\boldsymbol{x}(k+1) = \begin{bmatrix} 1 & 3 & 0 \\ -3 & -2 & -3 \\ 1 & 0 & 0 \end{bmatrix} \boldsymbol{x}(k)$$

第 3 章
实时参数估计

3.1 系统辨识的基本概念

系统辨识是一种借助系统试验输入输出观测数据确定过程动态品质或系统结构和参数的理论与技术，主要研究应用试验分析方法确定未知系统的数学模型，其中包括系统参数辨识和系统状态估计。关于系统辨识的定义，目前还不统一。1962 年，美国学者 Zader 曾下过一个定义："系统辨识是在对输入输出数据观测的基础上，从指定的一类系统中确定一个与被测系统等价的系统"。1978 年，L. Ljung 给辨识下的定义是："辨识有三个要素：数据、模型类和准则"。辨识就是按照一个准则在一组模型类中选择一个与数据拟合得最好的模型。模型在结构上不可能做到与被控系统同构，这是模型与被控系统之间的重要区别，也就是说，由系统辨识得到的拟合模型一般都存在未建模动力学模型。模型结构确定之后，模型的未知部分在绝大多数情况下以未知参数的形式出现，需要用获得的输入输出数据按照一定的等价准则来估计这些未知参数，这就是所谓的参数估计。辨识的本质是从一组模型中选择一个模型，按照某种准则，使之能最好地拟合所关心的实际过程的动态特性。观测到的数据一般都会有噪声，因此辨识建模实际上是一种试验统计的方法，所获得的模型不过是与实际过程的外特性等价的一个近似描述。系统辨识一般可分成离线辨识和在线辨识两种。离线辨识要求把被测对象从整个系统中分离出来，然后按照一定的辨识方法进行辨识，通常采用记录和数据采集等专门的方法把实验中的观测结果记录出来，待测量结束后再对数据进行处理，常用于系统设计、过程参数监视、故障检测等方面。它的优点是对计算时间没有苛刻的要求，可以达到较高的辨识精度。在线辨识则是随着被辨识过程的进行，实时地对数据进行处理。在线辨识通常采用递推算法，它要求计算机有足够高的计算速度，在一个采样周期内，能够完成一次迭代计算，要求递推算法有足够快的收敛速度。

系统辨识不仅可以作为建立系统数学模型的现代方法，而且已成为自适应控制的重要理论基础。实时在线辨识，尤其是递推参数估计方法对于自适应控制中的动态过程当前状态与随机信号（噪声）的确定将是十分重要的。系统辨识的基本思想是，根据对被辨识系统进行试验，将测定值与假定数学模型的输出值进行比较，通过辨识机构，修正假定模型，直至假定数学模型的输出与实际测定输出值之间的差趋于零，即使得辨识误差趋于零。其结构原理如图 3.1 所示。

图 3.1　系统辨识结构图

在图 3.1 中，将只利用输入输出信息进行参数辨识和系统状态估计的观测器叫作自适应观测器，以未知参数辨识为目的的机构叫作自适应辨识机构，自适应控制系统的自适应观测器机构与自适应辨识机构是一样的。系统辨识的关键是模型结构的选择、试验的设计、参数的估计和模型的校验。系统辨识的基本步骤如下：

（1）确定系统数学模型的表达式，一般是根据被辨识系统的性质和所要采用的控制方法确定系统的数学模型形式，数学模型一般有微分方程、差分方程、状态方程及脉冲响应函数等。

（2）选择试验信号，记录所需的试验数据，包括输入输出数据等，也可以利用被辨识系统实际运行时的输入输出数据进行系统辨识。

（3）根据一定的辨识算法进行参数辨识和状态估计。

（4）校验辨识数学模型。进行有效性检验以考核所选模型对于最终的辨识对象来说是否恰当地代表了该系统。

（5）如果有效性检验通过，则辨识过程结束，否则必须选择另一类模型并且重复步骤（2）~（5），直到获得有效的模型为止。

实时对被控过程的参数进行估计是自适应控制中一个重要因素，特别是在自校正控制器中，迭代的参数估计器是明确出现在系统结构中的，而在模型参考自适应控制器中，参数估计器是隐含在内的。在这一章节中，我们讲解一下如何进行实时参数估计。广义来说，参数估计可以认为是一种系统辨识，而在系统辨识中，关键步骤包括模型结构的选择、试验设计、参数估计和验证。在自适应控制系统中，系统辨识的过程常常是自动的，因此我们对于系统辨识的深入认识是必要的。模型结构的选择和参数化是需要进行考虑的基础问题。在这里，我们将使用一些简单的传递函数进行说明，当模型在参数上是线性时识别问题就大大简化了。在参数辨识过程中，试验设计是至关重要的，对于控制问题来说，这个归结为输入信号的选择。如何选择输入信号也是个问题，在选择之前，我们必须对被控过程和将用的模型有一定的了解。这一点对于自适应系统来说变得更复杂一些，因为对象的输入信号由反馈产生。自适应系统中，过程参数通常是不断变化的，因此我们希望估计方法能够对参数进行不断的更新估计。同时我们需要对估计的结果进行验证。

对于自校正控制来说，需要对过程参数进行在线辨识和确定，下面给出一些实时参数估计的方法。例如，一个工业炉加热过程，若忽略其他因素不计，其控制的主要目的是燃料流量与原料出口温度之间的关系。根据所观测的输入输出数据，寻找一个模型，也就是确定模型阶次 n 以及未知参数，使得代价 J 为最小。

系统辨识可以分为离线辨识和在线辨识。离线辨识是先做试验，收集一批需要的数据，然后通过对这些数据的处理，得到需要辨识的参数。在线辨识是实时的，利用实时得到的数据对需要估计的参数进行估计，将得到的结果立刻用于其他设计。在线辨识通常是一种递推算法，一旦获得新数据，利用新数据和递推算法，给出参数的新估计，再用于更新原先的设计。由于它的实时性和递推算法的简单性，使它成为自适应控制的一个重要内容。

由于应用自适应控制时，一般要采用计算机技术，因此需要把连续时间系统进行离散化，且有多种离散化方法。在自适应控制文献中，输入输出规范化模型有多种名称，如 CARMA（受控自回归滑动平均）模型

$$y(k) = \frac{q^{-d}B(q^{-1})}{A(q^{-1})}u(k) + \frac{C(q^{-1})}{A(q^{-1})}\xi(k) \tag{3.1}$$

式中，$\frac{q^{-d}B(q^{-1})}{A(q^{-1})}$ 为过程模型；$\frac{C(q^{-1})}{A(q^{-1})}$ 为噪声模型；$\xi(k)$ 为零均值白噪声扰动信号。

系统辨识中用到的数据通常含有噪声，而且是有色噪声。所谓有色噪声，也叫相关噪声，它指噪声序列中每一时刻的噪声与另一时刻的噪声相关。相对于有色噪声的是白噪声，它是由一系列不相关的随机变量组成的理想化随机过程。如果有色噪声的相关性很弱，或者强度很小，也可将其看作白噪声。有色噪声也可由白噪声驱动线性环节（成形滤波器）的输出构成。基于白噪声的测量数据，可采用较为简单的辨识方法得出比较满意的结果。

如果随机过程 $\xi(k)$ 的均值为零，自相关函数为 $\sigma^2\delta(\tau)$，即

$$E\{\xi(k)\} = 0 \tag{3.2}$$

$$R_\xi(\tau) = \sigma^2\delta(\tau) \tag{3.3}$$

则称之为白噪声过程。其中单位脉冲函数也叫 Dirac 函数。

事实上，符合上述定义的理想白噪声在物理上是不能实现的，实际应用中，需要做适当的处理以进行近似。

到目前为止，已经有许多不同的辨识方法，这些辨识方法就其所涉及的模型形式来说，可以分为两类，一类是非参数模型辨识方法，另一类是参数模型辨识方法。非参数模型辨识方法（也称为经典辨识法）获得的模型是非参数模型。它在假定过程是线性的前提下，不必事先确定模型的具体结构，因而这种方法可适用于任意复杂的过程。另一类是参数模型辨识方法（也称现代辨识方法），它必须假定一种模型结构，通过极小化模型与结构之间的误差准则函数来确定模型的参数。如果模型的结构无法事先确定，则必须利用结构辨识方法先确定模型的结构参数，再进一步确定模型参数。这一类辨识方法就其不同原理来说又可分成三种不同的类型：最小二乘法、梯度校正法和极大似然法。在本书中，我们主要讨论最小二乘法，它是利用最小二乘原理，通过极小化广义误差的平方和函数来确定模型的参数。

3.2 最小二乘法

在自适应控制系统中，过程参数是连续变化的，因此必须采用某种算法在线递推估计过程参数，参数的估计方法有很多，这里只介绍常用的最小二乘算法。

最小二乘理论是高斯在 1795 年预测行星和彗星运动轨道时提出的，首次运用最小二乘法来处理由望远镜获得的观测数据，以估计天体运动的六个参数。高斯在《天体运动理论》

一书中写到"未知量的最大可能值是这样一个数值,它使各次实际观测和计算值之间的差值的平方乘以度量其精确度的数值后的和为最小"。这就是著名的最小二乘法的最早思想。这一估计方法的特点是原理简单,不需要随机变量的任何统计特性。目前,它是动态系统辨识的主要手段。它作为一种基本的参数估计方法,假如模型的参数具有线性关系,那么这种方法是特别简单的。在这种情况下,最小二乘估计能够解析求解。在下面我们将详细讨论如何进行估计参数的推导。

最小二乘法能被应用到许多领域,特别是对于如下描述的模型尤其简单。

$$y(i) = \varphi_1(i)\theta_1^0 + \varphi_2(i)\theta_2^0 + \cdots + \varphi_n(i)\theta_n^0 = \boldsymbol{\varphi}^T(i)\boldsymbol{\theta}^0 \tag{3.4}$$

式中,y 是观测变量;θ_1^0、θ_2^0、$\cdots$、θ_n^0 是要求辨识的模型参数;$\varphi_1(i)$、$\varphi_2(i)$、$\cdots$、$\varphi_n(i)$ 是可能依赖于其他变量的已知函数。定义如下向量

$$\boldsymbol{\varphi}^T(i) = [\varphi_1(i) \quad \varphi_2(i) \quad \cdots \quad \varphi_n(i)]$$

$$\boldsymbol{\theta}^0 = [\theta_1^0 \quad \theta_2^0 \quad \cdots \quad \theta_n^0]$$

其中 i 通常表示时间,φ_i 称为回归变量。式(3.4)称为回归模型,观测和回归变量对 $\{(y(i), \varphi(i)), i = 1, 2, \cdots, t\}$ 通过试验获得。现在的问题是确定参数,使得模型输出和测量变量 $y(i)$ 在最小二乘意义上尽可能接近。也就是说,选择的参数 $\boldsymbol{\theta}$ 应该最小化最小二乘代价函数

$$V(\boldsymbol{\theta}, t) = \frac{1}{2} \sum_{i=1}^{t} (y(i) - \boldsymbol{\varphi}^T(i)\boldsymbol{\theta})^2 \tag{3.5}$$

由于测量变量 y 与参数 $\boldsymbol{\theta}^0$ 呈现线性关系,最小二乘标准是二次型,这个问题存在解析解。引入以下符号

$$\boldsymbol{Y}(t) = [y(1) \quad y(2) \quad \cdots \quad y(t)]^T$$
$$\boldsymbol{E}(t) = [\varepsilon(1) \quad \varepsilon(2) \quad \cdots \quad \varepsilon(t)]^T$$
$$\boldsymbol{\Phi}(t) = \begin{bmatrix} \boldsymbol{\varphi}^T(1) \\ \vdots \\ \boldsymbol{\varphi}^T(t) \end{bmatrix}$$
$$\boldsymbol{P}(t) = (\boldsymbol{\Phi}^T(t)\boldsymbol{\Phi}(t))^{-1} = \left(\sum_{i=1}^{t} \boldsymbol{\varphi}(i)\boldsymbol{\varphi}^T(i)\right)^{-1}$$

实际观测值与估计模型计算值之间的偏差(称为残差)为

$$\varepsilon(i) = y(i) - \hat{y}(i) = y(i) - \boldsymbol{\varphi}^T(i)\boldsymbol{\theta}$$

那么可以得到

$$V(\boldsymbol{\theta}, t) = \frac{1}{2} \sum_{i=1}^{t} \varepsilon^2(i) = \frac{1}{2} \boldsymbol{E}^T \boldsymbol{E} \tag{3.6}$$

其中

$$\boldsymbol{E} = \boldsymbol{Y} - \hat{\boldsymbol{Y}} = \boldsymbol{Y} - \boldsymbol{\Phi}\boldsymbol{\theta}$$

残差取决于参数拟合误差和过程噪声,参数估计的最小二乘算法就是确定使最小二乘目标函数(也称为准则函数)

$$2V = \boldsymbol{E}^T \boldsymbol{E} = (\boldsymbol{Y} - \boldsymbol{\Phi}\hat{\boldsymbol{\theta}})^T (\boldsymbol{Y} - \boldsymbol{\Phi}\hat{\boldsymbol{\theta}}) \tag{3.7}$$

最小的估计值。满足这个条件的估计称为最小二乘估计 $\hat{\boldsymbol{\theta}}_{LS}$。

定理 3.1　最小二乘估计

使得准则函数（3.6）达到最小的参数估计 $\hat{\boldsymbol{\theta}}_{LS}$ 应该满足

$$\boldsymbol{\Phi}^T\boldsymbol{\Phi}\hat{\boldsymbol{\theta}}_{LS} = \boldsymbol{\Phi}^T\boldsymbol{Y} \tag{3.8}$$

如果矩阵 $\boldsymbol{\Phi}^T\boldsymbol{\Phi}$ 非奇异，则可得唯一解

$$\hat{\boldsymbol{\theta}}_{LS} = (\boldsymbol{\Phi}^T\boldsymbol{\Phi})^{-1}\boldsymbol{\Phi}^T\boldsymbol{Y} \tag{3.9}$$

证明：代价函数（3.6）能被写成

$$\begin{aligned}2V(\boldsymbol{\theta},t) &= \boldsymbol{E}^T\boldsymbol{E} = (\boldsymbol{Y}-\boldsymbol{\Phi}\boldsymbol{\theta})^T(\boldsymbol{Y}-\boldsymbol{\Phi}\boldsymbol{\theta}) \\ &= \boldsymbol{Y}^T\boldsymbol{Y} - \boldsymbol{Y}^T\boldsymbol{\Phi}\boldsymbol{\theta} - \boldsymbol{\theta}^T\boldsymbol{\Phi}^T\boldsymbol{Y} + \boldsymbol{\theta}^T\boldsymbol{\Phi}^T\boldsymbol{\Phi}\boldsymbol{\theta}\end{aligned} \tag{3.10}$$

由于矩阵 $\boldsymbol{\Phi}^T\boldsymbol{\Phi}$ 经常是非负定的，函数 V 有一个最小值，代价函数关于 $\boldsymbol{\theta}$ 是二次型的，可以通过许多方法获得这个最小值。一种方法是确定方程式（3.7）关于 $\boldsymbol{\theta}$ 的梯度。当满足方程式（3.6）时梯度为零。另一种方法是加入辅助变量得到

$$\begin{aligned}2V(\boldsymbol{\theta},t) &= \boldsymbol{Y}^T\boldsymbol{Y} - \boldsymbol{Y}^T\boldsymbol{\Phi}\boldsymbol{\theta} - \boldsymbol{\theta}^T\boldsymbol{\Phi}^T\boldsymbol{Y} + \boldsymbol{\theta}^T\boldsymbol{\Phi}^T\boldsymbol{\Phi}\boldsymbol{\theta} + \boldsymbol{Y}^T\boldsymbol{\Phi}(\boldsymbol{\Phi}^T\boldsymbol{\Phi})^{-1}\boldsymbol{\Phi}^T\boldsymbol{Y} - \boldsymbol{Y}^T\boldsymbol{\Phi}(\boldsymbol{\Phi}^T\boldsymbol{\Phi})^{-1}\boldsymbol{\Phi}^T\boldsymbol{Y} \\ &= \boldsymbol{Y}^T[\boldsymbol{I}-\boldsymbol{\Phi}(\boldsymbol{\Phi}^T\boldsymbol{\Phi})^{-1}\boldsymbol{\Phi}^T]\boldsymbol{Y} + [\boldsymbol{\theta}-(\boldsymbol{\Phi}^T\boldsymbol{\Phi})^{-1}\boldsymbol{\Phi}^T\boldsymbol{Y}]^T\boldsymbol{\Phi}^T\boldsymbol{\Phi}[\boldsymbol{\theta}-(\boldsymbol{\Phi}^T\boldsymbol{\Phi})^{-1}\boldsymbol{\Phi}^T\boldsymbol{Y}]\end{aligned}$$

等式右边第一项与参数无关，第二项总是大于零。最小值出现在

$$\boldsymbol{\theta} = \hat{\boldsymbol{\theta}}_{LS} = (\boldsymbol{\Phi}^T\boldsymbol{\Phi})^{-1}\boldsymbol{\Phi}^T\boldsymbol{Y} \tag{3.11}$$

下面我们看一下最小二乘法的统计特性。

最小二乘法可以从数据统计的角度考虑。那么，我们有必要对如何生成数据做出一些假设。假设过程模型是

$$y(i) = \boldsymbol{\varphi}^T(i)\boldsymbol{\theta}^0 + e(i) \tag{3.12}$$

这里假设 $\boldsymbol{\theta}^0$ 是真实参数向量，$\{e(i), i=1,2,\cdots\}$ 是独立、均匀分布的零均值随机变量。假设 e 独立于 $\boldsymbol{\varphi}$，则

$$\boldsymbol{Y} = \boldsymbol{\Phi}\boldsymbol{\theta}^0 + \boldsymbol{E} \tag{3.13}$$

两边乘以 $(\boldsymbol{\Phi}^T\boldsymbol{\Phi})^{-1}\boldsymbol{\Phi}^T$ 得到

$$(\boldsymbol{\Phi}^T\boldsymbol{\Phi})^{-1}\boldsymbol{\Phi}^T\boldsymbol{Y} = \hat{\boldsymbol{\theta}} = \boldsymbol{\theta}^0 + (\boldsymbol{\Phi}^T\boldsymbol{\Phi})^{-1}\boldsymbol{\Phi}^T\boldsymbol{E} \tag{3.14}$$

假如 $\boldsymbol{E}$ 独立于 $\boldsymbol{\Phi}^T$，$\hat{\boldsymbol{\theta}}$ 的数学期望等于 $\boldsymbol{\theta}^0$，这样的估计称为无偏估计。

定理 3.2　最小二乘估计的统计特性

考虑方程式（3.11）给出的估计，假设数据由方程式（3.12）生成，其中 $\{e(i), i=1,2,\cdots\}$ 是一系列独立的均值为 0、方差为 σ^2 的随机变量。用 expect 表示数学期望值，用 cov 表示随机变量的协方差，并假设 $\boldsymbol{\Phi}^T\boldsymbol{\Phi}$ 是非奇异的，那么

（1）$\text{expect}(\boldsymbol{\theta}) = \boldsymbol{\theta}^0$；

（2）$\text{cov}(\hat{\boldsymbol{\theta}}(t)) = \sigma^2(\boldsymbol{\Phi}^T\boldsymbol{\Phi})^{-1}$；

（3）$\hat{\sigma}^2(t) = 2V(\hat{\boldsymbol{\theta}},t)/(t-n)$ 是 σ^2 的一个无偏估计。

3.3　递推最小二乘法

上面讨论的最小二乘法是成批处理观测数据，这种估计方法称为离线估计。这种估计方法的优点是估计精度比较高，缺点是要求计算机的存储量比较大。一个连续运行的受辨识系

统，如果它能不断地提供新的试验数据，而且还希望利用这些新的信息来改善估计精度，那么就必须采用递推估计算法。下面介绍递推最小二乘法，这种方法对计算机的存储量要求不高，估计精度随着观测次数的增大而提高。递推估计算法的显著优点是：①无须存储全部数据，取得一组观测数据便可估计一次参数，而且一般都能在一个采样周期中完成，因此它所需的计算量和占用的存储空间都很小。②具有一定的实时处理能力。

在线估计中，总是利用新的信息来修正过去的估计，因此需要用递推方法，这里要推导递推最小二乘估计算法。

1. 递推最小二乘法的基本思想

$$新的估计值 = 老的估计值 + 修正项$$

2. 递推最小二乘法的推导

在推导递推公式时，要频繁引用矩阵的求逆引理。

引理（矩阵求逆） 设 A、C 和 $(A+BCD)$ 均为非奇异方阵，则

$$(A+BCD)^{-1} = A^{-1} - A^{-1}B(C^{-1}+DA^{-1}B)^{-1}DA^{-1} \tag{3.15}$$

证明 采用直接证明法，两边乘以 $(A+BCD)$，如果得到单位矩阵，则说明等式成立。

定理（递推最小二乘估计） 未知参数向量的最小二乘估计的递推计算公式为

$$\hat{\boldsymbol{\theta}}(k+1) = \hat{\boldsymbol{\theta}}(k) + \boldsymbol{K}(k+1)[y(k+1) - \boldsymbol{\varphi}^{\mathrm{T}}(k+1)\hat{\boldsymbol{\theta}}(k)]$$

$$\boldsymbol{K}(k+1) = \frac{\boldsymbol{P}(k)\boldsymbol{\varphi}(k+1)}{1+\boldsymbol{\varphi}^{\mathrm{T}}(k+1)\boldsymbol{P}(k)\boldsymbol{\varphi}(k+1)}$$

$$\boldsymbol{P}(k+1) = [\boldsymbol{I} - \boldsymbol{K}(k+1)\boldsymbol{\varphi}^{\mathrm{T}}(k+1)]\boldsymbol{P}(k)$$

其中，

$$\boldsymbol{P}(k) = (\boldsymbol{\Phi}_k^{\mathrm{T}}\boldsymbol{\Phi}_k)^{-1}$$

$$\boldsymbol{\Phi}_k = [\boldsymbol{\varphi}(1) \quad \boldsymbol{\varphi}(2) \quad \cdots \quad \boldsymbol{\varphi}(k)]$$

$\boldsymbol{\varphi}(i)$ 为观测向量，$\boldsymbol{K}(k+1)$ 为增益向量。

证明： 设 $\hat{\boldsymbol{\theta}}(k)$ 是基于 $\boldsymbol{\Phi}$ 和 $\boldsymbol{Y}$ 的估计，即

$$\hat{\boldsymbol{\theta}}(k) = (\boldsymbol{\Phi}^{\mathrm{T}}\boldsymbol{\Phi})^{-1}\boldsymbol{\Phi}^{\mathrm{T}}\boldsymbol{Y}$$

对于 $k+1$ 时的最小二乘估计为

$$\hat{\boldsymbol{\theta}}(k+1) = [\boldsymbol{\Phi}_{k+1}^{\mathrm{T}}\boldsymbol{\Phi}_{k+1}]^{-1}\boldsymbol{\Phi}_{k+1}^{\mathrm{T}}\boldsymbol{Y}_{k+1}$$

式中

$$\boldsymbol{\Phi}_{k+1} = \begin{bmatrix} \boldsymbol{\Phi} \\ \boldsymbol{\varphi}^{\mathrm{T}}(k+1) \end{bmatrix} \in \mathbf{R}^{(k+1)\times(n_a+n_b+1)}$$

$$\boldsymbol{Y}_{k+1} = \begin{bmatrix} \boldsymbol{Y} \\ y(k+1) \end{bmatrix} \in \mathbf{R}^{(k+1)\times 1}$$

于是

$$\hat{\boldsymbol{\theta}}(k+1) = [\boldsymbol{\Phi}^{\mathrm{T}}\boldsymbol{\Phi} + \boldsymbol{\varphi}(k+1)\boldsymbol{\varphi}^{\mathrm{T}}(k+1)]^{-1}[\boldsymbol{\varphi}(k+1)y(k+1) + \boldsymbol{\Phi}^{\mathrm{T}}\boldsymbol{Y}]$$

令

$$\boldsymbol{P}(k+1) = [\boldsymbol{\Phi}^{\mathrm{T}}\boldsymbol{\Phi} + \boldsymbol{\varphi}(k+1)\boldsymbol{\varphi}^{\mathrm{T}}(k+1)]^{-1}$$

利用前面的引理得到

$$\boldsymbol{P}(k+1) = (\boldsymbol{\Phi}^{\mathrm{T}}\boldsymbol{\Phi})^{-1} - \frac{(\boldsymbol{\Phi}^{\mathrm{T}}\boldsymbol{\Phi})^{-1}\boldsymbol{\varphi}(k+1)\boldsymbol{\varphi}^{\mathrm{T}}(k+1)(\boldsymbol{\Phi}^{\mathrm{T}}\boldsymbol{\Phi})^{-1}}{1+\boldsymbol{\varphi}^{\mathrm{T}}(k+1)(\boldsymbol{\Phi}^{\mathrm{T}}\boldsymbol{\Phi})^{-1}\boldsymbol{\varphi}(k+1)}$$

再令 $P(k) = (\boldsymbol{\Phi}^\mathrm{T}\boldsymbol{\Phi})^{-1}$，则有

$$P(k+1) = P(k) - \frac{P(k)\boldsymbol{\varphi}(k+1)\boldsymbol{\varphi}^\mathrm{T}(k+1)P(k)}{1 + \boldsymbol{\varphi}^\mathrm{T}(k+1)P(k)\boldsymbol{\varphi}(k+1)}$$

又令

$$K(k+1) = \frac{P(k)\boldsymbol{\varphi}(k+1)}{1 + \boldsymbol{\varphi}^\mathrm{T}(k+1)P(k)\boldsymbol{\varphi}(k+1)}$$

则 $P(k+1)$ 也可写为

$$P(k+1) = P(k) - K(k+1)\boldsymbol{\varphi}^\mathrm{T}(k+1)P(k) = [I - K(k+1)\boldsymbol{\varphi}^\mathrm{T}(k+1)]P(k)$$

将上式代入 $\hat{\boldsymbol{\theta}}(k+1)$ 的等式

$$\hat{\boldsymbol{\theta}}(k+1) = [I - K(k+1)\boldsymbol{\varphi}^\mathrm{T}(k+1)]P(k)[\boldsymbol{\varphi}(k+1)y(k+1) + \boldsymbol{\Phi}^\mathrm{T}Y]$$
$$= [I - K(k+1)\boldsymbol{\varphi}^\mathrm{T}(k+1)][P(k)\boldsymbol{\varphi}(k+1)y(k+1) + \hat{\boldsymbol{\theta}}(k)]$$
$$= \hat{\boldsymbol{\theta}}(k) + K(k+1)[y(k+1) - \boldsymbol{\varphi}^\mathrm{T}(k+1)\hat{\boldsymbol{\theta}}(k)]$$

3. 递推最小二乘算法的说明

（1）新的估计向量 $\hat{\boldsymbol{\theta}}(k+1)$ 是先前估计量 $\hat{\boldsymbol{\theta}}(k)$ 加上修正项 $K(k+1)[y(k+1) - \boldsymbol{\varphi}^\mathrm{T}(k+1)\hat{\boldsymbol{\theta}}(k)]$，在不断更新过程中，$\boldsymbol{\varphi}^\mathrm{T}(k+1)$、$K(k+1)$ 和 $\boldsymbol{\Phi}$ 的行列数不变，但它们的旧数据不断被新数据替换。

（2）$K(k+1)$ 为增益向量，$P(k+1)$ 为误差的协方差阵，一般与误差成正比，协方差越大，说明估计值与真值相差越大，增益向量也会越大，所产生的校正作用也越大。

（3）初值 $\hat{\boldsymbol{\theta}}(0)$ 和 $P(0)$ 的确定。

方法1：若已有各组数据，则可批处理它们，并将结果作为初值，即

$$\hat{\boldsymbol{\theta}}(0) = (\boldsymbol{\Phi}^\mathrm{T}\boldsymbol{\Phi})^{-1}\boldsymbol{\Phi}^\mathrm{T}Y, \quad P(0) = (\boldsymbol{\Phi}^\mathrm{T}\boldsymbol{\Phi})^{-1}$$

方法2：$\hat{\boldsymbol{\theta}}(0) = \mathbf{0}$，$P(0) = \alpha I$，其中 $\alpha = 10^6 \sim 10^{10}$。

3.4　具有遗忘因子的递推最小二乘法

递推最小二乘法有一个缺点是常常出现"数据饱和"。随着 k 的增加，$P(k+1)$ 和 $K(k+1)$ 变得越来越小，$\hat{\boldsymbol{\theta}}(k+1)$ 估计公式中的修正项的修正能力变得越来越弱，即新近加入的输入/输出数据对参数向量估计值的更新作用不大。这样导致的结果是：参数估计值难以接近真值；当参数真值时变时，该算法无法跟踪这种变化，从而使实时参数辨识失败。

解决该问题的方法之一是用具有遗忘因子的递推最小二乘法。

取性能指标函数：

$$J = (Y - \boldsymbol{\Phi}\hat{\boldsymbol{\theta}})^\mathrm{T} W (Y - \boldsymbol{\Phi}\hat{\boldsymbol{\theta}}) \tag{3.16}$$

式中，W 为加权对角阵。

$$W = \begin{bmatrix} \lambda^{N-1} & \cdots & 0 \\ \vdots & & \vdots \\ 0 & \cdots & 1 \end{bmatrix}$$

其中，N 为观测数据组数，λ 为遗忘因子，$0 < \lambda < 1$。

按与前面相同的思路，可推出具有遗忘因子的递推最小二乘估计公式：

$$\hat{\boldsymbol{\theta}}(k+1) = \hat{\boldsymbol{\theta}}(k) + \boldsymbol{K}(k+1)[\boldsymbol{y}(k+1) - \boldsymbol{\varphi}^{\mathrm{T}}(k+1)\hat{\boldsymbol{\theta}}(k)] \quad (3.17)$$

$$\boldsymbol{K}(k+1) = \frac{\boldsymbol{P}(k)\boldsymbol{\varphi}(k+1)}{\lambda + \boldsymbol{\varphi}^{\mathrm{T}}(k+1)\boldsymbol{P}(k)\boldsymbol{\varphi}(k+1)}$$

$$\boldsymbol{P}(k+1) = \frac{1}{\lambda}[\boldsymbol{I} - \boldsymbol{K}(k+1)\boldsymbol{\varphi}^{\mathrm{T}}(k+1)]\boldsymbol{P}(k)$$

式中

$$\boldsymbol{P}(k) = (\boldsymbol{\Phi}^{\mathrm{T}}\boldsymbol{W}\boldsymbol{\Phi})^{-1}$$

几点说明：

(1) 当 $\lambda = 1$ 时，该估计公式组为基本递推最小二乘算法。

(2) λ 的取值范围一般在 $0.95 \leqslant \lambda \leqslant 0.99$，参数变化快时，取小点；变化慢时，取大点。

(3) 初值的选取同前面的基本递推最小二乘法。

3.5　闭环系统辨识

3.5.1　问题的出现

前面介绍的参数辨识算法，一般用于开环系统。然而，实际系统中有相当一部分是在闭环状态下工作的。某些系统本身就存在固有的和内在的反馈，要将其生硬地切断为开环系统十分困难，还有些系统必须工作在闭环状态。闭环辨识的必要性和重要性表现在多方面，一是为了保证安全生产和正常生产，对于许多工业对象，辨识试验只能在闭环条件下进行，这是因为受控对象可能是开环不稳定的，过程中存在常值干扰和输出漂移等；二是许多受辨识系统具有固有的反馈结构，不允许或者不可能断开闭环，例如经济系统、生物系统或者人体系统；三是在闭环条件下，有可能得到比开环辨识更高的估计精度。因此，闭环系统辨识并不是一种罕见的情况，由此而引起的问题包括：什么是闭环系统可辨识？闭环可辨识的条件是什么？闭环辨识方法如何？原来用于开环系统的辨识方法能否用于闭环系统？

3.5.2　什么是闭环系统可辨识

设辨识对象为闭环完全系统，如图 3.2 所示。图中 $G(z^{-1})$ 为前向通道过程传递函数，$R(z^{-1})$ 为反馈通道控制器传递函数，$N_\omega(z^{-1})$ 和 $N_p(z^{-1})$ 分别为反馈通道噪声 $\omega(k)$ 和摄动信号 $p(k)$ 的滤波器，$N_\xi(z^{-1})$ 为前向通道噪声 $\xi(k)$ 的滤波器。$\xi(k)$ 和 $\omega(k)$ 是均值为零、方差分别为 σ_ξ^2 和 σ_ω^2 的互不相关随机噪声，$p(k)$ 可观测，$r(k)$ 为给定信号，一般设其为零，$y(k)$ 为输出。

取模型结构为

$$G(z^{-1}) = \frac{z^{-d}B(z^{-1})}{A(z^{-1})}, \quad R(z^{-1}) = \frac{Q(z^{-1})}{P(z^{-1})}, \quad N_\xi(z^{-1}) = \frac{C(z^{-1})}{A(z^{-1})}$$

$$N_\omega(z^{-1}) = \frac{F(z^{-1})}{P(z^{-1})}, \quad N_p(z^{-1}) = \frac{E(z^{-1})}{P(z^{-1})}$$

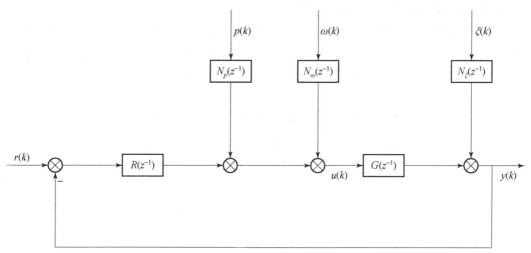

图 3.2 闭环完全系统

式中

$$A(z^{-1}) = 1 + a_1 z^{-1} + \cdots + a_{n_a} z^{-n_a}, \quad B(z^{-1}) = b_0 + b_1 z^{-1} + \cdots + b_{n_b} z^{-n_b}$$
$$C(z^{-1}) = 1 + c_1 z^{-1} + \cdots + c_{n_c} z^{-n_c}, \quad P(z^{-1}) = 1 + p_1 z^{-1} + \cdots + p_{n_p} z^{-n_p}$$
$$Q(z^{-1}) = q_0 + q_1 z^{-1} + \cdots + q_{n_q} z^{-n_q}, \quad E(z^{-1}) = 1 + e_1 z^{-1} + \cdots + e_{n_e} z^{-n_e}$$
$$F(z^{-1}) = 1 + f_1 z^{-1} + \cdots + f_{n_f} z^{-n_f}$$

设模型参数向量真实值 $\boldsymbol{\theta}$ 和参数向量估计值 $\hat{\boldsymbol{\theta}}$ 分别为

$$\boldsymbol{\theta} = [a_1, a_2, \cdots, a_{n_a}, b_0, b_1, \cdots, b_{n_b}, c_1, c_2, \cdots, c_{n_c}]^\mathrm{T}$$
$$\hat{\boldsymbol{\theta}} = [\hat{a}_1, \hat{a}_2, \cdots, \hat{a}_{n_a}, \hat{b}_0, \hat{b}_1, \cdots, \hat{b}_{n_b}, \hat{c}_1, \hat{c}_2, \cdots, \hat{c}_{n_c}]^\mathrm{T}$$

通过一定的辨识方法,在一定的试验条件下,用获得的数据长度 L,对于参数向量真实值 $\boldsymbol{\theta}$ 的估计 $\hat{\boldsymbol{\theta}}$,在数据长度 L 不断增加的情况下,如果 $\hat{\boldsymbol{\theta}} - \boldsymbol{\theta}$ 的模以概率 1 收敛于零,即

$$\lim_{L \to \infty} |\hat{\boldsymbol{\theta}} - \boldsymbol{\theta}| \xrightarrow{W.P.1} 0$$

则称该系统在此模型辨识方法的试验条件下是可辨识的。

3.5.3 闭环状态下的辨识方法和可辨识条件

闭环辨识方法可粗略地分为时域法和频域法。时域法又可分为三种,它们是直接辨识法、间接辨识法和联合输入输出过程法,前面两种是主要的方法。所谓直接辨识法是利用前向通道的输入、输出数据 $u(k)$ 和 $y(k)$(见图 3.2),直接建立前向通道的数学模型,反馈通道的控制器模型可以不知道,其思路与开环状态下的辨识相似,但输入 $u(k)$ 的含义不同;间接辨识法是先获得闭环系统模型,在此基础上利用反馈通道的控制器模型,导出前向通道模型。

两种辨识法的区别在于:直接辨识法要求前向通道的输入输出数据可观测,间接辨识法要求反馈通道的控制器模型已知。对于直接辨识法,如果反馈通道加上一个均值为零且与输出噪声无关的持续激励信号,系统总是闭环可观测的;间接辨识法一般用于反馈通道上无扰动信号的情况。当反馈通道上无扰动信号时,不论是直接辨识法还是间接辨识法,闭环系统可辨识需满足一定的条件，下面加以讨论。

用闭环辨识直接法进行参数辨识时，如果反馈通道不存在扰动信号，即图 3.2 中的 $\omega(k)=0, p(k)=0$，但前向通道的过程输入 $u(k)$ 和输出 $y(k)$ 可观测，前向通道模型为

$$A(z^{-1})y(k) = z^{-d}B(z^{-1})u(k) + C(z^{-1})\xi(k)$$

设

$$\boldsymbol{\theta} = [a_1, a_2, \cdots, a_{n_a}, b_0, b_1, \cdots, b_{n_b}, c_1, c_2, \cdots, c_{n_c}]^T$$

$$\boldsymbol{\varphi} = [-y(k-1), \cdots, -y(k-n_a), u(k-d), \cdots, u(k-d-n_b), \hat{\xi}(k-1), \cdots, \hat{\xi}(k-n_c)]^T$$

(3.18)

式中

$$\hat{\xi}(k) = y(k) - \boldsymbol{\varphi}^T(k)\hat{\boldsymbol{\theta}}(k-1)$$

其中 $\hat{\boldsymbol{\theta}}(k-1)$ 为 $k-1$ 时刻的参数估计值。

为了用 $\{u(i), y(i), i=1,2,\cdots\}$ 数据来估计 $\boldsymbol{\theta}$，无论用哪种开环辨识法，必须保证 $\boldsymbol{\varphi}(k)$ 中的每个元与其他元不相关，否则辨识将失败。$\boldsymbol{\varphi}(k)$ 中 $y(k-1)$ 和 $\hat{\xi}(k-1)$ 均为随机变量，它们不会与其他元相关。由于反馈作用的影响，$u(k-d)$ 可能与其他元相关。

事实上，由图 3.2 有

$$u(k-d) = -p_1 u(k-d-1) - \cdots - p_{n_p} u(k-d-n_p) - q_0 y(k-d) - \cdots - q_{n_q} y(k-d-n_q)$$

(3.19)

如果

$$n_p \leqslant n_b, \quad n_q \leqslant n_a - d$$

由式（3.18）可知，$u(k-d)$ 是 $\boldsymbol{\varphi}(k)$ 中部分元的线性组合，进而破坏了 $\boldsymbol{\varphi}(k)$ 中各元应相互独立的要求，造成无法用开环辨识方法辨识参数 $\boldsymbol{\theta}$。所以

$$n_p > n_b, \quad n_q > n_a - d$$

是闭环直接辨识法的可辨识条件之一。

如果反馈通道上存在干扰信号，即 $\omega(k) \neq 0$，或 $p(k) \neq 0$，由于向量 $\boldsymbol{\varphi}(k)$ 中的 $u(k-d)$，在式（3.19）的基础上叠加此扰动信号，它与 $\boldsymbol{\varphi}(k)$ 中其他元不再相关，从而保证开环辨识方法的使用条件，此时系统总是可辨识的。

闭环间接辨识法在反馈通道无扰动信号时，即 $\omega(k)=0$，$p(k)=0$ 时，由图 3.2 有

$$[1 + G(z^{-1})R(z^{-1})]y(k) = N_\xi(z^{-1})\xi(k)$$

即

$$[A(z^{-1})P(z^{-1}) + z^{-d}B(z^{-1})Q(z^{-1})]y(k) = C(z^{-1})P(z^{-1})\xi(k) \quad (3.20)$$

设：

$$\bar{A}(z^{-1}) = A(z^{-1})P(z^{-1}) + z^{-d}B(z^{-1})Q(z^{-1}) = 1 + \alpha_1 z^{-1} + \cdots + \alpha_l z^{-l} \quad (3.21)$$

$$\bar{B}(z^{-1}) = C(z^{-1})P(z^{-1}) = 1 + \beta_1 z^{-1} + \cdots + \beta_r z^{-r} \quad (3.22)$$

式中，$r = n_d + n_p$，$l = \max(n_a + n_p, n_b + n_q + d)$。则式（3.20）可表述为

$$\bar{A}(z^{-1})y(k) = \bar{B}(z^{-1})\xi(k) \quad (3.23)$$

模型参数

$$\bar{\boldsymbol{\theta}} = [\alpha_1, \alpha_2, \cdots, \alpha_l, \beta_1, \beta_2, \cdots, \beta_r]^T$$

只要式（3.23）所示的过程稳定，即 $\bar{A}(z^{-1})$ 所有根都在 z 平面单位圆内，且 $C(z^{-1})$ 与 $\bar{A}(z^{-1})$ 无公因子，也就是反馈不引起零极点对消，那么根据闭环系统的输出，利用增广二乘法或极大似然法等开环辨识方法便可获得模型参数的估计值 $\hat{\bar{\theta}}$。

现在的问题是：根据反馈通道控制器的已知参数 p_i 和 q_i，由模型（3.23）的估计参数 $\bar{\theta}$，能否唯一确定前向通道过程模型的参数 θ？这里

$$\boldsymbol{\theta} = [a_1, a_2, \cdots, a_{n_a}, b_0, b_1, \cdots, b_{n_b}, c_1, c_2, \cdots, c_{n_c}]^T$$

回答这一问题的是 Isermann 在 1981 年提出的下列定理。

Isermann 定理：图 3.2 所示闭环系统，当反馈通道不存在扰动，且多项式 $D(z^{-1})$ 与 $\bar{A}(z^{-1})$ 互质时，利用间接辨识法估计前向通道过程与噪声模型 $G(z^{-1})$ 和 $N_\xi(z^{-1})$，若

$$l = \max(n_a + n_p, n_b + n_q + d) \geq n_a + n_b \quad 或 \quad \max(n_p - n_b, n_q - n_a + d)K \geq 0$$

也就是反馈通道控制器模型阶次符合

$$n_p \geq n_b \quad 或 \quad n_q \geq n_a - d$$

条件时，闭环系统是可辨识的，同时也是参数可辨识的。

从该定理可知，无论前向通道还是反馈通道，如果存在纯时延，将有利于闭环可辨识条件的满足；与闭环系统直接辨识法相比，可辨识条件几乎相同，仅一个等号之差。

当反馈通道存在扰动信号时，闭环系统间接辨识法的可辨识条件仍如 Isermann 定理，但实际中不用此法，而改用直接辨识法。因为在那里，没有可辨识条件的限制。

虽然一个闭环系统是否可辨识与模型选择、试验条件、辨识方法、辨识准则、试验数据等诸多因素有关，但是从实用的角度来说，下列结论具有一般意义：

（1）反馈通道控制器为线性非时变，且不存在扰动信号时，闭环系统可辨识条件是：反馈通道模型结构不应导致闭环传递函数零极点对消，并且反馈通道的模型阶次应高于前向通道的模型阶次。如果反馈通道或前向通道出现纯时延环节，它有利于可辨识条件。

（2）如果反馈通道上有足够阶次的持续激励信号，且与前向通道的噪声不相关，则闭环系统是可辨识的。

（3）反馈通道上的控制器为时变或具有非线性，闭环系统也是可辨识的。

（4）反馈通道上的控制器能在几种不同控制规律间切换时，闭环系统是可辨识的。

当考虑将在开环系统中被广泛采用的最小二乘法应用于闭环系统时，其可辨识性不例外地应满足上述四条。就其参数估计的一致性来说，它要求前向通道和反馈通道至少有一个存在纯时延；就其参数估计的唯一性来说，它要求反馈通道上存在噪声，或者反馈通道的模型阶次高于前向通道模型阶次。

习　题

1. 试证明矩阵求逆公式

$$(A + BC)^{-1} = A^{-1} - A^{-1}B(I + CA^{-1}B)^{-1}CA^{-1}$$

2. 调研广义最小二乘估计算法的基本内容，分析其与最小二乘估计的区别与联系。

3. 写出增广最小二乘算法。

4. 模拟如下二阶过程
$$y(k) + a_1 y(k-1) + a_2 y(k-2) = b_1 u(k-1) + b_2 u(k-2) + v(k)$$
式中，$\{v(k)\}$ 为白噪声序列；$a_2 = 0.7$，$b_1 = 1$，$b_2 = 0.5$。而
$$a_1 = 0.6, \quad k < 1\,000$$
$$a_1 = 1.2, \quad k \geqslant 2\,000$$
试给出遗忘因子 μ 分别为 1、0.995、0.99、0.95 时的 a_1、a_2 和 b_1、b_2 的估计值，并分析 μ 对辨识结果的影响。

5. 有一模型如下
$$(1 - 0.8z^{-1} + 0.15z^{-2})y(k) = (z^{-2} + 0.5z^{-3})u(k) + (1 - 0.65z^{-1} + 0.1z^{-2})\xi(k)$$
式中，$\xi(k)$ 是均值为零、方差为 1 的白噪声。根据模型生成的输入输出数据，采用最小二乘法做参数估计。提示：可用 Matlab 语言中的函数 "randn" 产生。

6. 间接自校正控制和直接自校正控制各有什么优点和缺点？由间接自校正控制算法向直接自校正控制算法转化的关键在哪？决定使用该种控制算法的原则是什么？

7. 已知被控对象模型为
$$(1 + 2z^{-1} + 3z^{-2})y(k) = z^{-1}(0.8 + 0.5z^{-1})u(k)$$
取期望传递函数分母多项式为
$$A_m(z^{-1}) = 1 + 0.9z^{-1} + 0.2z^{-2}$$
试用直接自校正控制法进行数字仿真：观察系统输出跟踪参考输入（可取为方波）和控制参数的变化情况；当对象参数变化时（注意不要让 $B(z^{-1}) = 0$ 的根出了单位圆），观察系统输出和控制参数有何变化。

8. 有被控过程
$$(1 - 1.7z^{-1} + 0.6z^{-2})y(k) = (z^{-2} + 1.2z^{-3})u(k)$$
给定期望传递函数分母多项式为
$$A_m(z^{-1}) = 1 - 0.6z^{-1} + 0.08z^{-2}$$
试按极点配置设计控制系统，使期望输出无稳态误差，并写出 $u(k)$ 表达式。

第 4 章
模型参考自适应控制

4.1 系统结构

模型参考自适应控制是不同于自校正控制的另一类自适应控制方法。模型参考自适应控制的基本原理：利用可调系统（包括被控对象）的各种信息，度量或测出某种性能指标，把它与参考模型期望的性能指标相比较；用性能指标偏差（广义误差）通过非线性反馈的自适应机构产生的自适应律来调节可调系统，以削弱可调系统因不确定性所造成的性能指标的偏差，最后达到使被控的可调系统获得较好的性能指标的目的。其中的可调系统一般包括被控对象和调节器，它们形成一种常规的反馈控制系统。这个系统相对于模型参考系统来说是一个子系统或称内回路。另外，模型参考自适应系统还有一个自适应反馈回路，称为外回路，它用来调节可调系统。由内外回路组成双回路系统是模型参考自适应系统的结构特点。模型参考自适应控制可以处理缓慢变化的不确定性对象的控制问题。它由于可以不必经过系统辨识而度量性能指标，因而有可能获得快速跟踪控制。模型参考自适应系统主要基于局部参数最优化和稳定性理论的设计方法，它在处理有非线性特性的对象方面比其他方法优越。模型参考自适应控制是一种非常重要的自适应控制方案。它可以看作是一种自适应伺服系统，其中系统的期望性能由参考模型给出。模型参考自适应控制系统结构图如图 4.1 所示。

图 4.1 模型参考自适应控制系统结构图

这个系统有一个通常的反馈回路，包括过程和控制器，另一个反馈回路可以用来改变控制器的参数。参数的变化和调节根据误差的反馈情况而定。误差是系统的输出和参考系统输出的差。通常的反馈回路称为内回路，参数调节回路称为外回路。对于模型参考自适应控制系统来说，如何对参数进行调节至关重要。调节参数的机制一般可以通过两种途径：一种是利用梯度法，另一种是基于稳定性理论。

在模型参考自适应控制系统中，在原来反馈控制的基础之上附加一个参考模型和参数自适应调节器。用参考模型表示系统性能要求，因此也可以称参考模型为希望模型，它的输出称为希望输出。

（1）参考模型自适应控制系统中给定的性能指标集合被一个动态性能指标代替，同时引入一个参考模型辅助动态系统。

（2）参考模型辅助动态系统与可调系统一起被输入激励，获得一个给定的性能指标。

（3）用减法器得到这个指标与可调系统的状态之差，并输入自适应机构来修改可调系统的参数或产生一个辅助输入信号，从而使测得的性能指标保持在参考性能指标的邻域内。

调节过程中，内环形成一个一般的反馈控制系统，只是其控制器的参数不是固定的，而是由外环进行调整的；当被控系统受干扰的影响而使运行特性偏离了参考模型的输出期望轨迹时，则通过被控系统和参考模型的输出之差产生的广义误差来修改调节器的参数，使可调系统与参考模型相一致。内、外环的调整过程同时影响整个系统的稳定性和性能，其稳定性、稳定过程和鲁棒性是模型参考自适应的重要研究内容。

模型参考自适应控制系统（MRACS）最初由 MIT 的怀特克于 1958 年提出，并用参数最优化理论导出了自适应规律，在直升机自动驾驶中进行应用试验研究，但是由于这种设计方法不是从稳定性的角度出发的，设计完成后，往往需要进行稳定性检验。而且，许多实际的模型参考自适应系统是无法用解析法检验其全局稳定性的，而全局稳定性又是模型参考自适应系统的首要品质指标，这就要求我们研究这一问题。

MIT 方法的最大缺陷是仅考虑了参数调节的适应性，而不能确保所设计的自适应系统是全局渐近稳定的。为了克服上述问题，1966 年 Parks 首先提出了用 Lyapunov 稳定性理论设计模型参考自适应系统的方法。这种方法的关键是构造一个适当的 Lyapunov 函数，然后用确保 Lyapunov 函数的导函数是负定或半负定来确定自适应律。这种方法可以在保证系统稳定性的同时，具有自适应速度快的优点。20 世纪 70 年代，Landau 将 Popov 的超稳定性理论用到模型参考自适应控制系统的设计中来，得到了更加灵活方便、性能更佳的自适应规律。20 世纪 60 年代以来，现代控制理论蓬勃发展所取得的一些成果，如状态空间法、稳定性理论、最优控制、随机控制和参数估计等，为自适应控制理论的形成和发展准备了条件。

在模型参考自适应控制系统中，通过对控制器参数化，使闭环系统等价于给定的（输入驱动下的）参考模型，借助输出误差来"估计"控制器中的参数，以保证系统输出渐近收敛到参考模型的期望输出。当然，这里的"估计"是加引号的，因为自调节性质，参数估计值一般并不会收敛于参数化的真实值。

线性系统的自适应控制问题已基本解决，但非线性系统的自适应控制还存在很多难点，工程化实现难度非常大。

模型参考自适应控制（MRAC）是自适应控制的一个重要分支，因为其设计目标就是使过程的输出与参考模型的输出相匹配，该参考模型规定了被控系统所要求的性能，等价于给被控系统设计了一个动态的性能指标。不同于鲁棒控制的设计思想，鲁棒控制使用优化技术，直接在系统不确定的最坏情形下设计控制器，所以不能避免由不确定参数造成的保守性。模型参考自适应控制使系统行为渐近逼近参考模型的响应，属于间接优化性能。基于该方法我们能够设计相对容易实现的系统，且具有较高的自适应速度，能够应用到多种场合和情况。

理想 MRAC 系统设计需做如下基本假定：

(1) 参考模型是线性定常的。
(2) 可调系统与参考模型的维数相同。
(3) 可调系统的参数仅依赖于自适应机构。
(4) 除输入量之外，没有其他外部信号（干扰）作用在可调系统上。
(5) 偏差 $e(t) = X_m(t) - X_p(t)$ 是可观测的。

模型参考自适应控制系统的组成可以由图 4.1 表示，包含 4 部分：带有未知参数的被控对象、参考模型（描述控制系统的期望输出）、带有可校正参数的反馈控制器，以及校正参数的自适应机制。

虽然参数未知，但可以假设被控对象的结构是已知的。对于线性系统，这说明系统的极点和零点的个数是已知的，而它们的位置是未知的；对于非线性系统，说明动态方程的结构是已知的，而某些参数是未知的。

参考模型是为自适应系统相应外部指令所提供的一个理想参考系统。当自适应机制在校正参数时，期望系统响应能尽量与理想响应接近。选择参考模型必须满足 2 个要求：一是要能够反映控制任务中所指定的性能，如上升时间、调节时间、超调或频率特性等；二是这种理想性能应该是自适应控制系统可以实现的。

控制器应该具有完全的跟踪能力。当被控对象的参数准确已知时，响应的控制器可以使系统的输出与参考模型的输出相等；而当参数未知时，自适应机制将校正参数，从而渐近达到完全跟踪。为了得到稳定性和跟踪收敛性的自适应机制，现有的自适应控制设计一般要求控制器参数是线性的。

自适应机制用来校正控制器中的参数，自适应规律通过探索参数使得在自适应控制规律下，被控对象的响应逐渐与参考模型的响应相等，使跟踪误差收敛到零。这种自适应机制就是自适应控制与传统控制的主要区别。自适应控制的目的就是设计出好的自适应机制，保证参数变化时系统稳定，并使跟踪误差收敛到零。非线性控制的许多理论可以用来达到这个目的，如 Lyapunov 理论、超稳定性理论、耗散结构理论等。

其中 Lyapunov 理论、超稳定理论前面已经提及，这里简单介绍一下耗散结构理论，耗散结构理论的创始人是比利时俄裔科学家伊里亚·普里戈金（Ilya Prigogine）。普里戈金的早期工作在化学热力学领域，1945 年得出了最小熵产生原理，此原理和昂萨格倒易关系一起为近平衡态线性区热力学奠定了理论基础。普里戈金以多年的努力，试图把最小熵产生原理延拓到远离平衡的非线性区去，但以失败告终。在研究了诸多远离平衡现象后，使他认识到系统在远离平衡态时，其热力学性质可能与平衡态、近平衡态有重大原则差别。以普里戈金为首的布鲁塞尔学派又经过多年的努力，终于建立起一种新的关于非平衡系统自组织的理论——耗散结构理论。这一理论于 1969 年由普里戈金在一次"理论物理学和生物学"的国际会议上正式提出。由于对非平衡热力学尤其是建立耗散结构理论方面的贡献，他荣获 1977 年诺贝尔化学奖。耗散结构理论认为，一个远离平衡态的非线性的开放系统通过不断地与外界交换物质和能量，在系统内部某个参量的变化达到一定的阈值时，通过涨落，系统可能发生突变即产生非平衡相变，由原来的混沌无序状态转变为一种在时间、空间或功能上的有序状态。这种在远离平衡的非线性区形成的新的稳定宏观有序结构，由于需要不断与外界交换物质或能量才能维持，因此称之为"耗散结构"（Dissipative Structure）。

4.2　MIT 法则

MIT 法则是模型参考自适应控制最开始使用的方法，其名字的由来是因为该法则是 1958 年由 MIT 的仪器实验室（现在的 Draper 实验室）提出的。它的设计原理是：构造一个由广义误差和可调参数组成的目标函数，并把它视为位于可调参数空间中的一个超曲面，再利用参数最优化方法使这个目标函数逐渐减小，直到目标函数值达到最小或位于最小值的某个邻域为止，从而满足可调系统与参考模型之间的一致性要求。在 MIT 法则中，常常用到的误差是二次型目标函数。在单变量情况下，大多采用平方误差积分目标函数。为使目标函数达到最小的参数最优化方法有最速下降法、Newton – Raphson 法、共轭梯度法和变尺度法等，其中最速下降法比较简单。共轭梯度法是最速下降法使用欧式范数的特殊情况。

图 4.2 所示为增益可调的参考模型自适应控制系统。

图 4.2　增益可调的参考模型自适应控制系统

为了推导 MIT 法则，我们考虑一个闭环系统，它的控制器有一个可调参数 $\boldsymbol{\theta}$，期望闭环系统响应由参考模型输出 y_m，实际系统输出 y，为了获得调节参数的规则，我们定义一个代价函数

$$J(\boldsymbol{\theta}) = \frac{1}{2}e^2 \tag{4.1}$$

其中

$$e = y_m - y$$

为了最小化 J，在 J 的负梯度方向改变参数，也就是

$$\frac{\mathrm{d}\boldsymbol{\theta}}{\mathrm{d}t} = -\gamma\frac{\partial J}{\partial \boldsymbol{\theta}} = -\gamma e\frac{\partial e}{\partial \boldsymbol{\theta}} \tag{4.2}$$

这就是著名的 MIT 法则。其中偏导数 $\dfrac{\partial e}{\partial \boldsymbol{\theta}}$ 称为系统的敏感导数，它表征了误差是如何受到可调参数影响的。假如假设参数变化比系统中的其他变量慢，那么偏导数 $\dfrac{\partial e}{\partial \boldsymbol{\theta}}$ 可以在假设 $\boldsymbol{\theta}$ 是常

数的条件下进行估计。

事实上，代价函数并不限于一种，假如我们用 $J(\boldsymbol{\theta}) = |e|$，那么应用梯度法，我们可以得到

$$\frac{\mathrm{d}\boldsymbol{\theta}}{\mathrm{d}t} = -\gamma \frac{\partial e}{\partial \boldsymbol{\theta}} \mathrm{sign}(e) \tag{4.3}$$

这是第一个模型参考自适应控制系统所采用的算法。还有其他一些算法，如

$$\frac{\mathrm{d}\boldsymbol{\theta}}{\mathrm{d}t} = -\gamma \mathrm{sign}(e) \mathrm{sign}\left(\frac{\partial e}{\partial \boldsymbol{\theta}}\right) \tag{4.4}$$

这个算法称为 sign – sign 算法。它的离散版被应用在通信中，因为需要快速计算时应用起来简单。其中的变量 $\boldsymbol{\theta}$ 可以理解为多变量，此时可以把它看作向量。

例 4.1 已知被控系统如图 4.3 所示，其被控对象传递函数是二阶的，即

$$G_p(s) = \frac{K_c K_v}{a_2 s^2 + a_1 s + 1} \tag{4.5}$$

要求用 MIT 法设计模型参考自适应控制系统。

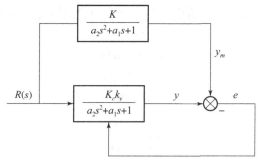

图 4.3 例 4.1 所示系统

此系统的广义误差方差为

$$a_2 \ddot{e}(t) + a_1 \dot{e}(t) + e(t) = (K - K_c K_v) r(t) \tag{4.6}$$

当 $t > 0^+$ 时，$r(t) = R =$ 常数（即阶跃扰动），对上式两边求导可得

$$a_2 \dddot{e}(t) + a_1 \ddot{e}(t) + \dot{e}(t) = -K_v R \dot{K}_c$$

由于要求参考模型是稳定的，所以，当 $t \to \infty$ 时 $y_m(t) \to KR$。由 MIT 自适应律可导出

$$\dot{K}_c = \mu e(t) y_m(t) = \mu e(t) KR$$

则当 $t \to \infty$ 时，广义误差方程为

$$a_2 \dddot{e}(t) + a_1 \ddot{e}(t) + \dot{e}(t) + K_v \mu K R^2 e(t) = 0 \tag{4.7}$$

利用代数准则判断稳定性，若

$$a_1 > a_2(K_v \mu K R^2) \quad \text{或} \quad \mu < \frac{a_1}{a_2 K_v K R^2}$$

则系统是稳定的。由上面的不等式可得到如下结论：

(1) 当 $a_1 \gg a_2$ 时，则系统近似为一阶非周期环节，在阶跃扰动下是稳定的。

(2) 当 K_v 较大时，由于参考模型的 K 值也大，因而 $K_v K$ 很大，会使系统不稳定。

(3) 模型参考自适应控制系统的稳定性不仅与该系统的结构有关，而且与外加扰动信

号的类型和大小有关。由上面的不等式可知,当 R 很大时,系统可能不稳定。

(4) 当把 $\mu = \gamma K_v/K$ 代入上述不等式时可知,当 $\gamma < a_1/(a_2 K_v^2 R^2)$ 时系统才能稳定。因此,若搜索步长 γ 太大,系统的稳定性就会变差,但 γ 太小,搜索时间太长也不好。所以,γ 大小的选择要兼顾稳定性和搜索时间的要求。

对于设计一个控制系统来说,首要的目标是稳定。

MIT 方法的最大缺点是只考虑到优化输出误差和参数误差的某种正性指标函数及这些误差的收敛过程,而不能确保所设计的自适应控制系统闭环是全局渐近稳定的,20 世纪 60 年代中期,Parks 提出了用李雅普诺夫稳定性理论对 MRACS 进行设计的方法,确保了该类自适应系统的稳定性。

下面我们讨论如何确定自适应增益。在前面的章节中我们通过使用 MIT 法则可以得到一个自适应系统。注意到其中的自适应律中只有一个参数,即自适应增益 γ,它是由使用者选择的。通过一些仿真例子可以看出,这个增益的选择对于系统的特性是很重要的,在这一节中,我们讨论如何来确定自适应增益。

假设我们有一个系统如图 4.4 所示,它的传递函数是 $kG(s)$,其中 $G(s)$ 是已知的且稳定的,而 k 是一个未知常数。我们希望找到一个前馈控制器使得传递函数是 $k_0 G(s)$。系统由以下方程描述:

$$y = kG(p)u$$
$$y_m = k_0 G(p)u_c$$
$$u = \theta u_c$$
$$e = y - y_m$$
$$\frac{d\theta}{dt} = -\gamma y_m e$$

图 4.4 一个模型参考自适应控制系统框图

式中,u_c 是指令信号,y_m 是模型输出,y 是过程输出,θ 是可调参数,p 是微分算子,从以上方程销掉 u 和 y 可得

$$\frac{d\theta}{dt} + \gamma y_m(kG(p)\theta u_c) = \gamma y_m^2 \tag{4.8}$$

此方程称为参数方程，y_m 可认为是已知的函数，这是一个线性时变常微分方程。为了研究此方程表征的系统特性，假设一个试验：参数 θ 固定，然后把自适应机制断开，输入一个常值信号 u_c^0，让所有信号平稳后连接自适应机制，参数的变化规律由以下方程给出

$$\frac{\mathrm{d}\theta}{\mathrm{d}t} + \gamma y_m^0 u_c^0 (kG(p)\theta) = \gamma (y_m^0)^2 \tag{4.9}$$

这是一个线性时不变系统。这个方程是常系数线性的。它的稳定性由以下代数方程确定

$$s + \gamma y_m^0 u_c^0 kG(s) = 0 \tag{4.10}$$

由于 MIT 法则作用下的系统稳定性受到系统输入信号幅值的影响，因此提出了改进的 MIT 法则，假设

$$\varphi = -\partial e / \partial \theta$$

原 MIT 法则为

$$\frac{\mathrm{d}\theta}{\mathrm{d}t} = \gamma \varphi e$$

改进的 MIT 法则为

$$\frac{\mathrm{d}\theta}{\mathrm{d}t} = \frac{\gamma \varphi e}{\alpha + \varphi^{\mathrm{T}} \varphi} \tag{4.11}$$

其中为了应对 φ 出现小值的情况，引入参数 $\alpha > 0$。

此时，我们再重复上面的试验，发现稳定性由以下方程决定

$$s + \gamma \frac{\varphi^0 u_c^0}{\alpha + \varphi^{0\mathrm{T}} \varphi^0} kG(s) = 0 \tag{4.12}$$

由于 φ^0 正比于 u_c^0，方程根不会随着信号幅值发生过大变化，其稳定性与信号幅值关系不大，因此称之为归一化 MIT 法则。

4.3 基于 Lyapunov 理论的模型参考自适应

响应运动稳定性可分为基于输入/输出描述的外部稳定性和基于状态空间描述的内部稳定性。外部稳定性是一种零初始条件下的有界输入/有界输出稳定性。内部稳定性是零输入条件下自治系统状态运动的稳定性，它等同于李雅普诺夫意义下的渐近稳定性。外部稳定性与内部稳定性之间有十分紧密的联系，一般来说，内部稳定性决定外部稳定性。1892 年，李雅普诺夫提出了运动稳定性的一般理论，即稳定性分析的第一方法和第二方法。第一方法将非线性自治系统运动方程在足够小的邻域内进行泰勒展开，导出一次近似线性化系统，再根据线性系统特征值在复平面上的分布推断非线性系统在邻域内的稳定性；第二方法引入具有广义能量属性的李雅普诺夫函数，并分析其函数的定号性，建立判断系统稳定性的相应结论。它在 1960 年前后被引入控制理论界，并很快成为研究系统稳定性的主要工具。具体的稳定性方面的定义前面第 2 章已经做过介绍，这里主要针对具体的问题开展讨论。

定理 4.1 线性系统的李雅普诺夫函数

假设线性系统有以下方程

$$\frac{\mathrm{d}x}{\mathrm{d}t} = Ax \tag{4.13}$$

系统是渐近稳定的,那么对于每一个对称正定矩阵 Q,存在一个唯一对称正定矩阵 P,使得

$$A^{\mathrm{T}}P + PA = -Q \tag{4.14}$$

此方程为李雅普诺夫矩阵代数方程。进一步,函数 $V(x) = x^{\mathrm{T}}Px$ 是对于此系统的一个李雅普诺夫函数。

证明:设定 Q 是一个对称的正定矩阵。定义

$$P(t) = \int_0^t \mathrm{e}^{A^{\mathrm{T}}(t-s)} Q \, \mathrm{e}^{A(t-s)} \mathrm{d}s$$

矩阵 P 是对称正定的,因为正定矩阵的积分是正定的。矩阵 P 同时也满足

$$\frac{\mathrm{d}P}{\mathrm{d}t} = A^{\mathrm{T}}P + PA + Q$$

因为矩阵 A 是稳定的,极限 $P_0 = \lim_{t \to \infty} P(t)$ 存在。这个矩阵满足方程(4.14)。方程(4.14)的解是唯一的。

对于一个稳定的线性系统来说,我们总能找到一个二次型李雅普诺夫函数,利用以上定理,我们可以选择一个正定矩阵 Q,然后求解方程(4.14)获得 P。

下面给出一个实例,利用李雅普诺夫理论设计模型参考自适应系统。

(1) 采用可调系统状态变量构成自适应规律的设计方法。对一般多变量线性系统,可采用如图 4.5 所示的控制器结构。

图 4.5 用状态变量构成的模型参考自适应系统

设所选定参考模型的状态方程为:

$$\dot{x}_m = A_m x_m + B_m r, \quad x_m(0) = x_{m0}$$

式中,A_m 为 $n \times n$ 维稳定矩阵,B_m 为 $n \times m$ 维矩阵。

所选定的参考模型 $\sum(A_m, B_m)$ 一般为渐近稳定的,且其状态是完全能控能观测的。

此外参考模型 $\sum(A_m, B_m)$ 应体现对被控系统的输出响应和性能指标的要求,如超调量、快速性、周期性、阻尼比、动态速降和通频带宽等指标可通过参考模型的选取来体现。实际上,参考模型体现对被控系统输出响应和性能指标的理想化要求。

被控系统的状态方程为

$$\dot{x} = Ax + Bu, \quad x(0) = x_0$$

设系统的广义状态误差向量为

$$e = x_m - x$$

则
$$\begin{aligned}
\dot{e} &= \dot{x}_m - \dot{x} \\
&= A_m x_m + B_m r - Ax - Bu \\
&= A_m e + (A_m - A)x + B_m r - Bu \\
&= A_m e + B_m r + (A_m - A)x - B(K_v x + K_c r) \\
&= A_m e + (A_m - A - BK_v)x + (B_m - BK_c)r \\
&\triangleq A_m e + \boldsymbol{\Phi} x + \boldsymbol{\Psi} r
\end{aligned}$$

现在问题变为设计 K_v 和 K_c，使得误差系统为渐近稳定。从而有

$$\lim_{t \to \infty} e(t) = 0$$

定义李雅普诺夫函数

$$\begin{aligned}
V &= e^{\mathrm{T}} P e + \mathrm{tr}[\boldsymbol{\Phi}^{\mathrm{T}} \boldsymbol{\Phi} + \boldsymbol{\Psi}^{\mathrm{T}} \boldsymbol{\Psi}] \\
&= e^{\mathrm{T}} P e + \sum_{i=1}^{n} \boldsymbol{\varphi}_i^{\mathrm{T}} \boldsymbol{\varphi}_i + \sum_{i=1}^{m} \boldsymbol{\psi}_i^{\mathrm{T}} \boldsymbol{\psi}_i
\end{aligned}$$

其中

$$\dot{e} = A_m e + \boldsymbol{\Phi} x + \boldsymbol{\Psi} r$$

式中，$\boldsymbol{\varphi}_i$、$\boldsymbol{\psi}_i$ 分别为 $\boldsymbol{\Phi}$、$\boldsymbol{\Psi}$ 的第 i 列，P 为对称正定矩阵，显然，V 正定，而

$$\begin{aligned}
\dot{V} &= \dot{e}^{\mathrm{T}} P e + e^{\mathrm{T}} P \dot{e} + \sum_{i=1}^{n} (\dot{\boldsymbol{\varphi}}_i^{\mathrm{T}} \boldsymbol{\varphi}_i + \boldsymbol{\varphi}_i^{\mathrm{T}} \dot{\boldsymbol{\varphi}}_i) + \sum_{i=1}^{m} (\dot{\boldsymbol{\psi}}_i^{\mathrm{T}} \boldsymbol{\psi}_i + \boldsymbol{\psi}_i^{\mathrm{T}} \dot{\boldsymbol{\psi}}_i) \\
&= e^{\mathrm{T}} (A_m^{\mathrm{T}} P + P A_m) e + 2 \left[e^{\mathrm{T}} P (\boldsymbol{\Phi} x + \boldsymbol{\Psi} r) + \sum_{i=1}^{n} \dot{\boldsymbol{\varphi}}_i^{\mathrm{T}} \boldsymbol{\varphi}_i + \sum_{i=1}^{m} \dot{\boldsymbol{\psi}}_i^{\mathrm{T}} \boldsymbol{\psi}_i \right]
\end{aligned}$$

因为 A_m 为稳定的，故必存在正定矩阵 Q 满足李雅普诺夫方程：

$$A_m^{\mathrm{T}} P + P A_m = -Q$$

代入上式有：

$$\begin{aligned}
\dot{V} &= -e^{\mathrm{T}} Q e + 2 \left[e^{\mathrm{T}} P (\boldsymbol{\Phi} x + \boldsymbol{\Psi} r) + \sum_{i=1}^{n} \dot{\boldsymbol{\varphi}}_i^{\mathrm{T}} \boldsymbol{\varphi}_i + \sum_{i=1}^{m} \dot{\boldsymbol{\psi}}_i^{\mathrm{T}} \boldsymbol{\psi}_i \right] \\
&= -e^{\mathrm{T}} Q e + 2 \left[e^{\mathrm{T}} P \left(\sum_{i=1}^{n} \boldsymbol{\varphi}_i x_i + \sum_{i=1}^{m} \boldsymbol{\psi}_i r_i \right) + \sum_{i=1}^{n} \dot{\boldsymbol{\varphi}}_i^{\mathrm{T}} \boldsymbol{\varphi}_i + \sum_{i=1}^{m} \dot{\boldsymbol{\psi}}_i^{\mathrm{T}} \boldsymbol{\psi}_i \right]
\end{aligned}$$

式中，x_i、r_i 分别是向量 x、r 的第 i 分量，如果我们选择

$$e^{\mathrm{T}} P \left(\sum_{i=1}^{n} \boldsymbol{\varphi}_i x_i + \sum_{i=1}^{m} \boldsymbol{\psi}_i r_i \right) + \sum_{i=1}^{n} \dot{\boldsymbol{\varphi}}_i^{\mathrm{T}} \boldsymbol{\varphi}_i + \sum_{i=1}^{m} \dot{\boldsymbol{\psi}}_i^{\mathrm{T}} \boldsymbol{\psi}_i = 0$$

即取

$$\dot{\boldsymbol{\varphi}}_i^{\mathrm{T}} = -e^{\mathrm{T}} P x_i, \quad i = 1, 2, \cdots, n$$
$$\dot{\boldsymbol{\psi}}_i^{\mathrm{T}} = -e^{\mathrm{T}} P r_i, \quad i = 1, 2, \cdots, m$$

则 $\dot{V} = -e^{\mathrm{T}} Q e$ 为负定，从而广义误差系统为渐近稳定。

这种方法要求所有状态可观测，这对许多实际对象往往不现实，为此可采用按对象输入输出来直接设计自适应控制系统。其中一种为直接法，它根据对象的输入输出来设计自适应控制器，从而来调节可调参数，使可调系统与给定参考模型匹配；另一种为间接法，利用对象的输入输出设计一个自适应观测器，实时地给出对象未知参数和状态的估计，然后利用这些估计值再来设计自适应控制器，使对象输出能跟踪模型输出，或使其某一性能指标最优。

（2）采用受控对象输入输出构成自适应规律的设计方法。该系统结构如图 4.6 所示。

设计任务：设计可调增益 K_c 的自适应规律，使得控制系统能够适应被控对象时变或未知的开环增益 K_p，且被控系统的输出动态特性与参考模型相一致。

图 4.6　增益可调的参考模型自适应控制系统

由图 4.6 可得参考模型和参数可调被控系统的 s 域表达式分别为

$$Y_m(s) = \frac{K_m N(s)}{D(s)} r(s)$$

$$Y(s) = \frac{K_c K_p N(s)}{D(s)} r(s)$$

式中，$D(s)$ 和 $N(s)$ 分别为以下已知的 n 阶稳定首一多项式和 $n-1$ 阶多项式

$$D(s) = s^n + \sum_{i=0}^{n-1} a_i s^i$$

$$N(s) = \sum_{i=0}^{n-1} b_i s^i$$

下面基于李雅普诺夫稳定性理论，设计比例调节器的增益 K_c 的自适应规律。

首先定义广义误差 $e = y_m - y$，因此，误差 e 的传递函数为

$$\frac{E(s)}{R(s)} = (K_m - K_c K_p) \frac{N(s)}{D(s)} = \tilde{K} \frac{N(s)}{D(s)}$$

其中误差增益 $\tilde{K}$ 为

$$\tilde{K} = K_m - K_c K_p$$

由此可知，广义误差 e 满足如下微分方程

$$e^{(n)} + a_{n-1} e^{(n-1)} + \cdots + a_0 = \tilde{K} [b_{n-1} r^{(n-1)} + \cdots + b_0 r]$$

选择状态变量：

$$x_1 = e,\ x_2 = \dot{x}_1 - \beta_1 r,\ \cdots,\ x_n = \dot{x}_{n-1} - \beta_{n-1} r$$

可得其状态方程实现：

$$\begin{cases} \dot{\boldsymbol{x}} = \boldsymbol{A}\boldsymbol{x} + \tilde{K}\boldsymbol{B}r \\ e = \boldsymbol{C}\boldsymbol{x} \end{cases}$$

其中

$$\boldsymbol{A} = \begin{bmatrix} \boldsymbol{0} & \boldsymbol{I}_{n-1} \\ -a_0 & -a_1 & \cdots & -a_{n-1} \end{bmatrix}$$

$$B = \begin{bmatrix} \beta_1 \\ \vdots \\ \beta_n \end{bmatrix} = \begin{bmatrix} 1 & 0 & \cdots & 0 \\ a_{n-1} & 1 & \cdots & 0 \\ \vdots & \vdots & & \vdots \\ a_1 & \cdots & a_{n-1} & 1 \end{bmatrix}^{-1} \begin{bmatrix} b_{n-1} \\ b_{n-2} \\ \vdots \\ b_0 \end{bmatrix}$$

$$C = \begin{bmatrix} 1 & 0 & \cdots & 0 \end{bmatrix}$$

如下定义正定的函数

$$V = x^{\mathrm{T}} P x + \lambda \tilde{K}^2 > 0$$

式中，P 为所选定的正定矩阵，λ 为大于零的实数。

对函数 V 求导可得

$$\dot{V} = \dot{x}^{\mathrm{T}} P x + x^{\mathrm{T}} P \dot{x} + 2\lambda \tilde{K} \dot{\tilde{K}}$$

$$= x^{\mathrm{T}} (PA + A^{\mathrm{T}} P) x + 2 x^{\mathrm{T}} PB \tilde{K} r + 2\lambda \tilde{K} \dot{\tilde{K}}$$

$$\dot{x} = Ax + \tilde{K} B r$$

由于参考模型总是稳定的，A 为稳定阵，因此总可以选择正定矩阵 Q，使得

$$\dot{V} = -x^{\mathrm{T}} Q x + 2 x^{\mathrm{T}} PB \tilde{K} r + 2\lambda \tilde{K} \dot{\tilde{K}}$$

$$PA + A^{\mathrm{T}} P = -Q$$

若令 $2 x^{\mathrm{T}} PB \tilde{K} r + 2\lambda \tilde{K} \dot{\tilde{K}} = 0$，即可推出 $\dot{V}$ 负定，于是可得

$$\dot{\tilde{K}} = -\frac{1}{\lambda} x^{\mathrm{T}} PB r \qquad \dot{K}_c = \frac{1}{\lambda K_p} x^{\mathrm{T}} PB r$$

由上式可知，该自适应规律除包含输出误差 e 之外，还包含它的各阶微分。对实际控制系统来说，带有微分因素的控制规律对系统的环境变化或扰动较敏感，容易引起系统的不稳定，而且实现纯微分环节也较困难。因此，该自适应规律在具体实现上有一定困难。为此，可在选择 P 矩阵时使 P 满足 $PB = \mu C^{\mathrm{T}} = \begin{bmatrix} \mu & 0 & \cdots & 0 \end{bmatrix}^{\mathrm{T}}$，$\mu > 0$ 时就有

$$\dot{K}_c = \alpha e r, \quad \alpha = \frac{\mu}{\lambda K_p}$$

一个自适应控制系统应提供被控对象当前状态的连续信息，即辨识对象；将当前系统性能与期望性能或某种最优化指标进行比较，在此基础上做出决策，对控制器进行实时修正，使得系统趋向期望性能或趋于最优化状态。

（3）假定系统的各个状态变量都可直接得到。控制对象的参数一般是未知的，并且是不能直接调整的。设控制对象的状态方程为

$$\dot{x}_p = A_p x_p + B_p u$$

式中，$\dot{x}_p$ 为 n 维状态向量，u 为 m 维控制向量，A_p 为 $n \times n$ 矩阵，B_p 为 $n \times m$ 矩阵。由于控制对象的状态矩阵 A_p 和控制矩阵 B_p 是不能直接调整的，如要改变控制对象的动态特性，只能用前馈控制和反馈控制，如图 4.7 所示。

控制信号 u 由前馈信号 Kr 和反馈信号 Fx_p 所组成，即

$$u = Kr + Fx_p$$

式中，K 为 $m \times m$ 矩阵，F 为 $m \times n$ 矩阵，r 为 m 维输入信号。可得

$$\dot{x}_p = [A_p + B_p F] x_p + B_p K r$$

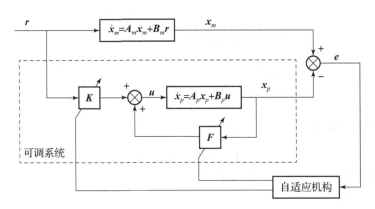

图 4.7 用状态变量构成自适应控制规律

上式称为可调系统。矩阵 A_p 和 B_p 的元素都是时变参数，它们随系统的工作环境和外界干扰而变化。由于矩阵 A_p 和 B_p 不能直接进行调整，为了使控制对象的动态特性与参考模型的动态特性相一致，需要按照自适应规律调整前馈增益矩阵 K 和反馈增益矩阵 F，使自适应闭环回路的特性接近于参考模型的特性。

参考模型是由设计者所选取的动态品质优良的理想系统，一般均选择参考模型与受控对象同维数。

选定参考模型的状态方程为

$$\dot{x}_m = A_m x_m + B_m r$$

式中，x_m 为 n 维状态向量，r 为 m 维输入向量，A_m 为 $n \times n$ 矩阵，B_m 为 $n \times m$ 矩阵，A_m 和 B_m 均为常数矩阵。

设系统的广义状态误差向量为

$$e = x_m - x_p$$

可得

$$\dot{e} = A_m e + (A_m - A_p - B_p F) x_p + (B_m - B_p K) r$$

在理想情况下，上式右边后两项应等于零。设 F 和 K 的理想值分别为 $\bar{F}$ 和 $\bar{K}$，当 $F = \bar{F}$，$K = \bar{K}$，且 $|\bar{K}| \neq 0$ 时，则有

$$A_p + B_p \bar{F} = A_m, \quad B_p \bar{K} = B_m, \quad B_p = B_m \bar{K}^{-1}$$

及

$$A_m - A_p = B_p \bar{F}$$

于是可得

$$\dot{e} = A_m e + B_m \bar{K}^{-1} (\bar{F} - F) x_p + B_m \bar{K}^{-1} (\bar{K} - K) r$$
$$= A_m e + B_m \bar{K}^{-1} \Phi x_p + B_m \bar{K}^{-1} \Psi r$$

式中，$\Phi = \bar{F} - F$ 为 $m \times n$ 矩阵，$\Psi = \bar{K} - K$ 为 $m \times m$ 矩阵。Φ 和 Ψ 称为可调参数误差矩阵。选取李雅普诺夫函数为

$$V = \frac{1}{2} [e^T P e + \text{tr}(\Phi^T \Gamma_1^{-1} \Phi + \Psi^T \Gamma_2^{-1} \Psi)]$$

式中，P、Γ_1、Γ_2 皆为正定对称矩阵，符号 tr 表示矩阵的迹。对时间 t 的导数为

$$\dot{V} = \frac{1}{2}[\dot{e}^T Pe + e^T P\dot{e} + \text{tr}(\dot{\Phi}^T \Gamma_1^{-1} \Phi + \Phi^T \Gamma_1^{-1} \dot{\Phi} + \dot{\Psi}^T \Gamma_2^{-1} \Psi + \Psi^T \Gamma_2^{-1} \dot{\Psi})]$$

由此可得

$$\dot{V} = \frac{1}{2}e^T(PA_m + A_m^T P)e + e^T P B_m \bar{K}^{-1} \Phi x_p + e^T P B_m \bar{K}^{-1} \Psi r +$$
$$\frac{1}{2}\text{tr}(\dot{\Phi}^T \Gamma_1^{-1} \Phi + \Phi^T \Gamma_1^{-1} \dot{\Phi} + \dot{\Psi}^T \Gamma_2^{-1} \Psi + \Psi^T \Gamma_2^{-1} \dot{\Psi})$$

根据矩阵的迹的性质 $\text{tr}(A) = \text{tr}(A^T)$ 和 $x^T A x = \text{tr}(xx^T A)$，可知

$$\text{tr}(\dot{\Phi}^T \Gamma_1^{-1} \Phi) = \text{tr}(\Phi^T \Gamma_1^{-1} \dot{\Phi})$$
$$\text{tr}(\dot{\Psi}^T \Gamma_2^{-1} \Psi) = \text{tr}(\Psi^T \Gamma_2^{-1} \dot{\Psi})$$
$$e^T P B_m \bar{K}^{-1} \Phi x_p = \text{tr}(x_p e^T P B_m \bar{K}^{-1} \Phi)$$
$$e^T P B_m \bar{K}^{-1} \Psi r = \text{tr}(r e^T P B_m \bar{K}^{-1} \Psi)$$

于是有

$$\dot{V} = \frac{1}{2}e^T(PA_m + A_m^T P)e + \text{tr}(\dot{\Phi}^T \Gamma_1^{-1} \Phi + x_p e^T P B_m \bar{K}^{-1} \Phi) +$$
$$\text{tr}(\dot{\Psi}^T \Gamma_2^{-1} \Psi + r e^T P B_m \bar{K}^{-1} \Psi)$$

因为 A_m 为稳定矩阵，则可以选定正定对称矩阵 Q，使 $PA_m + A_m^T P = -Q$ 成立。对于任意 $e \neq 0$，等号右边第一项是负定的。如果上式等号右边后两项都为零，则 $\dot{V}$ 为负定的。为此选

$$\dot{\Phi} = -\Gamma_1(B_m \bar{K}^{-1}) Pe x_p^T$$
$$\dot{\Psi} = -\Gamma_2(B_m \bar{K}^{-1}) Pe r^T$$

则上式等号右边后两项都为零。

当 A_p 和 B_p 为常值或缓慢变化时，可设

$$\dot{\bar{F}} \approx 0, \quad \dot{\bar{K}} \approx 0$$

则可得自适应调节规律为

$$\dot{F} = \dot{\bar{F}} - \dot{\Phi} = -\dot{\Phi} = \Gamma_1(B_m \bar{K}^{-1}) Pe x_p^T$$
$$\dot{K} = \dot{\bar{K}} - \dot{\Psi} = -\dot{\Psi} = \Gamma_2(B_m \bar{K}^{-1}) Pe r^T$$

$F(t)$ 和 $K(t)$ 的自适应变化规律为

$$F(t) = \int_0^t \Gamma_1(B_m \bar{K}^{-1}) Pe x_p^T \text{d}\tau + F(0)$$
$$K(t) = \int_0^t \Gamma_2(B_m \bar{K}^{-1}) Pe r^T \text{d}\tau + K(0)$$

所设计的自适应规律对任意分段连续输入向量函数 r 均能够保证模型参考自适应系统是全局渐近稳定的，即

$$\lim_{t \to \infty} e(t) = 0$$

$e(t) = 0$ 意味着

$$B_m \bar{K}^{-1} \Phi x_p + B_m \bar{K}^{-1} \Psi r = 0$$

及

$$\Phi x_p + \Psi r \equiv 0$$

上面的恒等式对任何 t 都成立的条件：

(1) x_p 和 r 为线性相关，并且 $\Phi \neq 0$，$\Psi \neq 0$；

(2) x_p 和 r 恒为零；

(3) x_p 和 r 为线性独立，并且 $\Phi = 0$，$\Psi = 0$。

显然只有第三种情况能导致参数收敛，所以要求 x_p 与 r 线性独立。x_p 与 r 线性独立的条件是 $r(t)$ 为具有一定频率的方波信号或为 q 个不同频率的正弦信号组成的分段连续信号，其中 $q > \dfrac{n}{2}$ 或 $q > \dfrac{n-1}{2}$。在这种情况下，x_p 与 r 不恒等于零，且彼此线性独立，可以保证误差矩阵 $\Phi(t)$ 和 $\Psi(t)$ 逐渐收敛，即

$$\lim_{t \to \infty} \Phi(t) = 0, \quad \lim_{t \to \infty} \Psi(t) = 0$$

习　题

1. 设被控对象的微分算子方程为

$$(a_{p2} p^2 + a_{p1} p + 1) y_p(t) = (b_{p1} p + b_{p0}) r(t)$$

选定参考模型为

$$(a_{m2} p^2 + a_{m1} p + 1) y_m(t) = (b_{m1} p + b_{m0}) r(t)$$

设 a_{pi} 和 b_{pi}（$i = 0, 1$ 或 2）为可调参数，试用局部参数优化设计方法设计可调参数规律。

2. 设参考模型方程为

$$(p^2 + a_{m1} p + a_{m0}) y_m(t) = b_{m0} r(t)$$

可调习题方程为

$$(p^2 + a_{s1} p + a_{s0}) y_s(t) = b_{s0} u(t)$$

式中，$a_{s0} = a_{m0}$ 为固定参数，试用李雅普诺夫稳定性理论设计 a_{s1} 和 b_{s0} 的自适应规律。

3. 设控制对象的状态方程为

$$\dot{X}_p = A_p(t) X_p + B_p(t) u$$

参考模型状态方程为

$$\dot{X}_m = A_m X_m + B_m r$$

设

$$A_p = \begin{bmatrix} 0 & 1 \\ -6 & -7 \end{bmatrix}, \quad b_p = \begin{bmatrix} 2 \\ 4 \end{bmatrix}$$

$$A_m = \begin{bmatrix} 0 & 1 \\ -10 & -5 \end{bmatrix}, \quad b_m = \begin{bmatrix} 1 \\ 2 \end{bmatrix}$$

试用李雅普诺夫稳定性理论设计自适应规律。

4. 设控制对象的传递函数为

$$W_p(s) = \frac{K_1}{T_1^2 s^2 + 2T_1\varepsilon_1 s + 1}$$

其中参数 K_1、T_1 和 ε_1 随时间而变,且

$$K_1(t) = 1.12 - 0.08t, \quad T_1 = 0.036 + 0.004t$$

$$\varepsilon_1 = 0.8 - 0.01t$$

设参考模型的传递函数为

$$W_m(s) = \frac{1}{0.0064 s^2 + 2 \times 0.08 \times 0.75 s + 1}$$

用超稳定性理论设计模型参考自适应系统。假设系统参考输入为:

(1) $r(t)$ 是方波信号,周期为 4 s,振幅为 2;

(2) $r(t) = 0.5 + 0.04t$,设计自适应规律,给出仿真结果。

5. 设对象模型为 $G_p(s) = \dfrac{2}{s+1}$,参考模型为 $G_m(s) = \dfrac{3}{s+2}$。试推导自适应控制律,画出系统框图,并判断系统稳定性。

6. 已知增益可调的可调系统模型为

$$(a_3 p^3 + a_2 p^2 + a_1 p + 1) y_s(t) = K_s(e,t) r$$

式中,$p^i \triangleq \dfrac{\mathrm{d}^i}{\mathrm{d}t^i}$ 表示微分算子;参考模型为

$$(a_3 p^3 + a_2 p^2 + a_1 p + 1) y_m(t) = K_m r$$

(1) 试用梯度法设计自适应系统;

(2) 当 r 为常数时,试确定使自适应系统稳定的增益范围;

(3) 当 $r = \sin\omega t$ 时,通过仿真了解输入频率对稳定性的影响。

7. 已知参考模型和可调系统模型分别为

$$\begin{bmatrix} \dot{x}_{1m} \\ \dot{x}_{2m} \end{bmatrix} = \begin{bmatrix} 0 & 1 \\ -a_0 & -a_1 \end{bmatrix} \begin{bmatrix} x_{1m} \\ x_{2m} \end{bmatrix} + \begin{bmatrix} 1 \\ b \end{bmatrix} u,$$

$$\begin{bmatrix} \dot{x}_{1s} \\ \dot{x}_{2s} \end{bmatrix} = \begin{bmatrix} 0 & 1 \\ -a_{0s} & -a_1(e,t) \end{bmatrix} \begin{bmatrix} x_{1s} \\ x_{2s} \end{bmatrix} + \begin{bmatrix} 1 \\ b_s(e,t) \end{bmatrix} u$$

式中,e 为广义误差向量,$e = \begin{bmatrix} e_1 \\ e_2 \end{bmatrix} = \begin{bmatrix} x_{1m} \\ x_{2m} \end{bmatrix} - \begin{bmatrix} x_{1s} \\ x_{2s} \end{bmatrix}$。试用李雅普诺夫方法设计自适应控制系统,并画出系统实现框图。

8. 设参考模型传递函数为 $G_m(s) = \dfrac{K_0}{(1+\tau_0 s)(1+T_0 s)}$,其输入为 u_m;被控对象的传递函数为 $G_p(s) = \dfrac{K}{(1+\tau s)(1+T s)}$,其输入信号为 $u_p = u_{p1} + u_{p2}$,u_{p1} 为线性控制信号,u_{p2} 为自适应信号。

(1) 将参考模型和可调系统表示为状态空间描述方式。

(2) 设计自适应模型跟随控制系统,使可调系统输出跟随参考模型输出,并就 u_m 分别为方波信号、三角波信号、正弦信号进行仿真(注:应注意确定信号周期 T,使参考模型在半个周期内进入稳态)。

第 5 章
自校正控制

5.1 自校正系统原理

控制系统的设计与应用通常包含以下几步：建模、控制算法设计、实现以及验证。自校正控制系统试图用来对这些任务进行自动化处理。"自校正"这个词来自早期的一些论文。使用自校正控制器的主要原因是过程或者它所处的环境总在不停地变化。要对这类系统进行分析是比较困难的，因此我们假设过程参数是常值但未知的。"自校正"用来表示控制器参数将收敛于假设过程参数已知情况下的控制器参数。对于估计获得的参数被认为是真实的，这一点称为一致等价原理。自校正控制系统因为其原理简单、容易实现，现已经广泛地用在参数变化、有延迟和时变过程，以及具有随机扰动的复杂系统。

自校正控制器是一种随机自适应控制，对于结构已知参数未知且定常或缓慢变化的随机系统，可以应用非线性随机最优控制理论来解决。然而，从实际应用的观点看，这些结果所需的计算量令人失望。至于一般的随机最优控制问题，由于需要事先知道被控对象及所处环境的数学模型，因而也是相当困难的。对于实际工程，需要寻找一个只根据已有的输入/输出数据进行操作的控制规律，它不需要系统参数知识，并且收敛到只有当过程参数已知时才能设计的最优调节器，这种调节器称为自校正调节器。这项工作早在 20 世纪 50 年代末，60 年代初就有人开始研究，最早由 Kalman 在 1958 年提出，当时由于原理上的缺点，加上在计算机上难以实现，这个概念一直没有得到成功的应用。到 1970 年，Peterka 在他的论文中利用自校正概念解决噪声系统的自适应数字调整时，才得到广泛的重视。实际上，直到 1973 年，瑞典隆德工学院的 Åström 和他的学生 Wittenmark 做出了技术上突破性的贡献，他们在造纸工业的控制中应用自校正调节器获得了成功，紧接着在矿石粉碎/超级油轮自动驾驶仪等对象上取得了成果，显示了它比一般 PID 及其他方法的优越性。此后，在原理上不断改进和发展，使自校正控制更加完善。例如，1975 年 Clarke 和 Gawthrop 提出了自校正控制器，它针对自校正调节器在非最小相位时不稳定的缺点，利用广义最小方差控制策略使得控制系统不管用在最小相位的对象或非最小相位的对象都能稳定。1982 年，Grimble 提出的加权最小方差控制器，能很好地用在非线性对象和动态特性未知的系统。Anbumani 等人在 1981 年研究了 Hammerstein 模型非线性系统的自校正最小方差控制，Toivonent 讨论了具有输入幅值限制的最小方差控制，这些进展把自校正控制水平提到了一个新的高度。自校正控制系统是自适应控制系统的一个重要分支，是目前应用最广的一类自适应控制方法。如果对控制系统能够使用输入输出数据在线辨识被控系统或控制器的参数,应用参数估计值去调整控制器的参数,从而适应被控系统的不确定性,使该系统处于良好运行状态,这种系统就是自校正控制系统。自校正控制系统是一种把参数的在线辨识与控制器的在线设计有机结合在一起的控制系统,并在设计辨识算法和控制算法时考虑了随机干扰的影响。

自校正控制系统从原理上可分为隐式自校正和显式自校正两类。其中最小方差(包括广义最小方差)自校正控制因为是以一个隐式过程模型估计值为基础的,因而被称为隐式自校正。在隐式算法中控制参数直接由过程参数估计值进行修改,所以隐式自校正采用的是预测控制原理,并且要求系统的延迟是已知的。在显式自校正中,过程参数的估计和控制律的计算是分离的,因而过程参数的估计精度对于计算控制律十分重要。显式自校正属于非直接控制一类,其延迟可作为过程参数的一部分,利用递推参数估计法加以确定。属于显式自校正一类的有 1979 年 Wellstead 提出的极点配置自校正调节器、Wittenmark 提出的由极点配置方法设计的 PID 自校正调节器,以及 Åström 于 1980 年提出的零极点配置自校正调节器。这些方法的共同特点是:尽管对象是非最小相位的,但都能得到稳定的控制系统。其后,Vogel 和 Edgar 开发了自适应 – 极点配置和延迟补偿器,它有效地用在迟延显著变化的系统中。对于非最小相位对象,它的鲁棒性也很好。为了避免连续系统离散化后带来的各种问题,1980 年 Gawthrop 提出了混合式自校正控制,它能很好地用在连续生产过程的控制。从自校正控制算法所采用的控制策略来分类,自校正控制系统可以分为基于最优控制策略的自校正控制系统(如最小方差、广义最小方差自校正控制器)、基于经典控制策略的自校正控制系统(如极点配置自校正调节器)和基于最优控制策略与经典控制策略相结合的自校正控制系统(如具有极点配置的广义自校正控制器)三类。

自校正控制的基本思想是将参数估计递推算法与各种不同类型的控制算法结合起来,形成一个能自动校正控制器参数的实时计算机控制系统,根据所采用的不同类型的控制算法,可以组成不同类型的自校正控制器。其中,最小方差自校正调节器的根本点在于利用最小二乘法进行参数估计,并以此估计参数为依据,按最小方差准则,进行控制律的设计。当被估计参数收敛时,根据估计模型所得到的最小方差调节器,将收敛于受控系统参数已知时的最小方差调节器。这种自校正调节器具有近似的最佳特征。自校正控制系统由常规控制系统和自适应机构组成,其中自适应机构包括辨识机构和控制参数计算环节,典型结构图如图 5.1 所示。

图 5.1　自校正调节器原理图

图 5.1 中,"控制器设计"也可以称为"控制参数计算","控制器"也可称为"调节器","未知系统"也可称为"被控对象"。

自校正控制设计思路如下:

(1) 假设被控系统的参数已知,适当选择目标函数,决定最优控制规律。

(2) 确定控制器结构,接着根据输入输出信息,通过辨识机构进行系统参数辨识。辨识参数可看成是系统实际参数,修改控制器参数,构成控制输入,调节未知系统,使被控系统动态性能达到最优。

(3) 自校正控制系统将控制对象参数递推估计算法与对系统运行指标的要求结合起来,形成一个能自动校正调节器或控制器参数的实时计算机控制系统。

自校正控制系统设计好后可进行上线运行,其调节过程是根据输入 $u(t)$ 和输出 $y(t)$ 序列数据,不断地对过程参数进行在线递推估计,得到 t 时刻的过程参数估计值,然后用最小方差控制律计算调节器的参数新值,并以此新值去修改调节器,再用调节器在新参数下产生的控制作用 $u(t)$ 对过程进行控制,这样的估计和控制过程持续进行下去,直到递推过程参数估计值收敛到它的真值,调节器对过程的控制达到最小方差控制时,自校正调节过程才结束,此时的控制过程达到最优或次优。

由自校正调节过程可知,实现自校正调节过程必须解决下面三个问题:

(1) 对过程进行在线递推参数估计,它的特点是在闭环条件下进行,这时输入 $u(t)$ 通过调节器和输出 $y(t)$ 联系起来了,因而和一般的辨识条件不同,这就存在着闭环可辨识条件问题。

(2) 设计最小方差控制律,以便利用过程参数估计值对调节器的参数进行修改,达到最小方差的最优性能指标。

(3) 设计在计算机上如何完成最小方差控制的算法。

自校正控制系统首先要求系统可以辨识,下面讨论闭环系统可辨识的条件。

设被控对象模型为受控的自回归滑动平均差分方程模型,对于单输入单输出对象用差分方程可以表示为

$$y(t) + a_1 y(t-1) + \cdots + a_{n_a} y(t-n_a) = b_0 u(t-k) + b_1 u(t-k-1) + \cdots + b_{n_b} u(t-k-n_b) + w(t) + c_1 w(t-1) + \cdots + c_{n_c} w(t-n_c) \tag{5.1}$$

若令

$$A(z^{-1}) = 1 + a_1 z^{-1} + \cdots + a_{n_a} z^{-n_a}$$
$$B(z^{-1}) = b_0 + b_1 z^{-1} + \cdots + b_{n_b} z^{-n_b}$$
$$C(z^{-1}) = 1 + c_1 z^{-1} + \cdots + c_{n_c} z^{-n_c}$$

则式 (5.1) 变成

$$A(z^{-1}) y(t) = B(z^{-1}) u(t-k) + C(z^{-1}) w(t)$$

式中, $A(z^{-1})$、$B(z^{-1})$、$C(z^{-1})$ 为参数多项式,其阶次分别为 n_a、n_b、n_c;$\{u(t)\}$、$\{y(t)\}$ 和 $\{w(t)\}$ 分别是输入、输出和白噪声序列;k 为对象延迟,其值是采样周期的整数倍。

假设图 5.1 中控制器的传递函数为

$$G_c(z^{-1}) = \frac{G(z^{-1})}{F(z^{-1})} \tag{5.2}$$

其中，多项式 $G(z^{-1}) = g_0 + g_1 z^{-1} + \cdots + g_{n_g} z^{-n_g}$，$F(z^{-1}) = 1 + f_1 z^{-1} + \cdots + f_{n_f} z^{-n_f}$；控制器为 $\dfrac{G(z^{-1})}{F(z^{-1})}$，对象的传递函数为 $\dfrac{z^{-k}B(z^{-1})}{A(z^{-1})}$，干扰信号的传递函数为 $\dfrac{C(z^{-1})}{A(z^{-1})}$。

为了计算方便，假设 $k=0$，$b_0=0$，$n_a = n_b = n_c \stackrel{\text{def}}{=} n$，这样可得

$$A(z^{-1}) = 1 + a_1 z^{-1} + \cdots + a_n z^{-n}$$
$$B(z^{-1}) = z^{-1}(b_1 + b_2 z^{-1} + \cdots + b_n z^{-n})$$
$$C(z^{-1}) = 1 + c_1 z^{-1} + \cdots + c_n z^{-n}$$

控制器传递函数多项式仍为

$$G(z^{-1}) = g_0 + g_1 z^{-1} + \cdots + g_{n_g} z^{-n_g}$$
$$F(z^{-1}) = 1 + f_1 z^{-1} + \cdots + f_{n_f} z^{-n_f}$$

$B(z^{-1})$ 多项式从 $b_1 z^{-1}$ 开始说明从控制作用 $u(t)$ 到输出 $y(t)$ 不能有瞬间的响应，它们之间存在着一阶惯性，这是符合实际情况的。控制系统的闭环传递函数为

$$\frac{y(t)}{u(t)} = \frac{\dfrac{B(z^{-1})}{A(z^{-1})}}{1 + \dfrac{G(z^{-1})B(z^{-1})}{F(z^{-1})A(z^{-1})}} = \frac{F(z^{-1})B(z^{-1})}{A(z^{-1})F(z^{-1}) + B(z^{-1})G(z^{-1})} \tag{5.3}$$

令此传递函数 $\dfrac{y(t)}{u(t)} = \dfrac{Q(z^{-1})}{P(z^{-1})}$，而 $P(z^{-1}) = 1 + p_1 z^{-1} + \cdots + p_l z^{-l}$，其阶次为 l，把这个关系式代入式 (5.3) 可得

$$\begin{cases} Q(z^{-1}) = F(z^{-1})B(z^{-1}) \\ P(z^{-1}) = A(z^{-1})F(z^{-1}) + B(z^{-1})G(z^{-1}) \end{cases} \tag{5.4}$$

由式 (5.4) 可知，多项式 $P(z^{-1})$ 的阶次 l 满足

$$l = n + \max\{n_g, n_f\}$$

闭环系统可辨识条件首先要求控制系统是稳定的，只有稳定输出序列 $\{y(t)\}$ 才有可能是平稳随机过程。下面我们导出参数唯一解的条件，即闭环可辨识条件。这里对于辨识参数的求解过程与现代控制理论中系统的能控性和能观测性的推导类似。

把各多项式的具体方程代入 $P(z^{-1}) = A(z^{-1})F(z^{-1}) + B(z^{-1})G(z^{-1})$ 中，有

$$(1 + a_1 z^{-1} + \cdots + a_n z^{-n})(1 + f_1 z^{-1} + \cdots + f_{n_f} z^{-n_f}) + (b_1 z^{-1} + b_2 z^{-2} + \cdots + b_n z^{-n-1}) \cdot$$
$$(g_0 + g_1 z^{-1} + \cdots + g_{n_g} z^{-n_g}) = 1 + p_1 z^{-1} + \cdots + p_l z^{-l}$$

当 $j < 0$ 时，记 $f_j = 0$，$g_j = 0$，$f_0 = 1$，比较上式两边同幂系数得到的方程组写成矩阵形式为

$$\begin{bmatrix} p_1 - f_1 \\ p_2 - f_2 \\ \vdots \\ p_{n_f} - f_{n_f} \\ p_{n_f}+1 \\ p_{n_f}+2 \\ \vdots \\ p_l \end{bmatrix} = \begin{bmatrix} 1 & 0 & \cdots & 0 & g_0 & 0 & \cdots & 0 \\ f_1 & 1 & \cdots & 0 & g_1 & g_0 & \cdots & 0 \\ \vdots & \vdots & \vdots & \vdots & \vdots & \vdots & & \vdots \\ f_{n_f-1} & f_{n_f-2} & \cdots & 1 & g_{n_g-1} & g_{n_g-2} & \cdots & g_0 \\ f_{n_f} & f_{n_f-1} & \cdots & f_1 & g_{n_g} & g_{n_g-2} & \cdots & g_1 \\ 0 & f_{n_f} & \cdots & f_2 & 0 & g_{n_g} & \cdots & g_2 \\ \vdots & \vdots & & \vdots & \vdots & \vdots & & \vdots \\ 0 & 0 & \cdots & f_{n_f} & 0 & 0 & \cdots & g_{n_g} \end{bmatrix} \begin{bmatrix} a_1 \\ a_2 \\ \vdots \\ a_n \\ b_1 \\ b_2 \\ \vdots \\ b_n \end{bmatrix}$$

或等价表示为
$$\boldsymbol{\alpha} = \boldsymbol{S\theta}$$
其中系数矩阵 S 有 $n + \max(n_f, n_g)$ 行、$2n$ 列。$\boldsymbol{\theta}$ 可辨识的条件是 S 的秩为 $2n$，这等价于
$$n + \max(n_f, n_g) \geqslant 2n$$
即
$$n_f \geqslant n \quad \text{或} \quad n_g \geqslant n$$
也就是，调节器 $G(z^{-1})$ 或 $F(z^{-1})$ 的阶次大于或等于对象的阶次，闭环系统才是可辨识的。

5.2 极点配置自校正控制

这里我们介绍一种简单的控制器设计方法，基本的想法是设计一个控制器，使其拥有期望的闭环极点。另外，要求这个系统以确定的方式跟随指令信号。它有助于我们理解自适应控制。

设被控系统是一个单输入单输出系统，由以下方程描述
$$A(q)y(t) = B(q)[u(t) + v(t)]$$
式中，$y(t)$ 为系统输出；$u(t)$ 为对象输入；$v(t)$ 为干扰，它能以多种方式进入系统，这里我们假设只在输入端进入。对于线性系统来说，叠加原理是适用的，一个等价的输入干扰总能用来代替其他干扰。另外，它是多项式，其中 q 是前置转移符号。多项式 A 的阶次为 n，B 的阶次为 $\deg A - d_0$，d_0 称为极点多余度，代表了时间滞后和采样间隙的积分部分。有时候我们也把模型写成延迟因子 q^{-1} 的形式。引入
$$A^*(q^{-1}) = q^{-n}A(q)$$
这样原模型可以写成
$$A^*(q^{-1})y(t) = B^*(q^{-1})[u(t-d_0) + v(t-d_0)]$$
其中
$$A^*(q^{-1}) = 1 + a_1 q^{-1} + \cdots + a_n q^{-n}$$
$$B^*(q^{-1}) = b_0 + b_1 q^{-1} + \cdots + b_m q^{-m}$$
$$m = n - d_0$$
其中，$n \geqslant m + d_0$。

我们主要处理离散时间系统，由于设计方法是纯代数的，因此我们能处理连续系统，把模型写成
$$Ay(t) = B[u(t) + v(t)]$$
假设 A 和 B 相对互质，也就是说它们没有共同因子。进一步，我们假设 A 是首一多项式，也就是 A 中的最高阶次前的系数是 1。

一个一般的线性控制器能被描述为
$$Ru(t) = Tu_c(t) - Sy(t)$$
式中，R、S 和 T 是多项式。这个控制律表示一个负反馈和一个前馈。因此它是一个二自由度控制器，它的方块图如图 5.2 所示。

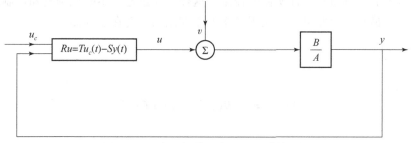

图 5.2 一个一般的二自由度线性控制器

对于闭环系统,有

$$y(t) = \frac{BT}{AR+BS}u_c(t) + \frac{BR}{AR+BS}v(t)$$
$$u(t) = \frac{AT}{AR+BS}u_c(t) - \frac{BS}{AR+BS}v(t)$$
(5.5)

因此闭环特征多项式为

$$AR + BS = A_c \tag{5.6}$$

设计控制器的主要想法是通过设计闭环特征多项式 A_c 来定义期望的系统性能,由此可以得到控制器的参数 R 和 S。此特征多项式在控制器的设计中非常重要,称为 Diophantine 方程,这个方程总是有解的(假如 A 和 B 没有共同的因子)。

这个 Diophantine 方程仅确定了多项式 R 和 S。控制器中还有一个参数 T 需要确定,因此我们考虑在指令信号 u_c 下系统输出由以下方程确定

$$A_m y_m = B_m u_c$$

因此

$$\frac{BT}{AR+BS} = \frac{BT}{A_c} = \frac{B_m}{A_m}$$

以上式子表示了模型跟踪。

极点配置与模型跟踪的关系:

极点配置也可以看成是一种模型跟踪设计。模型跟踪一般而言意味着闭环系统对于指令信号的响应由给出的模型确定,这意味着模型的极点和零点都由用户确定。另外,极点配置仅规定了闭环极点,即有

$$A(z^{-1})y(k) = z^{-d}B(z^{-1})u(k) + C(z^{-1})\xi(k)$$

假设 $A(z^{-1})$ 与 $B(z^{-1})$ 互质。

5.3 最小方差自校正控制

最小方差自校正调节器是由瑞典学者 Åström 和 Wittenmark 在 1973 年提出的。它是最早广泛应用于实际的自校正控制算法。它按最小输出方差为目标来设计自校正控制律,用递推最小二乘估计算法直接估计控制器参数,它是一种最简单的自校正控制器。

自校正控制器的基本思想:由于一般工业对象存在纯延迟 d,当前的控制作用要滞后 d 个采样周期才能影响输出,因此,要使输出方差最小,就必须提前 d 步对输出量进行预测,

然后，根据所得的预测值来设计所需的控制。这样，通过连续不断地预测和控制，就能保证稳态输出方差为最小。由此可见，实现最小方差控制的关键在于预测。

5.3.1 预测模型

设预测模型为

$$A(z^{-1})y(t) = z^{-d}B(z^{-1})u(t) + C(z^{-1})\varepsilon(t) \tag{5.7}$$

式中

$$A(z^{-1}) = 1 + a_1 z^{-1} + \cdots + a_{n_a} z^{-n_a}$$
$$B(z^{-1}) = b_0 + b_1 z^{-1} + \cdots + a_{n_b} z^{-n_b}$$
$$C(z^{-1}) = 1 + c_1 z^{-1} + \cdots + a_{n_c} z^{-n_c}$$
$$E\{\varepsilon(t)\} = 0$$
$$E\{\varepsilon(i)\varepsilon(j)\} = \begin{cases} \sigma^2, i=j \\ 0, i \neq j \end{cases}$$

假定 $C(z^{-1})$ 是 Hurwitz 多项式，即它的根完全位于平面的单位圆内。对于过程表示式 (5.7)，到 t 时刻为止的所有输入输出观测数据可记作

$$\{Y^t, U^t\} = \{y(t), y(t-1), \cdots, u(t), u(t-1), \cdots\}$$

基于 $\{Y^t, U^t\}$ 对 $t+d$ 时刻输出的预测，记作

$$\hat{y}(t+d/t)$$

预测误差记作

$$\tilde{y}(t+d/t) = y(t+d) - \hat{y}(t+d/t)$$

则关于提前 d 步最小方差预测的结果可归纳为以下定理。

定理 5.1　最优 d 步预测

使预测误差的方差 $E\{\tilde{y}^2(t+d/t)\}$ 为最小的 d 步最优预测 $y^*(t+d/t)$ 必须满足方程

$$C(q^{-1})y^*(t+d/t) = G(q^{-1})y(t) + F(q^{-1})u(t) \tag{5.8}$$

其中

$$F(q^{-1}) = E(q^{-1})B(q^{-1}) \tag{5.9}$$
$$C(q^{-1}) = A(q^{-1})E(q^{-1}) + q^{-d}G(q^{-1}) \tag{5.10}$$
$$E(q^{-1}) = 1 + e_1 q^{-1} + \cdots + e_{n_e} q^{-n_e}$$
$$G(q^{-1}) = g_0 + g_1 q^{-1} + \cdots + g_{n_g} q^{-n_g}$$
$$F(q^{-1}) = f_0 + f_1 q^{-1} + \cdots + f_{n_f} q^{-n_f}$$

这时，最优预测误差方差为

$$E\{\tilde{y}^*(t+d/t)^2\} = \left(1 + \sum_{i=1}^{d-1} e_i^2\right)\sigma^2 \tag{5.11}$$

证明　根据式 (5.7) 和式 (5.8) 可得

$$y(t+d) = E\varepsilon(t+d) + \frac{B}{A}u(t) + \frac{G}{A}\varepsilon(t) \tag{5.12}$$

为书写方便，多项式 $A(q^{-1})$ 或 $A(z^{-1})$ 简写为 A，其余类推，由式 (5.7) 可得

$$\varepsilon(t) = \frac{A}{C}y(t) - \frac{q^{-d}B}{C}u(t)$$

将此式代入式 (5.12)，再利用方程式 (5.10) 并简化得到预测模型

$$y(t+d) = E\varepsilon(t+d) + \frac{F}{C}u(t) + \frac{G}{C}y(t) \tag{5.13}$$

由于最小化的性能指标 $J = E\{\tilde{y}^2(t+d/t)\}$，所以有

$$J = E\{[y(t+d) - \hat{y}(t+d/t)]^2\} = E\left\{\left[E\varepsilon(t+d) + \frac{F}{C}u(t) + \frac{G}{C}y(t) - \hat{y}(t+d/t)\right]^2\right\}$$

$$= E\{[E\varepsilon(t+d)]^2\} + E\left\{\left[\frac{F}{C}u(t) + \frac{G}{C}y(t) - \hat{y}(t+d/t)\right]^2\right\}$$

上式右边的第一项是不可预测的，因此，想使得 J 最小，必须使得 $\hat{y}(t+d/t)$ 等于 $y^*(t+d/t)$，这时可得式 (5.8)，而且

$$J_{\min} = E\{[E(q)\varepsilon(t+d)]^2\} = (1 + e_1^2 + \cdots + e_{d-1}^2)\sigma^2$$

方程式 (5.13) 称为预测模型，方程式 (5.8) 称为最优预测器方程，方程式 (5.10) 称为 Diophantine 方程。当 $A(q^{-1})$、$B(q^{-1})$、$C(q^{-1})$ 和 d 是已知时，可以通过解方程而求得 $E(q^{-1})$ 和 $G(q^{-1})$，进而求得 $F(q^{-1})$。为了求解 $E(q^{-1})$ 和 $G(q^{-1})$，可令式两边 q^{-1} 的同幂项系数相等，再求解所得的代数方程组，就可求得 $E(q^{-1})$ 和 $G(q^{-1})$ 的系数。求解最小方差预测的关键是求解 Diophantine 方程。最后应当说明一下关于初始条件的选择问题，当 $C(q^{-1})$ 是稳定多项式时，初始条件对最优预测的影响是将指数衰减，所以当 t 足够大时，如在稳态下预测，初始条件的影响就无关重要了。

例 5.1 求以下对象的最优预测器并计算其最小预测误差方差：

$$y(t) + a_1 y(t-1) = b_0 u(t-2) + \xi(t) + c_1 \xi(t-1)$$

解 已知：

$$A(q^{-1}) = 1 + a_1 q^{-1}, \quad B(q^{-1}) = b_0, \quad C(q^{-1}) = 1 + c_1 q^{-1}, \quad d = 2$$

根据对 E、F、G 阶的要求有

$$G(q^{-1}) = g_0, \quad E(q^{-1}) = 1 + e_1 q^{-1}, \quad F(q^{-1}) = f_0 + f_1 q^{-1}$$

由 Diophantine 方程可得

$$1 + c_1 q^{-1} = (1 + a_1 q^{-1})(1 + e_1 q^{-1}) + q^{-2} g_0 = 1 + (e_1 + a_1) q^{-1} + (g_0 + a_1 e_1) q^{-2}$$

令上式两边 q^{-1} 的同幂项系数相等，可得下列代数方程组：

$$e_1 + a_1 = c_1$$
$$g_0 + a_1 e_1 = 0$$

解之得

$$e_1 = c_1 - a_1, \quad g_0 = a_1(a_1 - c_1), \quad f_0 = b_0, \quad f_1 = b_0(c_1 - a_1)$$

预测模型、最优预测和最优预测误差的方差分别为

$$y(t+2) = \frac{g_0 y(t) + (f_0 + f_1 q^{-1}) u(t)}{1 + c_1 q^{-1}} + (1 + e_1 q^{-1})\xi(t+2)$$

$$y^*(t+2/t) = \frac{g_0 y(t) + (f_0 + f_1 q^{-1}) u(t)}{1 + c_1 q^{-1}}$$

$$E\{[\tilde{y}^*(t+2/t)]^2\} = (1 + e_1^2)\sigma^2$$

将数值

$$e_1 = 1.6, \quad g_0 = 1.44, \quad f_0 = 0.5, \quad f_1 = 0.8, \quad c_1 = 0.7$$

代入以上诸式，则有

$$y(t+2) = \frac{1.44y(t) + 0.5u(t) + 0.8u(t-1)}{1 + 0.7q^{-1}} + \xi(t+2) + 1.6\xi(t+1)$$

$$y^*(t+2/t) = \frac{1.44y(t) + 0.5u(t) + 0.8u(t-1)}{1 + 0.7q^{-1}}$$

$$E\{[\tilde{y}^*(t+2/t)]^2\} = 3.56\sigma^2$$

若 $d=1$，则一步预测误差为 σ^2。这说明预测误差随着预测长度 d 的增加而增加，也就是说，预测精度将随预测长度而降低。这与通常的直观判断相一致。

5.3.2 最小方差控制

假设特征多项式是 Hurwitz 多项式，即该过程是最小相位的，则有以下定理。

定理 5.2　最小方差控制

设控制的目标是使实际输出 $y(t+d)$ 与希望输出 $y_r(t+d)$ 之间的误差方差

$$J = E\{[y(t+d) - y_r(t+d)]^2\}$$

为最小，则最小方差控制律为

$$F(q^{-1})u(t) = y_r(t+d) + [C(q^{-1}) - 1]y^*(t+d/t) - G(q^{-1})y(t) \tag{5.14}$$

证明

已知

$$y(t+d) = E(q^{-1})\varepsilon(t+d) + y^*(t+d/t)$$

所以有

$$J = E\{[E(q^{-1})\varepsilon(t+d) + y^*(t+d/t) - y_r(t+d)]^2\}$$
$$= E\{[E(q^{-1})\varepsilon(t+d)]^2\} + E\{[y^*(t+d/t) - y_r(t+d)]^2\}$$

上式右边第一项不可控，所以要使得 J 最小，必须使得 $y^*(t+d/t)$ 等于 $y_r(t+d)$，再利用预测方程式（5.8）就得到式（5.14）。

对于调节器问题，可以设 $y_r(t+d) = 0$，则最小方差控制律即式（5.14）可以简化为

$$F(q^{-1})u(t) = -G(q^{-1})y(t)$$

或

$$u(t) = -\frac{G(q^{-1})}{F(q^{-1})}y(t) = -\frac{G(q^{-1})}{E(q^{-1})B(q^{-1})}y(t)$$

由最小方差调节器的结构图（参考图 5.2），并结合式（5.9）、式（5.10），容易得到闭环系统方程

$$y(t) = \frac{CF}{AF + q^{-d}BG}\varepsilon(t) = \frac{CBE}{CB}\varepsilon(t) = E(q^{-1})\varepsilon(t)$$

$$u(t) = -\frac{CG}{AF + q^{-d}BG}\varepsilon(t) = -\frac{CG}{CB}\varepsilon(t) = -\frac{G}{B}\varepsilon(t)$$

从系统闭环方程和图 5.2 都可以看出，最小方差控制的实质，就是用控制器的极点去对消对象的零点。当 B 不稳定时，输出虽然有界，但对象输入将增长并达到饱和，最后导致系统不稳定。因此，采用最小方差控制时，要求对象务必是最小相位的。实质上，多项式 B、C 的零点都是闭环系统的隐藏振型，为了保证闭环系统稳定，这些隐藏振型都必须是稳

定振型。所以最小方差控制只能用于最小相位系统（逆稳系统）。这是最小方差调节器的一个最主要的缺点。它的另一个缺点是：最小方差控制对靠近单位圆的稳定零点非常灵敏，在设计时要加以注意。另外，当干扰方差较大时，由于需要一步完成校正，所以控制量的方差也很大，这将加速执行机构的磨损。有些对象也不希望调节过程过于猛烈，这也是最小方差控制的不足之处。

例 5.2 对于例 5.1 的对象，若采用最小方差控制，则有

$$u(t) = \frac{(1 + c_1 q^{-1}) y_r(t+d) - a_1(a_1 - c_1) y(t)}{b_0 [1 + (c_1 - a_1) q^{-1}]}$$

当 $y_r(t+d) = 0$ 时，有

$$u(t) = -\frac{1}{b_0} \frac{a_1(a_1 - c_1)}{1 + (c_1 - a_1) q^{-1}} y(t)$$

或

$$u(t) = \frac{c_1 - a_1}{b_0} [a_1 y(t) - b_0 u(t-1)]$$

将例 5.1 所得出的数据：$a_1 = -0.9$，$b_0 = 0.5$，$c_1 = 0.7$ 代入，则有

$$u(t) = -\frac{1.44}{0.5 + 0.8 q^{-1}} y(t)$$

输出方差

$$E\{y^2(t)\} = (1 + 1.6^2) \sigma^2 = 3.56 \sigma^2$$

如果不加控制，根据对象方程有

$$y(t) = 0.9 y(t-1) + \xi(t) + 0.7 \xi(t-1)$$

由于 $E\{y(t)\xi(t)\} = 0$，$E\{y(t-1)\xi(t-1)\} = \sigma^2$，则由上式可算出当 $u(t) \equiv 0$ 时，输出方差为

$$E\{y^2(t)\} = 14.47 \sigma^2$$

此例说明，采用最小方差控制可使输出方差减小。对于某些大型工业过程，输出方差减小意味着产品质量提高，这将会带来巨大的经济效益。

5.3.3 最小方差自校正调节器

当被控对象模型的预测模型即式（5.7）的参数未知时，将递推最小二乘估计和最小方差控制结合起来，就形成了最小方差自校正调节器。1973 年 Åström 和 Wittenmark 提出的是这种自校正调节器的隐式算法，下面将详细介绍这种算法。

1. 估计模型

隐式算法要求直接估计控制器参数，为此需要建立一个估计模型，我们利用预测模型方差表示式（5.13），并令 $C(q^{-1}) = 1$，即得

$$y(t+d) = G(q^{-1}) y(t) + F(q^{-1}) u(q^{-1}) + E(q^{-1}) \xi(t+d) \tag{5.15}$$

这时，最优预测为

$$y^*(t+d/t) = G(q^{-1}) y(t) + F(q^{-1}) u(t)$$

如果我们讨论的是调节器问题，则相当于 $y^*(t+d/t) = 0$，一般情况下可以把估计模型写成

其中
$$y(t+d) = G(q^{-1})y(t) + F(q^{-1})u(q^{-1}) + \varepsilon(t+d)$$

$$\varepsilon(t) = \xi(t) + e_1\xi(t-1) + \cdots + e_{d-1}\xi(t-d+1)$$

滑动平均过程 $\varepsilon(t)$ 与观察序列中的一切元素都是统计独立的，因此，可以采用最小二乘法得到估计模型参数，即可以得到控制器参数的无偏估计。

如果 $C(q^{-1}) \neq 1$，考虑到

$$[C(q^{-1})]^{-1} = 1 + c_1'q^{-1} + c_2'q^{-2} + \cdots$$

可以把预测模型改写成

$$y(t+d) = G(q^{-1})y(t) + F(q^{-1})u(t) + c_1'[G(q^{-1})y(t-1) + F(q^{-1})u(t-1)] + c_2'[G(q^{-1})y(t-2) + F(q^{-1})u(t-2)] + \cdots + E(q^{-1})\xi(t+d)$$

如果参数估计收敛，则参数估计将收敛到其真值，于是上式右边所有方括号中的项都将成为零，其效果与 $C(q^{-1}) = 1$ 等价。

为了保证参数估计的唯一性，我们可将估计模型中的某个参数固定，例如取 $f_0 = b_0$，这就要求 b_0 事先知道，为此需要进行工艺分析或试验才能确定 b_0 值。由于准确的预测有困难，我们可设定其估计值为 $\hat{b}_0$，它不可能等于真值 b_0，为了保证参数收敛，应该取在（0，2）的范围以内。当选定 $\hat{b}_0$ 以后，递推参数估计公式要做一定形式的修改，为此先将估计模型改写成

$$y(t) - b_0 u(t-d) = \boldsymbol{\phi}^{\mathrm{T}}(t-d)\boldsymbol{\theta} + \varepsilon(t)$$

式中

$$\boldsymbol{\theta} = [g_0, g_1, \cdots, g_{n_g}, f_1, f_2, \cdots, f_{n_f}]^{\mathrm{T}}$$

$$\boldsymbol{\varphi}^{\mathrm{T}} = [y(t), \cdots, y(t-n_g), u(t-1), \cdots, u(t-n_f)]$$

这样就可直接利用最小二乘递推公式。

2. 最小方差自校正调节算法

根据估计模型表示式（5.15），我们可以得到递推参数估计

$$\hat{\boldsymbol{\theta}}(t) = \hat{\boldsymbol{\theta}}(t-1) + \boldsymbol{K}(t)[y(t) - b_0 u(t-d) - \boldsymbol{\phi}^{\mathrm{T}}(t-d)\hat{\boldsymbol{\theta}}(t-1)]$$

$$\boldsymbol{K}(t) = \frac{\boldsymbol{P}(t-1)\boldsymbol{\phi}(t-d)}{1 + \boldsymbol{\phi}^{\mathrm{T}}(t-d)\boldsymbol{P}(t-1)\boldsymbol{\phi}(t-d)}$$

$$\boldsymbol{P}(t) = [\boldsymbol{I} - \boldsymbol{K}(t)\boldsymbol{\phi}^{\mathrm{T}}(t-d)]\boldsymbol{P}(t-1) \tag{5.16}$$

与最小方差控制

$$u(t) = -\frac{1}{b_0}\boldsymbol{\phi}^{\mathrm{T}}(t)\hat{\boldsymbol{\theta}}(t) \tag{5.17}$$

最小方差调节器的计算步骤如下。设已知 n_a、n_b、d 和 b_0。

①设置初值 $\hat{\theta}(0)$ 和 $P(0)$，输入初始数据，计算 $u(0)$；

②读取新的观测数据 $y(t)$；

③组成观测数据向量（回归向量）$\boldsymbol{\phi}(t)$ 和 $\boldsymbol{\phi}(t-d)$；

④用递推最小二乘估计公式（5.16）计算最新参数估计向量 $\hat{\boldsymbol{\theta}}(t)$ 和 $\boldsymbol{P}(t)$；

⑤用式（5.17）计算自校正调节量 $u(t)$；

⑥输出 $u(t)$；

⑦返回②，循环。

例 5.3 在此我们用一个简单的例子说明自校正调节将收敛于最小方差调节律。此例的对象方程为
$$y(t+1) + ay(t) = bu(t) + e(t+1) + ce(t)$$
其中，$\{e(t)\}$ 为零均值不相关随机变量序列。如果参数 a、b、c 为已知，用比例控制律
$$u(t) = -\theta y(t) = -\frac{c-a}{b}y(t)$$
可使输出的方差为最小。这时，输出变量
$$y(t) = e(t)$$
这个结果从最小方差控制律中得到。如果参数 a、b、c 为未知，可以直接利用这里的对象模型求出参数 a、b、c 的最小二乘估计 $\hat{a}$、$\hat{b}$、$\hat{c}$，代入比例控制律中得到自校正控制律
$$u(t) = -\frac{\hat{c}-\hat{a}}{\hat{b}}y(t)$$

但是，我们也可以认为反馈控制律中只有一个参数，即 $\theta = (c-a)/b$ 为未知，这时由 θ 表达的自校正预报估计模型为
$$y(t+1) = \theta y(t) + u(t)$$
利用上面的模型可以求得 θ 的最小二乘估计，即
$$\hat{\theta}(t) = \frac{\sum_{k=0}^{t-1} y(k)[y(k+1) - u(k)]}{\sum_{k=0}^{t-1} y^2(k)}$$
这时的自校正控制律为
$$u(t) = -\hat{\theta}(t)y(t)$$

由最小二乘估计公式可得
$$\frac{1}{t}\sum_{k=0}^{t-1} y(k+1)y(k) = \frac{1}{t}\sum_{k=0}^{t-1}[\hat{\theta}(k)y^2(k) + u(k)y(k)] = \frac{1}{t}\sum_{k=0}^{t-1}[\hat{\theta}(t) - \hat{\theta}(k)]y^2(k)$$

假设 y 是均方有界的，而且当 $t \to \infty$ 时，估计 $\hat{\theta}(t)$ 是收敛的，那么可得相关函数 r_y 的估计，即有
$$\hat{r}_y = \lim_{t \to \infty} \frac{1}{t}\sum_{k=0}^{t-1} y(k+1)y(k) = 0$$

此式说明 $y(k)$ 与 $y(k+1)$ 不相关，即 $\{y(k)\}$ 最终为不相关序列。也就是说，由上面自校正控制律所组成的自校正调节器将使输出达到渐近最小方差。本例只说明对于一阶对象，这个结论为真。

3. 最小方差控制律的步骤

设被控系统模型为
$$A(z^{-1})y(k) = z^{-d}B(z^{-1})u(k) + C(z^{-1})\xi(k)$$
式中，$y(k)$、$u(k)$、$\xi(k)$ 分别为系统的输出、输入和噪声，z^{-1} 为单位后移算子。
$$A(z^{-1}) = 1 + a_1 z^{-1} + \cdots + a_{n_a} z^{-n_a}$$
$$B(z^{-1}) = b_0 + b_1 z^{-1} + \cdots + b_{n_b} z^{-n_b}$$

$$C(z^{-1}) = 1 + c_1 z^{-1} + \cdots + c_{n_c} z^{-n_c}$$

假设 $C(z^{-1})$ 为稳定多项式，$\xi(k)$ 为独立的随机噪声，要求其满足

$$E(\xi(k)) = 0$$

$$E\{\xi(i)\xi(j)\} = \begin{cases} \sigma^2, & i=j \\ 0, & i \neq j \end{cases}$$

$$\lim_{N \to \infty} \frac{1}{N} \sum_{k=1}^{N} \xi(k)^2 < \infty$$

引入最小方差控制器性能指标

$$J = E\{[y(k+d) - y^*(k+d)]^2\}$$

其中 $y^*(k+d)$ 为 $k+d$ 时刻的理想输出（期望输出），表示为

$$y^*(k+d) = R(z^{-1})w(k)$$

如果能找到 $y(k+d)$ 的最小方差预报 $y^*(k+d/k)$，那么只要令

$$y^*(k+d/k) = y^*(k+d)$$

就可求出最优控制律 $u(k)$，其过程中会引入 Diophantine 方程

$$C(z^{-1}) = A(z^{-1})F(z^{-1}) + z^{-d}G(z^{-1})$$

$$F(z^{-1}) = 1 + f_1 z^{-1} + \cdots + f_{n_f} z^{-n_f}$$

$$G(z^{-1}) = g_0 + g_1 z^{-1} + \cdots + g_{n_g} z^{-n_g}$$

$$n_f = d - 1, \quad n_g = \max\{n_a - 1, n_c - d\}$$

求取最小方差控制律的步骤如下：

①根据被控系统的模型确定 Diophantine 方程中 $F(z^{-1})$ 和 $G(z^{-1})$ 的阶次；

②根据 Diophantine 方程，求解 $F(z^{-1})$ 和 $G(z^{-1})$ 的系数；

③根据以下式子求出最优方差控制律：

$$[G(z^{-1})y(k) + F(z^{-1})B(z^{-1})u(k)]/C(z^{-1}) = y^*(k+d)$$

4. 采样周期选择

当自校正控制用于实际工业对象时，采样周期的选择是十分重要的，下面提出一些观点供选择时参考。

采样究竟应当多快，这是数字控制系统首先要确定的问题。一般来说采样周期根据不同的应用，它可以从毫秒级到小时级。粗略地说，采样周期应当近似等于对象主要时间常数的 1/5，当然还要考虑计算机的计算速度和其他因素。

在选择采样周期时，应当尽可能让它的整数倍等于对象的纯延时。如果出现纯延时等于采样周期的非整数倍的情况，就有可能使一个稳定的连续时间系统经过采样后变成一个非稳定的离散时间系统。出现这种情况，最小方差控制就不适用了。

当一个连续时间系统被采样并离散化以后，其极点将转换，然而，对于零点来说，这样的对应关系不成立。例如，位于左半平面的连续系统的零点，经离散化后，将不会被转换成位于单位圆内的离散系统的零点；反倒有可能是，离散化将右半平面的零点（连续系统）转换成单位圆内的零点（离散系统）。如果采样周期足够小，相对阶大于等于 2 的连续时间系统，经采样转换成离散时间系统，将具有不稳定的零点。

最小采样周期会受到参数估计计算时间和控制量的计算时间的限制。由于参数估计的计算量大，而且参数变化相对于状态变化要慢，所以我们可经过几个采样周期后再改进一次参

数,但每次采样都需要计算一次控制。

习 题

1. 设受控对象的差分方程为
$$(1-1.3q^{-1}+0.4q^{-2})y(t)=q^{-2}(1+0.5q^{-1})u(t)+(1-0.65q^{-1}+0.1q^{-2})\varepsilon(t)$$
式中,$\varepsilon(t)$是零均值、方差为0.1的白噪声,试设计最小方差自校正调节器。

2. 设受控对象的差分方程为
$$(1-1.2q^{-1}+0.35q^{-2})y(t)=(0.5q^{-2}-0.85q^{-3})u(t)+(1-0.95q^{-1})\varepsilon(t)$$
式中,$\varepsilon(t)$是零均值、方差为0.2的白噪声。其性能指标为
$$J=E\{[y(t+d)-y_r(t)]^2+[\Lambda u(t)]^2\}$$
试设计最小方差控制器,并按闭环系统稳定性要求,确定Λ的范围。

3. 设受控对象的差分方程为
$$(1-1.1q^{-1}+0.3q^{-2})y(t)=(q^{-2}+1.6q^{-3})u(t)+(1-0.65q^{-1})\varepsilon(t)$$
设闭环特征方程$T(q^{-1})=1-0.5q^{-1}$,试设计极点配置自校正调节器。

4. 设受控对象的差分方程为
$$(1-1.2q^{-1}+0.4q^{-2})y(t)=q^{-1}(1+1.5q^{-1})u(t)+(1-0.65q^{-1}+0.2q^{-2})\varepsilon(t)$$
式中,$\varepsilon(t)$是零均值、方差为0.2的白噪声,试设计最小方差自校正控制的极点配置。

5. 设有一个多变量系统
$$Y(t)+A_1Y(t-1)=B_0u(t-1)+B_1u(t-2)+\varepsilon(t)$$
式中
$$A_1=\begin{bmatrix}-0.2 & 0.5\\ 0.5 & -0.1\end{bmatrix},\ B_0=\begin{bmatrix}1 & 0\\ 0 & 2\end{bmatrix},\ B_1=\begin{bmatrix}1 & 0\\ 0 & 1\end{bmatrix}$$
$$E[\varepsilon(t)\varepsilon^T(t)]=\begin{bmatrix}1 & 0\\ 0 & 1\end{bmatrix}$$
指标函数为
$$J=E\{[Y(t+d)-Y_r(t)]^T[Y(t+d)-Y_r(t)]+q[\Lambda'u(t)]^T[\Lambda'u(t)]\}$$
试选择指标函数中的加权矩阵Λ',使得闭环系统稳定,并求出最小方差控制器。

第6章
非线性自适应控制

非线性自适应控制是以非线性对象模型和非线性控制器为特征的，它属于非线性控制领域的一个分支。非线性系统的控制是一个十分复杂的问题，到目前为止，还没有一个一般性的方法可以普遍适用。不过针对某些专门的非线性控制，已经取得了一些研究成果，下面分别简要介绍几种，如非线性自适应反步控制、鲁棒自适应控制、自适应逆控制。

6.1 非线性自适应反步控制

对于非线性系统，自适应反步控制是通过适当的坐标变换和控制变换，将非线性控制转化为形式上的线性系统控制的方法。

6.1.1 反馈线性化

与通常的线性化方法不同，反馈线性化是通过严格的状态变换与反馈来达到的。下面通过一个例子来进行说明。

例 6.1 考虑系统

$$\frac{\mathrm{d}x_1}{\mathrm{d}t} = x_2 + f(x_1) \tag{6.1}$$

$$\frac{\mathrm{d}x_2}{\mathrm{d}t} = u \tag{6.2}$$

式中，f是一个可微函数，首先引入新的坐标：

$$\zeta_1 = x_1$$
$$\zeta_2 = x_2 + f(x_1)$$

于是有

$$\frac{\mathrm{d}\zeta_1}{\mathrm{d}t} = \zeta_2$$

$$\frac{\mathrm{d}\zeta_2}{\mathrm{d}t} = \zeta_2 f'(\zeta_1) + u$$

通过引入控制规律

$$u = -a_2\zeta_1 - a_1\zeta_2 - \zeta_2 f'(\zeta_1) + v \tag{6.3}$$

我们可得到一个由下式描述的线性闭环系统

$$\frac{d\boldsymbol{\zeta}}{dt} = \begin{bmatrix} 0 & 1 \\ -a_2 & -a_1 \end{bmatrix} \boldsymbol{\zeta} + \begin{bmatrix} 0 \\ 1 \end{bmatrix} v \tag{6.4}$$

该系统是线性的,具有特征方程

$$s^2 + a_1 s + a_2 = 0 \tag{6.5}$$

如果转换到原坐标系,则控制规律是

$$u = -a_2 x_1 - [a_1 + f'(x_1)][x_2 + f(x_1)] + v \tag{6.6}$$

上面的状态变换和输入变换都用到了状态反馈,它是通过反馈来进行线性化,所以称为反馈线性化。

6.1.2 自适应反馈线性化

现在讨论反馈线性化如何延伸到处理过程模型参数未知的情况,它的方法类似于用来推导模型参考自适应控制器的概念。

例 6.2 自适应反馈线性化。

考虑系统

$$\frac{dx_1}{dt} = x_2 + \theta f(x_1) \tag{6.7}$$

$$\frac{dx_2}{dt} = u \tag{6.8}$$

这里 θ 是一个未知参数,f 是一个已知的可微函数。与前面的例子相比,方程中仅多了未知参数 θ。由确定性等价原理(Certainty Equivalence Principle),可给出下列控制规律

$$u = -a_2 x_1 - [a_1 + \hat{\theta} f'(x_1)][x_2 + \hat{\theta} f(x_1)] + v \tag{6.9}$$

式中,$\hat{\theta}$ 是 θ 的估计,将它引入系统得到一个误差方程,该方程在参数误差中是非线性的。这就使得要找一个让系统稳定的参数调节规律非常困难,于是需要寻求其他的方法。

引入新的坐标:

$$\zeta_1 = x_1$$
$$\zeta_2 = x_2 + \hat{\theta} f(x_1)$$

于是有

$$\frac{d\zeta_1}{dt} = \frac{dx_1}{dt} = x_2 + \theta f(x_1) = \zeta_2 + (\theta - \hat{\theta}) f(\zeta_1)$$

$$\frac{d\zeta_2}{dt} = \frac{d\hat{\theta}}{dt} f(x_1) + \hat{\theta}[x_2 + \theta f(x_1)] f'(x_1) + u$$

选择控制规律为

$$u = -a_2 \zeta_1 - a_1 \zeta_2 - \hat{\theta}[x_2 + \hat{\theta} f(x_1)] f'(x_1) - f(x_1) \frac{d\hat{\theta}}{dt} + v \tag{6.10}$$

于是可得到

$$\frac{d\boldsymbol{\zeta}}{dt} = \begin{bmatrix} 0 & 1 \\ -a_2 & -a_1 \end{bmatrix} \boldsymbol{\zeta} + \begin{bmatrix} f(\zeta_1) \\ \hat{\theta} f(\zeta_1) f'(\zeta_1) \end{bmatrix} \tilde{\boldsymbol{\theta}} + \begin{bmatrix} 0 \\ 1 \end{bmatrix} v \tag{6.11}$$

式中,$\tilde{\boldsymbol{\theta}} = \boldsymbol{\theta} - \hat{\boldsymbol{\theta}}$,与确定性等价控制规律比较,主要是在控制律中出现了 $\frac{d\hat{\theta}}{dt}$。

在模型参考自适应控制系统的模拟量中，我们设想有一个系统，它从参考输入到输出的传递函数是

$$G(s) = \frac{a_2}{s^2 + a_1 s + a_2} \tag{6.12}$$

引入下列传递函数的实现

$$\frac{d\boldsymbol{x}_m}{dt} = \begin{bmatrix} 0 & 1 \\ -a_2 & -a_1 \end{bmatrix} \boldsymbol{x}_m + \begin{bmatrix} 0 \\ a_2 \end{bmatrix} \boldsymbol{u}_m \tag{6.13}$$

并且让 $\boldsymbol{e} = \boldsymbol{\zeta} - \boldsymbol{x}_m$ 为误差向量，如果选择

$$v = a_2 \boldsymbol{u}_m$$

则发现误差方程变为

$$\frac{d\boldsymbol{e}}{dt} = \begin{bmatrix} 0 & 1 \\ -a_2 & -a_1 \end{bmatrix} \boldsymbol{e} + \begin{bmatrix} f(\zeta_1) \\ \hat{\theta} f(\zeta_1) f'(\zeta_1) \end{bmatrix} \tilde{\boldsymbol{\theta}} = \boldsymbol{A}\boldsymbol{e} + \boldsymbol{B}\tilde{\boldsymbol{\theta}} \tag{6.14}$$

式中

$$\boldsymbol{A} = \begin{bmatrix} 0 & 1 \\ -a_2 & -a_1 \end{bmatrix}, \quad \boldsymbol{B} = \begin{bmatrix} f(\zeta_1) \\ \hat{\theta} f(\zeta_1) f'(\zeta_1) \end{bmatrix} \tag{6.15}$$

如果 $a_1 > 0$，$a_2 > 0$，则矩阵 $\boldsymbol{A}$ 的所有特征值都在 s 平面的左半部分。于是可能找到矩阵 $\boldsymbol{P}$，使得

$$\boldsymbol{A}^T \boldsymbol{P} + \boldsymbol{P}\boldsymbol{A} = -\boldsymbol{I} \tag{6.16}$$

选择李雅普诺夫函数为

$$V = \boldsymbol{e}^T \boldsymbol{P} \boldsymbol{e} + \frac{1}{\gamma} \tilde{\boldsymbol{\theta}}^2$$

于是

$$\frac{dV}{dt} = \boldsymbol{e}^T (\boldsymbol{A}^T \boldsymbol{P} + \boldsymbol{P}\boldsymbol{A}) \boldsymbol{e} + 2\tilde{\boldsymbol{\theta}} \boldsymbol{B}^T \boldsymbol{P} \boldsymbol{e} + \frac{2}{\gamma} \tilde{\boldsymbol{\theta}} \frac{d\tilde{\boldsymbol{\theta}}}{dt}$$

当

$$\frac{d\tilde{\boldsymbol{\theta}}}{dt} = \frac{d}{dt}(\boldsymbol{\theta} - \hat{\boldsymbol{\theta}}) = -\frac{d\hat{\boldsymbol{\theta}}}{dt} = -\gamma \boldsymbol{B}^T \boldsymbol{P} \boldsymbol{e}$$

此时李雅普诺夫函数的导数变为

$$\frac{dV}{dt} = -\boldsymbol{e}^T \boldsymbol{e}$$

只要误差向量的元不是零，该导数就为负。因此在给出的控制律下，跟踪误差总是趋于零的。

6.1.3 反步

不幸的是，自适应反馈线性化不能用到通过反馈线性化的所有系统，其原因是对于高阶系统，参数估计的高阶导数将会出现在控制规律中，但是有一种叫作反步法的非线性设计技术可以被采用。我们首先介绍这种反步控制方法，然后说明如何把它用到自适应控制中。在反馈线性化中，我们引入新状态变量和非线性反馈，因而使得被转换的变量方程有一个特别

的结构,相似的概念也被用在反步中,但是被转换的方程有一个不同的形式。为了说明主要的概念而没有太多技术上的复杂性,我们考虑一个简单的稳定性控制问题。

例 6.3 通过反步实现稳定性。

考虑下式描述的系统

$$\begin{cases} \dfrac{\mathrm{d}x_1}{\mathrm{d}t} = x_2 + f(x_1) \\ \dfrac{\mathrm{d}x_2}{\mathrm{d}t} = x_3 \\ \dfrac{\mathrm{d}x_3}{\mathrm{d}t} = u \end{cases} \tag{6.17}$$

引入新状态 $\zeta_1 = x_1$,于是

$$\frac{\mathrm{d}\zeta_1}{\mathrm{d}t} = x_2 + f(\zeta_1) = -\zeta_1 + x_2 + \zeta_1 + f(\zeta_1)$$

如果引入函数

$$a_1(\zeta_1) = \zeta_1 + f(\zeta_1)$$

及状态变量

$$\zeta_2 = x_2 + a_1(\zeta_1)$$

ζ_1 的微分方程能被写为

$$\frac{\mathrm{d}\zeta_1}{\mathrm{d}t} = -\zeta_1 + \zeta_2$$

而变量 ζ_2 的导数由下式给出

$$\frac{\mathrm{d}\zeta_2}{\mathrm{d}t} = \frac{\mathrm{d}x_2}{\mathrm{d}t} + \frac{\partial a_1}{\partial \zeta_1}(-\zeta_1 + \zeta_2) = -\zeta_2 + x_3 + \zeta_2 + \frac{\partial a_1}{\partial \zeta_1}(-\zeta_1 + \zeta_2)$$

如果引入函数

$$a_2(\zeta_1, \zeta_2) = \zeta_2 + \frac{\partial a_1}{\partial \zeta_1}(-\zeta_1 + \zeta_2)$$

及状态变量

$$\zeta_3 = x_3 + a_2(\zeta_1, \zeta_2)$$

ζ_2 的微分方程能被写为

$$\frac{\mathrm{d}\zeta_2}{\mathrm{d}t} = -\zeta_2 + \zeta_3$$

求 ζ_3 的导数并采用系统方程式,有

$$\frac{\mathrm{d}\zeta_3}{\mathrm{d}t} = u + \frac{\partial a_2}{\partial \zeta_1}(-\zeta_1 + \zeta_2) + \frac{\partial a_2}{\partial \zeta_2}(-\zeta_2 + \zeta_3)$$

引入函数

$$a_3(\zeta_1, \zeta_2, \zeta_3) = \zeta_3 + \frac{\partial a_2}{\partial \zeta_1}(-\zeta_1 + \zeta_2) + \frac{\partial a_2}{\partial \zeta_2}(-\zeta_2 + \zeta_3)$$

则 ζ_3 的微分方程变为

$$\frac{\mathrm{d}\zeta_3}{\mathrm{d}t} = -\zeta_3 + a_3(\zeta_1, \zeta_2, \zeta_3) + u$$

反馈

$$u = -a_3(\zeta_1, \zeta_2, \zeta_3)$$

给出了由下式描述的闭环系统

$$\frac{d\boldsymbol{\zeta}}{dt} = \begin{bmatrix} -1 & 1 & 0 \\ 0 & -1 & 1 \\ 0 & 0 & -1 \end{bmatrix} \boldsymbol{\zeta}$$

这个系统显然是稳定的，并且状态 $\boldsymbol{\zeta}$ 按指数衰减，直至为零。注意，通过稍微改动，我们能够在系统矩阵的对角线上获得任意数。

上面的转换能通过递推获得。如果变量 x_2 是一个能自由选择的控制变量，控制规律

$$x_2 = -a_1(\zeta_1)$$

将给出

$$\frac{d\zeta_1}{dt} = -\zeta_1$$

这里定义的状态变量 ζ_2 能被解释为 x_2 与稳定反馈"$-a_1(\zeta_1)$"之差。

类似地，如果 x_3 是一个能被自由选定的控制变量，控制规律

$$x_3 = -a_2(\zeta_1, \zeta_2)$$

将给出闭环系统

$$\frac{d\zeta_1}{dt} = -\zeta_1 + \zeta_2$$

$$\frac{d\zeta_2}{dt} = -\zeta_2$$

状态变量 ζ_3 能被解释为 x_3 与稳定反馈"$-a_2(\zeta_1, \zeta_2)$"之差。

上例中，系统可被转换为上面所示的三角形式，也可转换为其他的形式。上述的过程最初是通过采用这种回归性的推导得出的，名字"反步（Backstepping）"来源于此。

6.1.4 自适应反步

反步的主要目的是要推导一个误差方程和建立一个控制规律，以及参数调节规律，以使误差方程的状态趋于零，下面看一个例子。

例 6.4 由反步导致的自适应稳定性。

考虑系统

$$\frac{dx_1}{dt} = x_2 + \theta f(x_1)$$

$$\frac{dx_2}{dt} = x_3$$

$$\frac{dx_3}{dt} = u$$

式中，f 是一个已知函数，θ 是一个未知参数。现在要推导一个控制规律，使其在参数未知时能稳定系统。引入一个新的状态变量 $\zeta_1 = x_1$，表示 ζ_1 的导数为几项之和，在这几项和之中仅一项依赖于已知量。为此引入参数估计 $\hat{\theta}$ 和估计误差 $\tilde{\theta} = \theta - \hat{\theta}$。$\zeta_1$ 的导数变为

$$\frac{\mathrm{d}\zeta_1}{\mathrm{d}t} = -\zeta_1 + \zeta_1 + x_2 + \hat{\theta}f(\zeta_1) + \tilde{\theta}f(\zeta_1)$$

按下式引入一个状态变量

$$\zeta_2 = x_2 + a_1(\zeta_1, \hat{\theta})$$

这里

$$a_1(\zeta_1, \hat{\theta}) = \zeta_1 + \hat{\theta}f(\zeta_1)$$

于是 ζ_1 的微分方程可被写成

$$\frac{\mathrm{d}\zeta_1}{\mathrm{d}t} = -\zeta_1 + \zeta_2 + \tilde{\theta}f(\zeta_1) \tag{6.18}$$

现在求 ζ_2 的导数

$$\frac{\mathrm{d}\zeta_2}{\mathrm{d}t} = \frac{\mathrm{d}x_2}{\mathrm{d}t} + \frac{\partial a_1}{\partial \zeta_1}\frac{\mathrm{d}\zeta_1}{\mathrm{d}t} + \frac{\partial a_1}{\partial \hat{\theta}}\frac{\mathrm{d}\hat{\theta}}{\mathrm{d}t}$$

式 (6.18) 给出了我们希望看到的项数分离。为了获得类似的表达，需要做某些工作，即

$$\frac{\mathrm{d}\zeta_2}{\mathrm{d}t} = x_3 + \frac{\partial a_1}{\partial \zeta_1}(-\zeta_1 + \zeta_2 + \tilde{\theta}f) + \frac{\partial a_1}{\partial \hat{\theta}}\frac{\mathrm{d}\hat{\theta}}{\mathrm{d}t} \tag{6.19}$$

按反步的概念，考虑 x_3 是一个能被自由选择的控制变量。下列的李雅普诺夫函数

$$V = \frac{1}{2}(\zeta_1^2 + \zeta_2^2 + \tilde{\theta}^2)$$

能被用来找出一个控制规律和自适应规律，并且该自适应规律对于变量 ζ_1 和 ζ_2 而言能稳定误差方程。V 的导数可由下式给出

$$\frac{\mathrm{d}V}{\mathrm{d}t} = -\zeta_1^2 + \zeta_1\zeta_2 + x_3\left(\zeta_2 + \frac{\partial a_1}{\partial \hat{\theta}}\frac{\mathrm{d}\hat{\theta}}{\mathrm{d}t}\right) + \tilde{\theta}\left[\zeta_1 f + \zeta_2\frac{\partial a_1}{\partial \zeta_1}f(\zeta_1) - \frac{\mathrm{d}\hat{\theta}}{\mathrm{d}t}\right]$$

包括 $\tilde{\theta}$ 的项能通过以下选择而被消去

$$\frac{\mathrm{d}\hat{\theta}}{\mathrm{d}t} = b_2(\zeta_1, \zeta_2)$$

式中

$$b_2 = \zeta_1 f(\zeta_1) + \zeta_2\frac{\partial a_1}{\partial \zeta_1}f(\zeta_1)$$

函数 $b_2(\zeta_1, \zeta_2)$ 能被看成是基于 ζ_1 和 ζ_2 选择参数更新率 $\mathrm{d}\hat{\theta}/\mathrm{d}t$ 的一个好方法。选择控制变量 x_3，使

$$\frac{\mathrm{d}V}{\mathrm{d}t} = -\zeta_1^2 - \zeta_2^2$$

用 b_2 作为 $\frac{\mathrm{d}\hat{\theta}}{\mathrm{d}t}$ 的估计，重写式 (6.19) 为

$$\frac{\mathrm{d}\zeta_2}{\mathrm{d}t} = -\zeta_1 - \zeta_2 + x_3 + \zeta_1 + \zeta_2 + \frac{\partial a_1}{\partial \zeta_1}(-\zeta_1 + \zeta_2 + \tilde{\theta}f) + \frac{\partial a_1}{\partial \hat{\theta}}b_2 + \frac{\partial a_1}{\partial \hat{\theta}}\left(\frac{\mathrm{d}\hat{\theta}}{\mathrm{d}t} - b_2\right) \tag{6.20}$$

现在定义

$$a_2(\zeta_1, \zeta_2, \hat{\theta}) = \zeta_1 + \zeta_2 + \frac{\partial a_1}{\partial \zeta_1}(-\zeta_1 + \zeta_2) + \frac{\partial a_1}{\partial \hat{\theta}}b_2$$

引入状态变量

$$\zeta_3 = x_3 + a_2(\zeta_1, \zeta_2, \hat{\theta})$$

则微分方程式（6.20）能被表示为

$$\frac{d\zeta_2}{dt} = -\zeta_1 - \zeta_2 + \zeta_3 + \frac{\partial a_1}{\partial \zeta_1}\hat{\theta}f + \frac{\partial a_1}{\partial \hat{\theta}}\left(\frac{d\hat{\theta}}{dt} - b_2\right) \tag{6.21}$$

ζ_3 的导数变为

$$\frac{d\zeta_3}{dt} = u + \frac{\partial a_2}{\partial \zeta_1}\frac{d\zeta_1}{dt} + \frac{\partial a_2}{\partial \zeta_2}\frac{d\zeta_2}{dt} + \frac{\partial a_2}{\partial \hat{\theta}}\frac{d\hat{\theta}}{dt}$$

注意：控制变量 u 现在明确地出现在上式的右边。在稳定性问题中，误差等于 ζ，并且通过误差方程结合系统微分方程而获得。按照一般的模型自适应方法，我们试着找一个反馈规律和一个稳定误差方程的参数调节规则。选

$$2V = \zeta_1^2 + \zeta_2^2 + \zeta_3^2 + \tilde{\theta}^2$$

作为一种可能的李雅普诺夫函数，在简单的计算之后，得到

$$\frac{dV}{dt} = -\zeta_1^2 - \zeta_2^2 + \zeta_2\zeta_3 + \frac{\partial a_1}{\partial \hat{\theta}}\left(\frac{d\hat{\theta}}{dt} - b_2\right) + \zeta_3\left[u + \frac{\partial a_1}{\partial \hat{\theta}}\left(\frac{d\hat{\theta}}{dt} - b_2\right) + \frac{\partial a_2}{\partial \hat{\theta}}\frac{d\hat{\theta}}{dt}\right] +$$

$$\hat{\theta}\left[\zeta_1 f + \zeta_2\frac{\partial a_1}{\partial \zeta_1}f + \zeta_3\left(\frac{\partial a_2}{\partial \zeta_1} + \frac{\partial a_1}{\partial \zeta_1}\frac{\partial a_2}{\partial \zeta_2}\right)f - \frac{d\hat{\theta}}{dt}\right]$$

包含 $\tilde{\theta}$ 的项能通过下述方法更新参数而消去

$$\frac{d\hat{\theta}}{dt} = \zeta_1 f + \zeta_2\frac{\partial a_1}{\partial \zeta_1}f + c(\zeta_1, \zeta_2)\zeta_3$$

式中

$$c(\zeta_1, \zeta_2) = \left(\frac{\partial a_2}{\partial \zeta_1} + \frac{\partial a_1}{\partial \zeta_1}\frac{\partial a_2}{\partial \zeta_2}\right)f$$

此外，引入

$$b_3(\zeta_1, \zeta_2, \zeta_3) = b_2 + c\zeta_3$$

和

$$a_3 = \zeta_2 + \zeta_3 + \frac{\partial a_2}{\partial \zeta_1}(-\zeta_1 + \zeta_2) + \frac{\partial a_2}{\partial \zeta_2}\left(-\zeta_1 - \zeta_2 + \zeta_3 - \zeta_3^2\frac{\partial a_1}{\partial \hat{\theta}}c\right) + \frac{\partial a_2}{\partial \hat{\theta}}b_3$$

得到

$$\frac{d\hat{\theta}}{dt} = c\zeta_3 - b_2 = b_3 \tag{6.22}$$

于是李雅普诺夫函数的导数可写为

$$\frac{dV}{dt} = -\zeta_1^2 - \zeta_2^2 - \zeta_2^3 + \zeta_3(u + a_3)$$

反馈规律

$$u = -a_3(\zeta_1, \zeta_2, \zeta_3) \tag{6.23}$$

将给出

$$\frac{dV}{dt} = -\zeta_1^2 - \zeta_2^2 - \zeta_2^3$$

只要 $|\zeta| \neq 0$，则 $\frac{dV}{dt}$ 是负的。

因此，系统选择式（6.22）作为参数调节规律，式（6.23）作为控制规律，能达到稳定控制的目的。

6.2 自适应逆控制

线性自适应控制理论本身适用于线性慢时变系统的控制，而这种慢时变可以看作是非线性系统在某点或者某个区域的非规则线性化。对于变化剧烈的本质非线性系统，线性自适应控制的效果往往难以如愿。在这里讨论的两种非线性自适应控制方法，在特定的情况下是可行的。非线性自适应反步控制通过坐标变换和控制变换，将非线性控制转化为线性控制，但是使用范围有限，而且变换中需要有一定的技巧；本节的自适应逆控制主要针对执行器的非线性特性，通过状态反馈和输出反馈逆控制的方式，实现非线性补偿，完成控制任务。

自适应逆控制最初是由美国学者 Bernard Widrow 于 1986 年提出来的，它是利用过程中非线性函数的逆来抵消非线性的影响，从而使系统呈现线性的特征。由于过程非线性一般为未知，并且具有不确定性，所以必须通过某种调节规律来调整逆参数，使其补偿非线性，来实现某种意义上的极小。简单来说，自适应逆控制是利用被控对象传递函数的逆作为串联控制器来对系统的动态特性进行开环控制。或者说，自适应逆控制是要构筑一个控制器直接自适应地控制被控对象（过程），而该控制器的传递函数就是被控对象本身传递函数的逆。自适应逆控制原理框图如图 6.1 所示。

图 6.1 自适应逆控制原理框图

由图 6.1 可见，系统控制的目的在于使被控系统跟随参考输入，但由于被控对象模型一般是未知的，或具有不确定性，因此必须自适应地调节该控制器的参数，以便得到一个真正的被控对象的逆。通常是通过某种自适应算法，利用参考输入与对象输出之间的误差信号来调节控制器参数，使该误差信号的均方误差最小。与传统的反馈控制相比，自适应逆控制采用反馈是为了调整控制器的可变参数，而不是控制系统中的信号流动。在这种情况下，误差信号用来调整控制器的参数，而不是直接反馈到对象输入。这种方式避免了因信号反馈而可能引起的不稳定问题。除此之外，自适应逆控制对系统动态特性的控制和对象扰动的控制可分为两个独立的过程来处理，这样可使系统动态性能达到最优的同时，对象扰动影响也可以减小到最小,也就是可以实现两种控制同时最优。再者,为了使误差最小,控制器的传递函数应该是对象的逆,也就是该对象传递函数的倒数。因此,控制器和对象的级联组合传递函数的增益为 1。

实际系统一般是由执行机构来驱动而工作的,如电机、阀门等是常用的执行器,它们往往具有非光滑非线性的特征,如死区、间隙和磁滞等。这些非线性属于本质非线性,而且随着时间变化而变化。它们对系统的影响比较大,轻则引起误差和振荡,重则导致系统不稳定。因此,研究对这类未知执行器非线性的自适应补偿控制不仅具有理论意义,而且具有实际价值。

1. 执行器非线性

设被控过程为

$$y(t) = G(s)u(t), \quad u(t) = N(v(t)) \tag{6.24}$$

式中,$N(\cdot)$ 为执行器不确定非线性,$G(s)$ 为过程线性有理模型,$v(t)$ 为施加的控制量,$u(t)$ 是一个对控制来说是不可接近、对测量来说是不可实施的中间量,其结构如图 6.2 所示。

图 6.2 含有非线性执行器的过程

由于执行器的非线性是非光滑的,它们有间断点,不可微分,但是能用参数表示,其参数化的模型统一表示为

$$u(t) = N(v(t)) = N(\boldsymbol{\theta}; v(t)) = -\boldsymbol{\theta}^{\mathrm{T}} \boldsymbol{\omega}(t) + a_s(t) \tag{6.25}$$

式中,$\boldsymbol{\theta} \in \mathbf{R}^{n_\theta} (n_\theta \geq 1)$ 为未知参数向量;$\boldsymbol{\omega}(t) \in \mathbf{R}^{n_\theta}$ 为回归向量;$a_s(t) \in \mathbf{R}$,其元由非线性特性 $N(\cdot)$ 的信号运动确定,也是未知的。

2. 用参数表示非线性逆

自适应逆控制的关键是要用一个逆

$$v(t) = N_I[u_d(t)] \tag{6.26}$$

来抵消未知非线性 $N(\cdot)$ 的影响。在这里,由于非线性参数 $\boldsymbol{\theta}$ 是未知的,非线性逆的特性 $N_I(\cdot)$ 只能用参数 $\boldsymbol{\theta}$ 的估计值 $\hat{\boldsymbol{\theta}}$ 表示,$u_d(t)$ 是一个来自反馈律的、期望的控制信号。我们的重要任务是根据自适应律及时地更新逆的参数,并且参数应在预先确定的范围内变化。一个由式(6.26)表示的理想逆应该能用参数表示为下列形式:

$$u_d(t) = -\hat{\boldsymbol{\theta}}^{\mathrm{T}}(t) \hat{\boldsymbol{\omega}}(t) + \hat{a}_s(t) \tag{6.27}$$

式中,$\hat{\boldsymbol{\omega}}(t) \in \mathbf{R}^{n_\theta}$,$\hat{a}_s(t) \in \mathbf{R}$ 为已知信号,其组成元由非线性逆 $N_I(\cdot)$ 中的信号运动确定,并且如果 $u_d(t)$ 有界,$v(t)$、$\boldsymbol{\omega}(t)$ 和 $a_s(t)$ 都将有界。

3. 状态反馈逆控制

考虑将式(6.24)表示的过程写为状态空间形式:

$$\dot{x}(t) = \boldsymbol{A}x(t) + \boldsymbol{B}u(t), \quad u(t) = N[v(t)]$$
$$y(t) = \boldsymbol{C}x(t) \tag{6.28}$$

式中,$\boldsymbol{A} \in \mathbf{R}^{n \times n}$、$\boldsymbol{B} \in \mathbf{R}^{n \times l}$、$\boldsymbol{C} \in \mathbf{R}^{l \times n}$ 均为已知常数矩阵,$x(t)$ 为状态量,$N(\cdot)$ 为执行器非线性,该控制系统的传递函数为 $G(s) = \boldsymbol{C}(s\boldsymbol{I} - \boldsymbol{A})^{-1}\boldsymbol{B}$。

控制的目的是要设计一个自适应补偿器 $N_I(\cdot)$,用来补偿不确定执行器非线性 $N(\cdot)$,

以便通常用于线性部分的控制方案能被实施，确保期望的系统性能。据此，提出了如图 6.3 所示的控制方案。

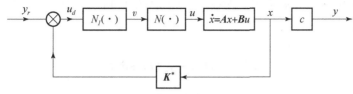

图 6.3　状态反馈逆控制方框图

图 6.3 中，$\boldsymbol{K}^* \in \mathbf{R}^{l \times n}$ 为常数增益向量，它可由极点配置或者二次型最优控制算法确定，$N_I(\cdot)$ 为执行器非线性 $N(\cdot)$ 的逆。

由图 6.3 可得状态反馈控制规律：

$$u_d(t) = y_r(t) + \boldsymbol{K}^* \boldsymbol{x}(t) \tag{6.29}$$

4. 输出反馈逆控制

当过程的状态不可观测时，状态反馈控制的应用将受到限制。但是，如果系统的输出为可观测量，则可用它构成输出反馈控制。

具有执行器非线性过程的输出反馈逆控制方框图如图 6.4 所示。

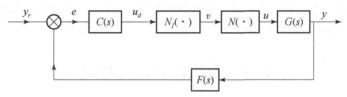

图 6.4　输出反馈逆控制方框图

其中，$N(\cdot)$ 和 $N_I(\cdot)$ 分别为执行器非线性及其逆，$G(s)$ 为过程线性部分模型。

控制器结构为

$$u_d(t) = C(s)e(t), \quad e(t) = y_r(t) - F(s)y(t)$$

这里 $C(s)$ 和 $F(s)$ 为待设计的控制器。

输出反馈逆控制器就是要设计自适应补偿器，用来抵消执行器不确定非线性影响，并根据控制性能要求确定 $C(s)$ 和 $F(s)$，使闭环输出跟踪参考（期望）系统输出。也就是说，当 $u(t) = u_d(t)$ 时，有

$$y(t) = y_m(t) \triangleq W_m(s)y_r(t) = \frac{G(s)C(s)}{1 + G(s)C(s)F(s)} y_r(t)$$

式中，$C(s)$ 和 $F(s)$ 应使

$$W_m(s) = \frac{G(s)C(s)}{1 + G(s)C(s)F(s)} \tag{6.30}$$

按期望的零极点分布，以满足系统动态和静态要求。

为了导出一个更新逆 $N_I(\cdot)$ 参数的自适应调节规律，表示系统输出为

$$y(t) = y_m(t) + W(s)[(\hat{\boldsymbol{\theta}} - \boldsymbol{\theta})^T \hat{\boldsymbol{\omega}}(t)] + d(t)$$

式中

$$W(s) = \frac{G(s)}{1 + G(s)C(s)F(s)}$$

$$d(t) = W(s)d_N(t)$$

这里的 $W(s)$ 与式 (6.30) 的 $W_m(s)$ 相差一个 $C(s)$，这是因为控制引起的误差，即 $u - u_d$，在前向通道经 $G(s)$ 后输出，所以 $C(s)$ 不反映在 $W(s)$ 的分子上。另外，误差 $d(t)$ 因为 $d_N(t)$ 有界而有界。

定义估计误差

$$\varepsilon(t) = y(t) - y_m(t) + \delta(t)$$

式中

$$\delta(t) = \hat{\boldsymbol{\theta}}^T \boldsymbol{\zeta}(t) - W(s)[\hat{\boldsymbol{\theta}}^T \hat{\boldsymbol{\omega}}(t)], \quad \boldsymbol{\zeta}(t) = W(s)\hat{\boldsymbol{\omega}}(t)$$

于是有

$$\varepsilon(t) = [\hat{\boldsymbol{\theta}}^T - \boldsymbol{\theta}]^T \boldsymbol{\zeta}(t) + d(t)$$

该估计误差与状态反馈估计的估计误差具有相同的形式。这里根据梯度投影优化方法，选 $\hat{\boldsymbol{\theta}}(t)$ 的更新自适应规律为

$$\dot{\hat{\boldsymbol{\theta}}} = -\frac{\boldsymbol{\Gamma} \varepsilon(t) \boldsymbol{\zeta}(t)}{m^2} + f(t) = g(t) + f(t)$$

这个自适应规律确保 $\hat{\theta}_i \in [\theta_i^a, \theta_i^b]$，$i = 1, 2, \cdots, n_\theta$，并且 $\dfrac{\varepsilon(t)}{m(t)}$ 和 $\dot{\hat{\boldsymbol{\theta}}}$ 均有界。

执行器非线性被其逆补偿后，系统呈现线性特征，已有许多控制器设计方法来确定式中的 $C(s)$ 和 $F(s)$，如 PID 控制、极点配置等。

6.3 变结构自适应控制

6.3.1 变结构自适应发展脉络

在许多实际控制问题中，往往感兴趣的是设计适当的控制器使系统的输出具有期望的动态特性，而且对于外部环境干扰和被控对象（过程）参数变化有强的鲁棒性。在设计的当时，变结构控制确实可作为一种较理想的鲁棒控制手段。变结构系统的基本理论是苏联学者于 20 世纪 50 年代末开始研究，在 60 年代提出的，于 70 年代传入西方。变结构控制系统所反映的独特功能，如对干扰的不变性和降阶特性等，引起了西方控制界的高度重视，近 60 年来其发展尤其迅速，产生了大量的科研学术成果，并逐渐形成了一个控制理论的分支。变结构控制就是当系统状态穿越状态空间不同连续曲面（即不同区域）时，反馈控制器的结构将按照一定规律发生变化，使得控制系统对被控对象（过程）的内在参数变化和外部环境扰动等因素具有一定适应能力，从而保证系统性能达到期望指标要求。其所以如此，是因为在变结构控制中，变结构控制器可使系统状态沿状态切换面做渐近滑动，而满足滑动条件的切换面具有十分有趣的特性，即使该表面成为一个不变集。或者说，这种变结构的滑动控制对系统参数的变化具有不变性，这就为整个控制系统创造了一个良好的自适应能力。从这点讲，变结构控制实质是一种非线性鲁棒控制，可视为一类广义的自适应控制。在变结构控制系统中，所谓"变结构"实质上是指系统内部反馈控制结构（包括反馈极性和系数）所发生的不连续非线性切变。当然，这种切变不是任意的，而是必须遵循一套按照系统性能指标要求的切换逻辑。

变结构控制系统可归结为两个主要步骤,即首先设计恰当的切换函数使系统进入滑动模态运动后具有良好的动态特性;其次是设计变结构控制律保证在有限时间内到达切换面并保持在其上运动且具有自适应能力。从这个观点讲,变结构自适应控制的设计与自校正控制和模型参考自适应控制在设计方法上有着本质的不同。本节将分别讲述单变量变结构和多变量变结构自适应控制的设计与实现问题。

6.3.2 单变量变结构自适应控制

1. 二阶系统的变结构自适应控制

设有二阶系统

$$\begin{cases} \dot{x}_1 = x_2 \\ \dot{x}_2 = a_1 x_1 - a_2 x_2 + b_1 u \end{cases}$$

式中,x_1、x_2 为状态变量,u 为控制输入,a_1、a_2、b_1 为精确值未知的常参数或时变参数。

根据滑动控制理论,为实现变结构控制,可选择切换函数为

$$V = cx_1 + x_2$$

这时,切换线方程为

$$V = cx_1 + x_2 = 0$$

于是,在此切换线上交换控制信号,可实现变结构控制,其形式为

$$u = \begin{cases} u^+, & cx_1 + x_2 > 0 \\ u^-, & cx_1 + x_2 < 0 \end{cases}$$

式中,$c > 0$,$u^+ \neq u^-$。

在变结构控制过程中,状态 x 始终在切换线的周围滑动,如图 6.5 所示。只要切换速度足够快,借助不连续控制 u^+ 和 u^-,就可以把状态 x 限定在切换线上,使系统具有性能不变性。

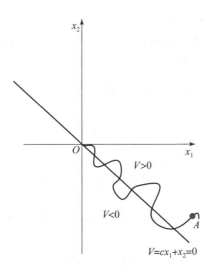

图 6.5 变结构控制过程中的状态曲线

分析表明,为了形成滑动,在切换线两侧必须满足如下条件:

$$\begin{cases} \lim_{V \to 0^+} \dot{V} < 0 \\ \lim_{V \to 0^-} \dot{V} > 0 \end{cases}$$

以保证状态 x 都向切换线方向移动。根据 $V>0$ 时,要求 $\dot{V}<0$,$V<0$ 时,要求 $\dot{V}>0$ 的关系,可得如下切换条件

$$V\dot{V} \le 0$$

另外,在滑动过程中,由于要求系统状态 x 处于切换线 $V=0$ 上,所以系统状态的微分方程为

$$V = cx_1 + x_2 = cx_1 + \dot{x}_1$$

用分离变量法求解一阶微分方程,其解是

$$x_1(t) = x_1(t_0) e^{-c(t-t_0)}$$

可见,在滑动条件下,二阶系统将等效于时常数为 c 的一阶系统,使动态特性与系统状态方程无关,而与切换线的参数 c 有关,c 可以任意选择。下面确定 u^+ 和 u^-。

设

$$u = -k_1 x_1 - k_2 x_2$$

式中

$$k_i = \begin{cases} \alpha_i, & Vx_i > 0 \\ \beta_i, & Vx_i < 0 \end{cases}, \quad (i=1,2)$$

如在 $t=t_0$ 时,有 $Vx_1>0$,$Vx_2<0$(见图 6.5 中 A 点),则

$$u^+ = -\alpha_1 x_1 - \beta_2 x_2$$

从时间 $t_0 \to t_1$,状态 $x(t)$ 到达 $V=0$,并进入 $Vx_1<0$,$Vx_2>0$,则

$$u^- = -\beta_1 x_1 - \alpha_2 x_2$$

再来讨论及确定 α_1、α_2、β_1 及 β_2。

$$V\dot{V} = V(c\dot{x}_1 + \dot{x}_2) = V(cx_2 - a_1 x_1 - a_2 x_2 + bu) = (c-a_2)Vx_2 - a_1 Vx_1 + bVu$$
$$= (c-a_2)Vx_2 - a_1 Vx_1 + bV(-k_1 x_1 - k_2 x_2)$$
$$= (c - a_2 - bk_2)Vx_2 - (a_1 + bk_1)Vx_1$$

由此可得

$$k_1 = \begin{cases} \alpha_1 \ge -\dfrac{a_1}{b}, & Vx_1 > 0 \\ \beta_1 \le -\dfrac{a_1}{b}, & Vx_2 < 0 \end{cases}$$

$$k_2 = \begin{cases} \alpha_2 \ge -\dfrac{1}{b}(c-a_2), & Vx_2 > 0 \\ \beta_2 \le -\dfrac{1}{b}(c-a_2), & Vx_2 < 0 \end{cases}$$

2. 高阶系统的变结构自适应控制

设系统状态方程为

$$\begin{cases} \dot{x}_1 = x_2 \\ \dot{x}_2 = x_3 \\ \vdots \\ \dot{x}_n = -a_1 x_1 - a_2 x_2 - \cdots - a_n x_n + b_1 u \end{cases}$$

式中，a_1、$\cdots$、a_n 及 b_1 是时变未知的，且 $b_1 \geqslant 0$，把系统状态方程写成矩阵形式

$$\dot{x} = Ax + bu$$

式中

$$x = \begin{bmatrix} x_1 \\ x_2 \\ \vdots \\ x_n \end{bmatrix}, \quad A = \begin{bmatrix} 0 & 1 & 0 & \cdots & 0 \\ 0 & 0 & 1 & \cdots & 0 \\ \vdots & \vdots & \vdots & & \vdots \\ 0 & 0 & 0 & \cdots & 1 \\ -a_1 & -a_2 & -a_3 & \cdots & -a_n \end{bmatrix}, \quad b = \begin{bmatrix} 0 \\ 0 \\ \vdots \\ b_1 \end{bmatrix}$$

变结构控制 u 是系统的状态反馈

$$u = -\sum_{i=1}^{m} k_i x_i \qquad 1 \leqslant m \leqslant n$$

式中

$$k_i = \begin{cases} \alpha_i, & Vx_i > 0 \\ \beta_i, & Vx_i < 0 \end{cases}$$

其中，V 为切换函数，且

$$V = c_1 x_1 + c_2 x_2 + \cdots + c_{n-1} x_{n-1} + x_n = c^{\mathrm{T}} x$$

此处

$$c = \begin{bmatrix} c_1 & c_2 & \cdots & c_{n-1} & 1 \end{bmatrix}^{\mathrm{T}}$$

式中，c_1、c_2、$\cdots$、c_{n-1} 为常数。

为使系统状态在切换超平面上滑动，必须满足如下求得的条件。

因为

$$\dot{V} = c^{\mathrm{T}} \dot{x} = c^{\mathrm{T}} Ax + c^{\mathrm{T}} bu$$

可得

$$\dot{V} = \sum_{i=1}^{n} [c_{i-1} - a_i] x_i - b_1 \sum_{i=1}^{m} k_i x_i = 0$$

由 $V = c^{\mathrm{T}} x = 0$，可得

$$x_n = -\sum_{i=1}^{n-1} c_i x_i$$

$$\dot{V} = \sum_{i=1}^{n} (c_{i-1} - a_i) x_i - (c_{n-1} - a_n) \left(\sum_{i=1}^{n-1} c_i x_i \right) - b_1 \sum_{i=1}^{m} k_i x_i$$

于是

$$V\dot{V} = \sum_{i=1}^{n} (c_{i-1} - a_i - c_i c_{n-1} + c_i a_n - b_n k_i) V x_i - \sum_{i=m+1}^{n-1} (c_{i-1} - a_i - c_i c_{n-1} + c_i a_n) V x_i$$

由此得

$$k_i = \begin{cases} \alpha_i \geq \dfrac{1}{b}(c_{i-1} - a_i - c_i c_{n-1} + c_i a_n), & Vx_i > 0 \\ \beta_i \leq \dfrac{1}{b}(c_{i-1} - a_i - c_i c_{n-1} + c_i a_n), & Vx_i < 0 \end{cases} \quad (i = 1, 2, \cdots, m)$$

$$c_{i-1} - a_i = c_i(c_{n-1} - a_n) \quad (i = m+1, \cdots, n-1)$$

在滑动状态期间，有 $V = 0$ 和 $\dot{V} = 0$，系统的动态特性由下列微分方程确定

$$x_{n-1} = -\sum_{i=1}^{n-1} c_i x_i$$

选择适当的 c_i，即可保证系统动态特性满足性能要求。

在实际中，我们虽然不能精确知道 a_1、$\cdots$、a_n 及 b_1 的值，但总能知道这些参数的最大值或最小值，从而可将最大值或者最小值代入，找出合适的 α_i 和 β_i，使系统工作性能不受参数变化的影响，使之具有自适应能力。

6.3.2 多变量变结构自适应控制

设有多变量线性系统的状态方程为

$$\dot{x}(t) = Ax(t) + Bu(t)$$

式中，x 为 n 维状态向量，u 为 m 维控制向量。

不连续控制的切换超平面方程为

$$V(x) = \begin{bmatrix} V_1(x) \\ V_2(x) \\ \vdots \\ V_m(x) \end{bmatrix} \quad C = \begin{bmatrix} C_1^T \\ C_2^T \\ \vdots \\ C_m^T \end{bmatrix}$$

不连续控制为

$$u_i = \begin{cases} u_i^+(x), & V_i(x) > 0 \\ u_i^-(x), & V_i(x) < 0 \end{cases} \quad (u_i^+ \neq u_i^-)$$

为使系统状态在第 i 个超平面上滑动，必须在 $V(x) = 0$ 的邻域上满足

$$V\dot{V} \leq 0$$

在滑动状态下，要满足条件

$$V_i(x) = 0$$
$$\dot{V}_i(x) = 0$$

当在全部超平面都为滑动状态时，则有

$$V(x) = 0$$
$$\dot{V}(x) = 0$$

这时，系统将具有不变性，其运动与系统参数变化及扰动无关。

对于线性系统，取切面方程为

$$V(x) = Cx = 0$$

则

$$\dot{V}(x) = C\dot{x} = CAx + CBu$$

若
$$\det[CB] \neq 0$$

则由 $\dot{V} = 0$,可得
$$CAx + CBu = 0$$

从而可导出等价控制
$$u_{eq} = -[CB]^{-1}CAx = -Kx$$

式中
$$K = [CB]^{-1}CA$$

将等价控制代入系统状态方程,可得
$$\dot{x} = [A - BK]x$$

这就是一般滑动方程,若适当选择,可保证系统状态收敛于坐标原点。

为了简化设计,可将方程进行如下变换。令
$$z = \begin{bmatrix} z_1 \\ z_2 \end{bmatrix} = Tx$$

式中,T 为正交矩阵,且有
$$T^{-1} = T^T$$

$\deg z_1 = n - m_i$,$\deg z_i = m$($\deg z_i$ 为 z_i 的阶数)。

于是有
$$\dot{z} = T\dot{x} = T(Ax + Bu) = TAT^T z + TBu$$

式中
$$TAT^T = \begin{bmatrix} A_{11} & A_{12} \\ A_{21} & A_{22} \end{bmatrix}, \quad TB = \begin{bmatrix} 0 \\ B_2 \end{bmatrix}$$

将式 $\dot{z} = T\dot{x}$ 展开,可得
$$\dot{z}_1 = A_{11}z_1 + A_{12}z_2$$
$$\dot{z}_2 = A_{12}z_1 + A_{22}z_2 + B_2 u$$

相应的切换曲面方程为
$$\bar{V}(z) = CT^T, \quad C_1 z_1 + C_2 z_2 = 0$$

式中
$$CT^T = [C_1, C_2]$$

$$\bar{V}(z) = C_1\dot{z} + C_2\dot{z} = (C_1 A_{11} + C_2 A_{21})z_1 + (C_1 A_{12} + C_2 A_{22})z_2 + C_2 B_2 u_{eq}$$

这样
$$u_{eq} = -[C_2 B_2]^{-1}[(C_1 A_{11} + C_2 A_{21})z_1 + (C_1 A_{12} + C_2 A_{22})z_2]$$

于是可得到
$$z_2 = -C_2^T C_1 z_1 = -F z_1$$

进一步可得
$$\dot{z}_1 = [A_{11} - A_{12}F]z_1$$

适当选择下,使得 $[A_{11} - A_{12}F]$ 的 $(n - m)$ 个特征值都位于左半复平面可保证滑态的稳定性。F 的设计可采用最优二次型设计方法或特征向量配置设计方法,然后,根据所求得

的 F 来选择切换面中的 C。

分析表明：随着组合方式的不同，即系统反馈切换逻辑的不同，变结构系统将呈现出不同的形式和特征。滑动模态是变结构系统中的主要概念和特征之一，其一般定义为：对于一个 n 阶系统，$x \in \mathbf{R}^n$ 是系统的状态向量，$\tilde{s}$ 是 n 维状态空间里状态域 $s(x)=0$ 上的一个子域。如果对于每一个 $\varepsilon>0$，总有一个 $\delta>0$ 存在，使得任何源于 $\tilde{s}$ 的 n 维 δ 域的系统运动若要离开 $\tilde{s}$ 的 n 维 ε 域，只能穿越 $\tilde{s}$ 边界的 n 维 ε 域，那么 $\tilde{s}$ 就是一个滑动模态域。系统在滑动模态域中的运动被称为滑动运动，这种特殊运动形式叫作滑动模态。

6.4 鲁棒自适应控制

存在非线性和不确定性，几乎是所有控制对象的共同特点。其中克服不确定性的有效控制问题已成为当今控制领域研究的热点之一。目前有两条主要途径，一条是自适应控制，另一条是鲁棒控制，两者相互独立，但有密切关系，因此本节涉及鲁棒控制理论。按照前述鲁棒性理论，鲁棒性具体体现在鲁棒稳定性、鲁棒镇定和鲁棒性能三个方面。鲁棒稳定性是指控制系统是内稳定的，而鲁棒镇定与鲁棒性能均与系统中的控制器有关，被统称为鲁棒控制。因此鲁棒自适应控制将主要研究自适应控制器的鲁棒性能和鲁棒镇定设计。

粗略来讲，鲁棒控制是一种在解决确定性对象控制问题时，在控制性能和鲁棒性之间进行的谨慎而合理的折中控制方法。鲁棒控制思想是加拿大学者 Zames 和美国学者 Doyle 提出的。许多学者如 Rosenbrock、Macfarlane、Postethwaite、Glover 和木村英纪等为之做了不懈努力，至今已有 30 多年历史。鲁棒控制虽截至目前还未完全解决分析和综合的主要工程及数学问题，但已取得了举世瞩目的成果，其中最突出的就是著名的 H_∞ 优化思想及基于这种思想下的 H_∞ 控制理论。H_∞ 控制从本质上讲是考虑模型不确定性下，从状态空间模型返回输入 - 输出模型，根据频率响应的加权上确界范数极小化进行的控制设计。H_∞ 具有坚实的理论基础，既可保留状态空间计算方法，又利用了控制闭环系统频率响应特性，是一种对工程技术人员很有吸引力的鲁棒控制方法。本节首先将阐述 H_∞ 控制的概念、基本理论及设计方法，作为 H_∞ 自适应控制系统设计实现的重要基础。

6.4.1 H_∞ 控制概述

1. H_2 最优控制概念

一个控制系统最重要的目的是使其达到给定的性能指标而同时又能保证系统的内稳定。描述控制系统性能指标的方法之一是用某些感兴趣的信号的大小来表示。例如，跟踪系统的性能可以通过跟踪误差信号的大小来度量。鲁棒控制中经常涉及的定义是范数，用范数来表示信号的大小。用哪一种范数最为适宜要根据具体情况而定。这里我们主要用的是 Hardy 空间的 H_2 和 H_∞。在专门的鲁棒控制书中，有相关证明，对于许多种类的输入信号而言，H_2 和 H_∞ 范数可以作为可能的最坏性能指标的度量而自然引申出来。关于求解 H_2 和 H_∞ 范数的赋范空间、Hilber 空间和 Hardy 空间的具体定义，可以参考专门的鲁棒控制书籍，这里不做详细介绍。H_2 涉及了最优控制相关概念，而最优控制是现代控制理论中的一种典型优化控制。

最优控制解决的问题是设计一个最优控制律,使闭环系统是稳定的,同时使某个性能指标达到极值。性能指标所追求的控制目标是确定的,例如,为了综合评价系统稳态性能和瞬态性能提出的误差平方积分准则函数

$$J = \int_0^\infty e^2(t)\,\mathrm{d}t \tag{6.31}$$

式中,$e(t) = y_0(t) - y(t)$ 为系统误差,$y_0(t)$ 为参考输入,$y(t)$ 为输出响应。

对于式(6.31)做适当推广就可得到最优控制理论中的线性二次型指标

$$J = \int_0^\infty [\boldsymbol{x}^\mathrm{T}\boldsymbol{Q}\boldsymbol{x}(t) + \boldsymbol{u}^\mathrm{T}\boldsymbol{R}\boldsymbol{u}(t)]\,\mathrm{d}t \tag{6.32}$$

式中,$\boldsymbol{x}(t)$ 为系统状态偏差;$\boldsymbol{u}(t)$ 为控制输入;$\boldsymbol{Q}$、$\boldsymbol{R}$ 为加权矩阵。

如果被控对象(过程)用随机过程模型描述,且考虑干扰为高斯白噪声,则相应的线性二次型指标变为LQG(Linear Quadratic Gaussian)问题的性能指标

$$J = \lim_{T\to\infty} \frac{1}{T} E\left\{\int_0^T [\boldsymbol{x}^\mathrm{T}\boldsymbol{Q}\boldsymbol{x}(t) + \boldsymbol{u}^\mathrm{T}\boldsymbol{R}\boldsymbol{u}(t)]\,\mathrm{d}t\right\} \tag{6.33}$$

式中,E 为数学期望。

可以证明式(6.33)等价于从随机干扰信号到系统输出信号的传递函数(阵)的 H_2 范数。于是,LQG控制问题可以等价地描述为:设计标准控制问题(见图)的反馈控制器,使得闭环系统稳定,同时使从 w 到 z 的闭环传递函数阵 $\boldsymbol{G}_{zw}(s)$ 的 H_2 范数达到极小,即

$$\min_K \|\boldsymbol{G}_{zw}(s)\|_2 = \gamma_0 \tag{6.34}$$

这种标准控制称为 H_2 最优控制。若给定 $\gamma > \gamma_0$,设计反馈控制器 K,使 $\|\boldsymbol{G}_{zw}(s)\| < \gamma$,则称为次优控制。$H_2$ 最优控制和 H_2 次优控制通称为 H_2 标准控制。

如图6.6所示,w 为外部干扰信号,z 为输出评价信号,y 为输出量测信号,u 为控制信号,G 为广义被控对象,K 为待设计的控制器。

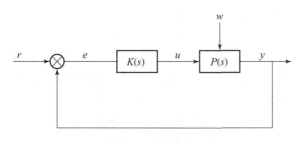

图 6.6 标准控制问题

2. H_∞ 控制概念

在实际控制工程中,最优控制的鲁棒性一般较差,主要原因是被控对象(过程)的精确数学模型往往难以得到,此外,许多情况下并不确知其噪声(干扰)信号 w 的统计特性。这样,H_2 最优控制方法实际应用有一定困难。为此,20世纪80年代初,Zames提出了以控制系统内某些信号间的传递函数(阵)的范数为优化性能指标的控制系统设计思想。考虑一反馈系统如图6.7所示,图中 $P(s)$ 为被控对象传递函数,$K(s)$ 为控制器传递函数,y 为系统输出信号,u 为控制信号,r 为参考输入,w 为干扰输入,e 为控制误差信号。

图 6.7 单位反馈系统

显然,误差传递函数为

$$G_{er} = \frac{E(s)}{R(s)} = \frac{1}{1+P(s)K(s)} \quad (6.35)$$

设计目标是设计控制器 $K(s)$,使得

$$|G_{er}(j\omega)| < \gamma, \quad \forall \omega, \ 0 < \gamma \leq 1$$

即使控制误差控制在工程允许的范围时,上式两端取上确界有

$$\text{Sup}|G_{er}(j\omega)| < \gamma$$

将上式左端定义为 $G_{er}(j\omega)$ 的 ∞ 范数,即

$$\|G_{er}(s)\|_\infty = \text{Sup}_\omega |G_{er}(j\infty)|$$

于是,H_∞ 最优控制问题归结为:设计控制器 $K(s)$,使闭环系统保持稳定,且使 $\|G_{er}(s)\|_\infty$ 达极小,即

$$\inf_K \{\text{Sup}_K |G_{er}(j\omega)|\} = \inf_K \|G_{er}(s)\|_\infty = \gamma_0$$

同样,次优控制问题为:给定 $\gamma > \gamma_0$,设计控制器 $K(s)$,使得闭环系统保持稳定,且使

$$\|G_{er}(s)\|_\infty < \gamma$$

以上的最优和次优控制问题也称为 H_∞ 标准控制问题,如图 6.8 所示。

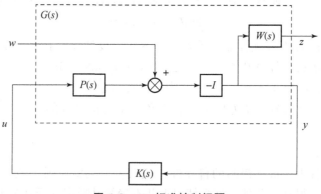

图 6.8 H_∞ 标准控制问题

图 6.8 中,$W(s)$ 是权函数,w 是干扰;$G(s)$ 是广义被控对象,表示从 w、u 到 z 的闭环传递函数阵;z 为评价信号,$z = -W(s)G_{er}(s)w$。

由图 6.8 可知,从 w 到 z 的闭环传递函数为 $-W(s)G_{er}(s)$。这样,H_∞ 标准控制问题又可等价为干扰抑制设计问题。

设计控制器 $K(s)$,使图 6.8 闭环稳定,且使

$$\|G_{er}(s)\|_\infty < \gamma$$

应该指出,上述 H_∞ 性能指标定义和 H_∞ 标准控制问题概念仅是在标量情况下给出的。实际应用中,许多控制问题都可以归化为所谓 H_∞ 标准控制问题。若考虑图 6.8 所示标准控制问题各信号均为向量值信号,设广义被控对象 $G(s)$ 的状态空间实现为

$$\dot{x} = Ax + B_1 w + B_2 u$$
$$z = C_1 x + D_{11} w + D_{12} u$$
$$y = C_2 x + D_{12} w + D_{22} u$$

式中，$x \in \mathbf{R}^n$，$z \in \mathbf{R}^m$，$y \in \mathbf{R}^q$，$w \in \mathbf{R}^r$，$u \in \mathbf{R}^p$。相应的传递函数阵为

$$G(s) = \begin{bmatrix} G_{11}(s) & G_{12}(s) \\ G_{21}(s) & G_{22}(s) \end{bmatrix} = \begin{bmatrix} A & B_1 & B_2 \\ C_1 & D_{11} & D_{12} \\ C_2 & D_{21} & D_{22} \end{bmatrix}$$

即有

$$\begin{bmatrix} z \\ y \end{bmatrix} = G(s) \begin{bmatrix} w \\ u \end{bmatrix} = \begin{bmatrix} G_{11}(s) & G_{12}(s) \\ G_{21}(s) & G_{22}(s) \end{bmatrix} \begin{bmatrix} w \\ u \end{bmatrix}$$

$$u = K(s)y$$

则在图 6.8 中，从 w 到 z 的闭环传递函数矩阵等于

$$G_{zw}(s) = \mathrm{LFT}(G, K) = G_{11} + G_{12}K(I - G_{22}K^{-1})G_{21}$$

它是 K 的线性分式变换（Linear Fractional Transformation，LFT），于是有以下定义。

定义 6.1（H_∞ 最优控制问题） 求一正则实有理控制器 K，使闭环系统内稳定，且使传递函数阵 $G_{zw}(s)$ 的 H_∞ 范数极小，即

$$\min_K \| G_{zw}(s) \|_\infty = \gamma_0$$

定义 6.2（H_∞ 次优控制问题） 求一正则实有理控制器 K，使闭环系统内稳定，且使

$$\| G_{zw}(s) \|_\infty < \gamma, \quad \gamma \geq \gamma_0 \tag{6.36}$$

显然，如果以上两种控制问题有解，我们可以通过逐渐减小 γ 去逼近 γ_0，即通过反复"递减－试探求次优解"的过程去逼近最优解（$\gamma \to \gamma_0$）。

另外，式（6.36）等价于

$$\left\| \frac{1}{\gamma} G_{zw}(s) \right\|_\infty \leq 1$$

而实际上 $\frac{1}{\gamma} G_{zw}(s)$ 等于增广被控对象（过程）。

$$G_r(s) = \begin{bmatrix} r^{-1}G_{11}(s) & r^{-1}G_{12}(s) \\ r^{-1}G_{21}(s) & r^{-1}G_{22}(s) \end{bmatrix}$$

是与控制器 $K(s)$ 所构成的图 6.8 所示系统的闭环传递函数。因此，在实际应用中，仅考虑 $\gamma = 1$ 的情况，并定义 6.3。

定义 6.3（H_∞ 标准控制问题） 求一正则实有理控制器 K，使闭环系统稳定，且使得

$$\| G_{zw}(s) \|_\infty < 1$$

定义 6.4 内稳定性 如果系统所有的闭环传递函数都存在，且是稳定的，则基本反馈系统是内稳定的，即对所有有界的外部输入信号和内部信号都是有界的。

对闭环系统提出内稳定要求的原因是，如果仅要求从参考输入到系统输出的闭环传递函数是稳定的，即当输入有界，输出亦有界，这并不能保证某些内部信号是有界的，这种情况可能引起实际装置内部损坏或故障。

满足 H_∞ 范数性能的控制器的综合问题是一个适定的数学问题。大多数原有的求解技术是在输入输出背景下，并引入解析函数（Nevanlinna - Pick 插值法）或算子理论方法。这些正是算子理论家和控制工程师之间有效合作的结果。不少人认为，H_∞ 理论意味着过去几十年来在控制领域中状态空间方法占主导地位的局面即将结束。不幸的是，若用标准的频域法

去处理多输入多输出的H_∞问题,则在数学和计算两方面都遇到了如H_2(或 LQG)理论在 20 世纪 50 年代所遇到的严重障碍。于是在此背景下,Doyle 于 1984 年发表的第一个一般有理 MIMO H_∞最优控制问题的解在很大程度上依赖于状态空间方法,也就不足为怪了。实际上,他的解法更像是一种计算工具而不是必由之路。在解的过程中采用了传递函数的状态空间内/外分解和互质分解。这样就将问题化为 Nehari/Hankel 的范数问题,这一问题可用 Glover 在 1984 年发表的状态空间方法求解,Francis 和 Doyle 于 1987 年解释了这一解法。然而,这一解法从数学意义上解决了一般有理H_∞问题。而此解的严重缺陷是将该问题转化为高维 Riccati 方程的求解。详细的关于相关理论进展历史请参阅参考文献 [14]。

6.4.2 鲁棒稳定性与H_∞性能指标之间的关系

鲁棒稳定性与H_∞性能指标有着极为密切的关系,可通过如下鲁棒控制系统的设计来说明。

考虑某被控对象(过程)的传递函数为

$$P(s) = \sum_{i=1}^{\infty} \frac{\varphi_i^2}{s^2 + 2\xi_i\omega_i s + \omega_i^2}$$

为方便设计,采用简化数学模型

$$P_0(s) = \sum_{i=1}^{2} \frac{\varphi_i^2}{s^2 + 2\xi_i\omega_i s + \omega_i^2}$$

这时,有模型误差

$$\Delta P(s) = \sum_{i=3}^{\infty} \frac{\varphi_i^2}{s^2 + 2\xi_i\omega_i s + \omega_i^2}$$

假设$\Delta P(s)$的频率特性的上界已知,即

$$|\Delta P(j\omega)| < |W(j\omega)|, \quad \forall \omega \in [0,\infty) \tag{6.37}$$

式中,$w(s)$为已知的有理函数。则问题归结为:给定$P_0(s)$和$w(s)$,设计如图 6.9 所示的反馈系统,使得闭环系统对于满足式(6.37)的模型误差$\Delta P(s)$均稳定。

图 6.9 鲁棒控制系统
(a)原反馈系统;(b)(a)的等价系统

为此,可找出 6.9(a)所示的等价系统,如图 6.9(b)所示。图中

$$T(s) = \frac{K(s)}{1 + P_0(s)K(s)} \tag{6.38}$$

若是稳定的,则等价系统图 6.9(b)对任意$\Delta P(s)$稳定的奈奎斯特充分条件是

$$|T(j\omega)\Delta P(j\omega)| < 1, \quad \forall \omega \in [0,\infty) \tag{6.39}$$

如果设计的控制器使得系统稳定,那么由式(6.37)知,必然同时满足

$$|T(j\omega)W(j\omega)| < 1, \quad \forall \omega \in [0,\infty) \tag{6.40}$$

或等价为
$$\|T(s)W(s)\|_\infty < 1 \qquad (6.41)$$

又因为
$$|T(j\omega)\Delta P(j\omega)| = |T(j\omega)||\Delta P(j\omega)| \leqslant |T(j\omega)||W(j\omega)|, \forall \Delta P(s) \cdot t |\Delta P| < |W|$$
$$= |T(j\omega)W(j\omega)|, \forall \omega \in [0, \infty)$$

所以对于所有满足式（6.37）的条件式（6.39）成立，即系统鲁棒稳定。可见，这种鲁棒稳定性问题完全能够通过设定性能指标表示式（6.41）来实现。同时表明，系统鲁棒性与性能指标是密切相关的。

在上面基础上，下面讨论H_∞自校正控制和慢变控制过程的鲁棒控制策略设计。

6.4.4 H_∞自校正控制

自校正控制的设计主要是外环参数估计器和控制器的设计计算。或者说，主要是完成被控对象（过程）的在线参数估计和控制器的参数估计，典型自校正控制系统框图如图6.10所示。

图6.10 典型自校正控制系统框图

为了实现鲁棒控制，可采用H_∞控制设计方法。为了方便起见，下面讨论H_∞最优控制律在图6.11所示系统中的实现。

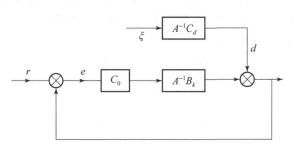

图6.11 带过程输出扰动的闭环反馈系统

设计的H_∞优化指标为
$$J = \|\varphi_{\psi\psi}(z-1)\|_\infty = \sup_{|z|=1}\{\varphi_{\psi\psi}(z-1)\}$$

其中
$$\psi(t) = P_{cd}^{-1}(P_{cn}e(t) + F_{cn}u(t))$$

假设系统纯滞后已经事先确定，则系统模型为

$$y(t) = \frac{B_k(z^{-1})}{A(z^{-1})}u(t-k) + \frac{C_d(z^{-1})}{A(z^{-1})}\xi(t)$$

式中，$\xi(t)$ 为白噪声，且有

$$A(z^{-1}) = 1 + a_1 z^{-1} + \cdots + a_{n_a} z^{-n_a}$$
$$B_k(z^{-1}) = b_0 + b_1 z^{-1} + \cdots + b_{n_b} z^{-n_b}$$
$$C_d(z^{-1}) = c_0 + c_1 z^{-1} + \cdots + c_{n_c} z^{-n_c}$$

若 $c_0 = 1$，则

$$y(t) = \boldsymbol{\varphi}^{\mathrm{T}}(t)\boldsymbol{\theta} + \xi(t)$$

其中

$$\boldsymbol{\theta} = [a_1, \cdots, a_{n_a}, b_0, b_1, \cdots, b_{n_b}, c_1, \cdots, c_{n_c}]^{\mathrm{T}}$$
$$\boldsymbol{\varphi} = [-y(t-1), \cdots, -y(t-n_a), u(t-k), \cdots, u(t-k-n_b), \xi(t-1), \cdots, \xi(t-n_c)]^{\mathrm{T}}$$

利用递推最小二乘法对 A、B_k、C_d 进行参数估计，其算法如下。

(1) 修正增益向量：

$$\boldsymbol{L}(t) = \frac{\boldsymbol{P}(t-1)\boldsymbol{\varphi}(t)}{\lambda_f + \boldsymbol{\varphi}^{\mathrm{T}}(t)\boldsymbol{P}(t-1)\boldsymbol{\varphi}(t)}$$

(2) 修正参数估计向量：

$$\hat{\boldsymbol{\theta}}(t) = \hat{\boldsymbol{\theta}}(t-1) + \boldsymbol{L}(t)[y(t) - \boldsymbol{\varphi}^{\mathrm{T}}(t)\hat{\boldsymbol{\theta}}(t-1)]$$

(3) 修正协方差矩阵：

$$\boldsymbol{P}(t) = \frac{1}{\lambda_f}\left[\boldsymbol{P}(t-1) - \frac{\boldsymbol{P}(t-1)\boldsymbol{\varphi}(t)\boldsymbol{\varphi}^{\mathrm{T}}(t)\boldsymbol{P}(t-1)}{\lambda_f + \boldsymbol{\varphi}^{\mathrm{T}}(t)\boldsymbol{P}(t-1)\boldsymbol{\varphi}(t)}\right]$$

(4) 计算残差：

$$\xi(t) = y(t) - \boldsymbol{\varphi}^{\mathrm{T}}(t)\hat{\boldsymbol{\theta}}(t)$$

(5) 以 $\hat{\xi}(t-1)$、$\cdots$、$\hat{\xi}(t-n_c)$ 代替 $\xi(t-1)$、$\cdots$、$\xi(t-n_c)$，修正信息向量 $\boldsymbol{\varphi}(t)$，返回步骤 (1)。

在上述算法中，协方差阵 $\boldsymbol{P}(t)$ 初值可取 $10^8 \boldsymbol{I}$，而遗忘因子 λ_f 常取 $0.95 < \lambda_f < 1$。

当 A、B_k、C_d 的估计值稳定时，再利用下列步骤得到 H_∞ 最优自校正控制器。

(1) 选择加权函数 P_{cd}、P_{cn}、P_{ck}；
(2) 根据 $D_f D_f^* = C_d C_d^*$，得到严格 Hurwitz 多项式；
(3) 计算 $L_k = P_{cn}B_k - F_{cd}A$，得到 L_{1k} 和 L_{2k}；
(4) 解多项式方程

$$F_0 A P_{cd} \lambda + L_{2k} z^{-k} C_0 = P_{cn} D_f F_{0s}$$

得到 F_0、G_0、λ；

(5) 检验 F_0 的解是否在单位圆内，若是，则继续。否则，回到步骤 (4)；
(6) 计算 $H_0 = (F_0 B_k P_{cd} \lambda - F_{ck} D_f F_{0s}) z^k / L_{2k}$；
(7) 得到控制器 $C_0 = H_0^{-1} G_0$，控制所用为 $u(t) = C_0 e(t)$，转回辨识算法。

上述模型辨识及 H_∞ 最优控制器设计流程分别如图 6.12 (a) 和图 6.12 (b) 所示。

图 6.12 自校正控制系统设计流程

(a) 模型辨识；(b) H_∞ 最优控制器设计

最终设计出的 H_∞ 自校正控制器为（对于 $K=1$）

$$C_0 = H_0^{-1} G_0 = \frac{Z(P_{cn}D_f - A P_{cd}\lambda)}{B_k P_{cd}\lambda - F_{ck}D_f}$$

式中，$\lambda = \left.\dfrac{P_{cn}D_f}{P_{cd}A}\right|_{z^{-1}=0}$。

习 题

1. 设增广对象的状态空间实现

$$\dot{x} = Ax + B_1\omega + B_2 u$$
$$z = C_1 x + D_{12} u$$
$$y = x$$

假设 (A, B_2) 可镇定，若设计状态反馈器为 $u = Kx$，$K \in \mathbf{R}^{n \times n}$，证明以下定理：

给定 $\gamma > 0$，存在状态反馈阵 K 使闭环系统和控制器稳定且 $|G_{zw}(s)| < \gamma$ 成立的充要条件是存在正定阵 $X > 0$ 满足 Riccati 不等式

$$A^T X + XA + \gamma^{-2} X B_1 B_1^T X + C_1^T C_1 - (X B_2 + C_1^T D_{12})(D_{12}^T D_{12})^{-1}(B_2^T X + D_{12}^T C_1) < 0$$

2. 简述自适应逆控制与传统反馈控制的联系与区别。

第 7 章
自适应观测器设计

7.1 基本设计方法

由被控系统参数和状态变量构成的反馈控制装置,由于其结构简单,理论研究成熟,因而在线性系统的控制中已经得到了最为广泛的应用。但是这种控制方法是建立在已知系统的基础上的,它需要正确地掌握和了解被控系统的动态特性、系统参数、系统状态等必要的信息。当状态变量不可观测、系统参数未知时,就不能简单应用这种控制方法。为了掌握被控系统,它需要进行系统参数辨识和系统状态估计。这里将同时进行系统参数辨识和系统状态估计的观测器称为自适应观测器。

一个自适应观测器,它是同时具备系统参数辨识功能和系统状态估计功能的。对于一个控制系统,如果系统仅是状态不可观测,而系统参数为已知,这时自适应观测器的任务仅为状态估计,因此称这种自适应观测器为自适应状态观测器。如果系统状态是可观测的,而只有系统参数未知,自适应观测器的任务是系统参数辨识,称这种自适应观测器为自适应辨识器。自适应观测器是由参数辨识器和状态观测器组成的,其中参数辨识器可以直接应用参数调节规律进行辨识。

目前自适应观测器的设计,基本上可以分为两种方法,即基于被控系统的最小实现和基于被控系统的非最小实现两种。前者是初期提出的方案,这个方案为了保证系统的稳定性,需要附加结构复杂的辅助输入装置,并且它形成了系统参数辨识机构和系统状态估计机构是不能分开的结构,因而在应用上受到一定的限制。与此相反,由于后者引进了状态滤波器,提高了系统的阶数,它不需要为保证系统稳定而设置辅助输入,并且形成了状态估计和系统参数辨识分开的结构。这样,当无须进行系统状态估计时,可以单独使用系统参数辨识器。因而,根据这种方式设计出来的自适应观测器得到了广泛应用。

7.2 连续系统的自适应观测器

7.2.1 可观测标准型与非最小实现

设被控系统可以用下述线性定常微分方程描述

$$y^{(n)}(t) + \alpha_1 y^{(n-1)}(t) + \cdots + \alpha_n y(t) = \beta_1 u^{(n-1)}(t) + \beta_2 u^{(n-2)}(t) + \cdots + \beta_n u(t) \quad (7.1)$$

写成传递函数形式为

$$y(t) = \frac{B(p)}{A(p)} u(t) \quad \text{或} \quad Y(s) = \frac{B(s)}{A(s)} U(s) \tag{7.2}$$

式中

$$A(p) = p^n + \alpha_1 p^{n-1} + \cdots + \alpha_n$$
$$B(p) = \beta_1 p^{n-1} + \beta_2 p^{n-2} + \cdots + \beta_n$$

其中，p 为微分算子，$u(t)$ 为被控系统的控制输入，$y(t)$ 为被控系统的输出，α_i、$\beta_i (i=1,2,3,\cdots)$ 为被控系统的未知常数。

假设：①被控系统仅为输入、输出可观测；②被控系统渐近稳定；③系统为完全可控、可观测；④系统阶数 n 为已知。

根据假设③可以将系统写成如下可观测标准型状态微分方程

$$\begin{cases} \dot{X} = AX(t) + bu(t) \quad X(0) = X_0 \\ y(t) = C^T X(t) \end{cases} \tag{7.3}$$

式中

$$A = \begin{bmatrix} & \vdots & g^T & \\ a & \vdots & \cdots & \\ & \vdots & K & \end{bmatrix}, \quad C^T = \begin{bmatrix} 1 & 0 & \cdots & 0 \end{bmatrix}$$

$X(t)$ 为 n 阶状态向量；$y(t) = x_1(t)$ 为系统输出，即可以直接测定的状态向量仅仅为 $x_1(t)$；向量 a、b 分别为 n 阶常数向量；g 为 $n-1$ 阶常数向量，K 为 $(n-1) \times (n-2)$ 阶常数矩阵，$(g^T K)$ 为已知可观测矩阵对。

1. 可观测标准型

在自适应观测器设计中，可观测矩阵对通常具有如下两种形式，即

$$g^T = \begin{bmatrix} 1 & 0 & \cdots & 0 \end{bmatrix}, \quad K = \begin{bmatrix} 0 & \vdots & & I_{n-2} & \\ \vdots & \vdots & \cdots & \cdots & \cdots \\ 0 & \vdots & 0 & \cdots & 0 \end{bmatrix} \tag{7.4}$$

和

$$g^T = \begin{bmatrix} 1 & 1 & \cdots & 1 \end{bmatrix}, \quad K = \begin{bmatrix} -\lambda_2 & \vdots & \cdots & 0 \\ 0 & -\lambda_3 & & \vdots \\ \vdots & & \ddots & 0 \\ 0 & \cdots & 0 & -\lambda_n \end{bmatrix} \tag{7.5}$$

式中，$\lambda_i > 0, \lambda_i \neq \lambda_j (i, j = 2, 3, \cdots, n)$

由于式（7.2）中参数 α_i、β_i 与式（7.3）中参数 a_i、b_i 之间满足如下关系

$$C^T (sI - A)^{-1} b = \frac{\beta_1 s^{n-1} + \beta_2 s^{n-1} + \cdots + \beta_n}{s^n + \alpha_1 s^{n-1} + \cdots + \alpha_n} \tag{7.6}$$

因此在下面的讨论中，只讨论未知参数 a_i、b_i 的辨识问题。

引进 $n \times n$ 阶稳定矩阵 F，则式（7.3）可以写成如下形式

$$\dot{X}(t) = FX(t) + (a - f) y(t) + bu(t), X(0) = X_0 \tag{7.7}$$

式中

$$F = \begin{bmatrix} & \vdots & g^{\mathrm{T}} \\ f & \vdots & \cdots \\ & \vdots & K \end{bmatrix}, \quad f^{\mathrm{T}} = [f_1 \quad f_2 \quad \cdots \quad f_n]$$

下面讨论根据上述两种形式如何将系统写成可观测标准状态微分方程。

(1) 可观测对 (7.4) 的可观测标准状态微分方程。

用 s^{n-1} 除式 (7.2) 传递函数的分子与分母得

$$sy(s) = -\alpha_1 y(s) - \frac{\alpha_2}{s} y(s) - \cdots - \frac{\alpha_n}{s^{n-1}} y(s) + \beta_1 u(s) + \frac{\beta_2}{s} u(s) + \cdots + \frac{\beta_n}{s^{n-1}} u(s) \quad (7.8)$$

选择系统状态变量

$$x_1 = y(s)$$

$$x_2 = -\frac{\alpha_2}{s} y(s) - \cdots - \frac{\alpha_n}{s^{n-1}} y(s) + \frac{\beta_2}{s} u(s) + \cdots + \frac{\beta_n}{s^{n-1}} u(s)$$

$$x_3 = -\frac{\alpha_3}{s} y(s) - \cdots - \frac{\alpha_n}{s^{n-2}} y(s) + \frac{\beta_3}{s} u(s) + \cdots + \frac{\beta_n}{s^{n-2}} u(s)$$

$$\vdots$$

$$x_n = -\frac{\alpha_n}{s} y(s) + \frac{\beta_n}{s} u(s)$$

根据式 (7.8) 及上述状态变量的选择可得系统状态微分方程为

$$\begin{cases} \dot{x}_1 = -\alpha_1 x_1 + x_2 + \beta_1 u \\ \dot{x}_2 = -\alpha_2 x_1 + x_3 + \beta_2 u \\ \vdots \\ \dot{x}_{n-1} = -\alpha_{n-1} x_1 + x_n + \beta_{n-1} u \\ \dot{x}_n = -\alpha_n x_1 + \beta_n u \end{cases} \quad (7.9)$$

写成矩阵微分方程形式为

$$\dot{X} = \begin{bmatrix} -\alpha_1 & 1 & 0 & \cdots & 0 \\ -\alpha_2 & 0 & 1 & 0 & 0 \\ \vdots & \vdots & & \ddots & \vdots \\ -\alpha_{n-1} & 0 & \cdots & 0 & 1 \\ -\alpha_n & 0 & 0 & \cdots & 0 \end{bmatrix} X(t) + \begin{bmatrix} \beta_1 \\ \beta_2 \\ \vdots \\ \beta_{n-1} \\ \beta_n \end{bmatrix} u(t), \quad X(0) = X_0 \quad (7.10)$$

$$y(t) = [1 \quad 0 \quad \cdots \quad 0] X(t) \quad (7.11)$$

方程式 (7.10) 即为可观测对 (7.4) 的可观测标准状态微分方程。

例 7.1 设有线性定常系统可用下述传递函数描述

$$\frac{y(s)}{u(s)} = \frac{5s+1}{s^5 + 6s^4 + 3s^2 + 4s + 7}$$

试根据可观测对 $g^{\mathrm{T}} = [1 \quad 0 \quad \cdots \quad 0] = [1 \quad 0 \quad 0 \quad 0]$, $K = \begin{bmatrix} 0 & \vdots & & I_{n-2} & \\ \vdots & \vdots & \cdots & \cdots & \cdots \\ 0 & \vdots & 0 & \cdots & 0 \end{bmatrix} =$

$$\begin{bmatrix} 0 & 1 & 0 & 0 \\ 0 & 0 & 1 & 0 \\ 0 & 0 & 0 & 1 \\ 0 & 0 & 0 & 0 \end{bmatrix}$$ 写成可观测标准状态微分方程。

解 根据给定系统传递函数可知

$$\alpha_1 = 6, \ \alpha_2 = 0, \ \alpha_3 = 3, \ \alpha_4 = 4, \ \alpha_5 = 7$$

$$\beta_1 = 0, \ \beta_2 = 0, \ \beta_3 = 0, \ \beta_4 = 5, \ \beta_5 = 1$$

根据式 (7.10),其可观测标准状态微分方程为

$$\dot{X} = \begin{bmatrix} -6 & 1 & 0 & 0 & 0 \\ 0 & 0 & 1 & 0 & 0 \\ -3 & 0 & 0 & 1 & 0 \\ -4 & 0 & 0 & 0 & 1 \\ -7 & 0 & 0 & 0 & 0 \end{bmatrix} X(t) + \begin{bmatrix} 0 \\ 0 \\ 0 \\ 5 \\ 1 \end{bmatrix} u(t)$$

输出方程为

$$y(t) = [1\ 0\ 0\ 0\ 0] X$$

(2) 可观测对 (7.5) 的可观测标准状态微分方程。

用 $(s+\lambda_2)(s+\lambda_3)\cdots(s+\lambda_n)$ 分别除式 (7.2) 传递函数的分子分母,并展开成最简部分分式的形式得

$$\frac{y(s)}{u(s)} = \frac{b_1 + \dfrac{b_2}{s+\lambda_2} + \cdots + \dfrac{b_n}{s+\lambda_n}}{s - a_1 - \dfrac{a_2}{s+\lambda_2} - \cdots - \dfrac{a_n}{s+\lambda_n}}$$

整理上式得

$$sy(s) = a_1 y(s) + \frac{a_2}{s+\lambda_2} y(s) + \cdots + \frac{a_n}{s+\lambda_n} y(s) + b_1 u(s) + \frac{b_2}{s+\lambda_2} u(s) + \cdots + \frac{b_n}{s+\lambda_n} u(s) \tag{7.12}$$

选择状态变量 $x_i(i=2,\cdots,n)$ 为

$$x_i(s) = \frac{1}{s+\lambda_i}[a_i y(s) + b_i u(s)] \tag{7.13}$$

由此可得

$$sy(s) = a_1 y(s) + b_1 u(s) + x_2(s) + x_3(s) + \cdots + x_n(s) \tag{7.14}$$

经拉普拉斯反变换得

$$\begin{cases} \dot{y}(t) = a_1 y(t) + b_1 u(t) + \sum_{i=2}^{n} x_i(t), & y(0) = y_0 \\ \dot{x}_i(t) = -\lambda_i x_i(t) + a_i y(t) + b_i u(t), & x(0) = x_0 \end{cases} \tag{7.15}$$

写成矩阵微分方程形式得

$$\dot{X}(t) = \begin{bmatrix} a_1 & 1 & 1 & \cdots & 1 \\ a_2 & -\lambda_2 & 0 & \cdots & 0 \\ \vdots & 0 & \ddots & 0 & \vdots \\ \vdots & \vdots & 0 & \ddots & 0 \\ a_n & 0 & \cdots & 0 & -\lambda_n \end{bmatrix} X(t) + \begin{bmatrix} b_1 \\ \vdots \\ \vdots \\ \vdots \\ b_n \end{bmatrix} u(t), \quad X(0) = X_0$$

式中

$$y(t) = \begin{bmatrix} 1 & 0 & \cdots \end{bmatrix} X(t)$$
$$X^{\mathrm{T}} = \begin{bmatrix} y(t) & x_2(t) & \cdots & x_n(t) \end{bmatrix}$$

(7.16)

式（7.16）即为可观测对（7.5）的可观测标准状态微分方程及其输出方程。

例7.2 设线性定常系统的传递函数为

$$\frac{y(s)}{u(s)} = \frac{2s^2 + 3s + 2}{s^4 + 5s^3 + 4s^2 + 3s + 6}$$

试根据可观测对

$$g^{\mathrm{T}} = \begin{bmatrix} 1 & 1 & \cdots & 1 \end{bmatrix} = \begin{bmatrix} 1 & 1 & 1 \end{bmatrix}, \quad K = \begin{bmatrix} -\lambda_2 & \vdots & \cdots & 0 \\ 0 & -\lambda_3 & & \vdots \\ \vdots & & \ddots & 0 \\ 0 & \cdots & 0 & -\lambda_n \end{bmatrix} = \begin{bmatrix} -1 & 0 & 0 \\ 0 & -2 & 0 \\ 0 & 0 & -3 \end{bmatrix}$$

写成可观测标准状态微分方程。

解 用多项式$(s+1)(s+2)(s+3)$分别除给定系统传递函数的分子分母，得

$$\frac{y(s)}{u(s)} = \frac{\dfrac{2s^2 + 3s + 2}{(s+1)(s+2)(s+3)}}{\dfrac{s^4 + 5s^3 + 4s^2 + 3s + 6}{(s+1)(s+2)(s+3)}} = \frac{\dfrac{1}{s+1} + \dfrac{-5}{s+2} + \dfrac{6}{s+3}}{s - 1 - \left(\dfrac{-1.5}{s+1} + \dfrac{-8}{s+2} + \dfrac{10.5}{s+3}\right)}$$

则其可观测标准状态微分方程为

$$\dot{X} = \begin{bmatrix} 1 & 1 & 1 & 1 \\ -1.5 & -1 & 0 & 0 \\ -8 & 0 & -2 & 0 \\ 10.5 & 0 & 0 & -3 \end{bmatrix} X(t) + \begin{bmatrix} 0 \\ 1 \\ -5 \\ 6 \end{bmatrix} u(t)$$

其输出方程为

$$y(t) = \begin{bmatrix} 1 & 0 & 0 & 0 \end{bmatrix} X(t)$$

式中

$$X^{\mathrm{T}}(t) = \begin{bmatrix} y(t) & x_2(t) & x_3(t) & x_4(t) \end{bmatrix}$$

2. 系统的非最小实现

一般来说，要实现n阶系统需要n个积分器，但可以使用n个以上的积分器来实现。用一种形式描述一个系统，如果它需要的积分器个数与系统传递函数的阶次相等，则称该系统为最小实现，如果所需要的积分器大于系统传递函数的阶数时，称该系统为非最小实现。为了方便自适应观测器和自适应控制系统的设计，通常需要将系统写成非最小实现的形式。为此，下面简单讨论这个系统的非最小实现的描述问题。

引进已知常数$k_i(i=1,2,\cdots,n)$，则系统的传递函数式（7.2）可以写成如下形式

$$G(s) = \frac{\beta_1 s^{n-1} + \beta_2 s^{n-2} + \cdots + \beta_n}{s^n + (k_1 - l_1)s^{n-1} + (k_2 - l_2)s^{n-2} + \cdots + (k_n - l_n)} \tag{7.17}$$

这里选择 $k_i(i=1,2,\cdots,n)$ 使多项式 $s^n + k_1 s^{n-1} + \cdots + k_n$ 为稳定多项式，则 l_i 满足下列关系

$$l_i = k_i - \alpha_i (i = 1, 2, \cdots, n)$$

用稳定多项式 $s^n + k_1 s^{n-1} + \cdots + k_n$ 分别除式（7.17）的分子与分母，并整理得

$$y(s) = \frac{1}{s^n + k_1 s^{n-1} + \cdots + k_n} \left[(l_1 s^{n-1} + l_2 s^{n-2} + \cdots + l_n) y(s) + (\beta_1 s^{n-1} + \beta_2 s^{n-2} + \cdots + \beta_n) u(s) \right] \tag{7.18}$$

设

$$\begin{cases} f_{yi}(s) = \dfrac{s^{n-i} y(s)}{s^n + k_1 s^{n-1} + \cdots + k_n} \\ f_{ui}(s) = \dfrac{s^{n-i} u(s)}{s^n + k_1 s^{n-1} + \cdots + k_n} \end{cases} \tag{7.19}$$

则式（7.18）可以写成

$$y(s) = \sum_{i=1}^{n} \left[l_i f_{yi}(s) + \beta_i f_{ui}(s) \right] \tag{7.20}$$

将式（7.19）写成向量形式为

$$\begin{cases} \boldsymbol{f}_y(s) = (s\boldsymbol{I} - \boldsymbol{k}^{\mathrm{T}})^{-1} \boldsymbol{C} y(s) \\ \boldsymbol{f}_u(s) = (s\boldsymbol{I} - \boldsymbol{k}^{\mathrm{T}})^{-1} \boldsymbol{C} u(s) \end{cases} \tag{7.21}$$

式中

$$\boldsymbol{f}_y^{\mathrm{T}}(s) = [f_{y1}(s) \quad f_{y2}(s) \quad \cdots \quad f_{yn}(s)]$$

$$\boldsymbol{f}_u^{\mathrm{T}}(s) = [f_{u1}(s) \quad f_{u2}(s) \quad \cdots \quad f_{un}(s)]$$

$$\boldsymbol{k} = \begin{bmatrix} -k_1 & 1 & 0 & \cdots & 0 & 0 \\ -k_2 & 0 & 1 & & & \vdots \\ \vdots & 0 & & \ddots & & 0 \\ \vdots & 0 & \cdots & 0 & & 1 \\ -k_n & 0 & \cdots & & \cdots & 0 \end{bmatrix}, \boldsymbol{C}^{\mathrm{T}} = \begin{bmatrix} 1 & 0 & \cdots & 0 \end{bmatrix}$$

则式（7.20）可写成

$$y(s) = \boldsymbol{l}^{\mathrm{T}} \boldsymbol{f}_y(s) + \boldsymbol{\beta}^{\mathrm{T}} \boldsymbol{f}_u(s) \tag{7.22}$$

在时域中，式（7.21）、式（7.22）分别为

$$\begin{cases} \dot{\boldsymbol{f}}_y(t) = \boldsymbol{k}^{\mathrm{T}} \boldsymbol{f}_y(t) + \boldsymbol{C} y(t), & \boldsymbol{f}_y(0) = 0 \\ \dot{\boldsymbol{f}}_u(t) = \boldsymbol{k}^{\mathrm{T}} \boldsymbol{f}_y(t) + \boldsymbol{C} u(t), & \boldsymbol{f}_u(0) = 0 \end{cases} \tag{7.23}$$

$$y(t) = \boldsymbol{l}^{\mathrm{T}} \boldsymbol{f}_y(t) + \boldsymbol{\beta}^{\mathrm{T}} \boldsymbol{f}_u(t) = \boldsymbol{\Phi}^{\mathrm{T}} \boldsymbol{\xi}(t) \tag{7.24}$$

式中，

$$\boldsymbol{\Phi}^{\mathrm{T}} = (\boldsymbol{l}^{\mathrm{T}} \quad \boldsymbol{\beta}^{\mathrm{T}}), \quad \boldsymbol{\xi}^{\mathrm{T}} = (\boldsymbol{f}_y^{\mathrm{T}} \quad \boldsymbol{f}_u^{\mathrm{T}})$$

式（7.23）称为系统状态变量过滤器，它是由可以测定的输入 $\boldsymbol{u}(t)$、输出 $\boldsymbol{y}(t)$ 构成。由式（7.24）可知，系统输出 $\boldsymbol{y}(t)$ 由系统状态滤波器的输出 $\boldsymbol{f}_u(t)$、$\boldsymbol{f}_y(t)$ 和未知参数 (α, β)

线性组合而成,如图7.1所示。因此,要实现式(7.23)、式(7.24)需要 $2n$ 个积分器,这些积分器远大于式(7.2)分母的阶数,因此称为非最小实现。

图7.1 未知系统的非最小实现

例7.3 设线性定常系统的传递函数为

$$\frac{y(s)}{u(s)} = \frac{s^2+3s+5}{s^3+3s^2+4s+2}$$

试按上述方法写成非最小实现形式。

解:选取稳定多项式 $(s+1)(s+2)(s+3) = s^3+6s^2+11s+6$,则根据式(7.19)可得到

$$f_{y1}(s) = \frac{s^2 y(s)}{s^3+6s^2+11s+6}, f_{y2}(s) = \frac{sy(s)}{s^3+6s^2+11s+6}, f_{y3}(s) = \frac{y(s)}{s^3+6s^2+11s+6}$$

$$f_{u1}(s) = \frac{s^2 u(s)}{s^3+6s^2+11s+6}, f_{u2}(s) = \frac{su(s)}{s^3+6s^2+11s+6}, f_{u3}(s) = \frac{u(s)}{s^3+6s^2+11s+6}$$

则系统状态变量滤波器为

$$\dot{f}_{y1} = y - 6f_{y1} - 11f_{y2} - 6f_{y3}$$

$$\dot{f}_{y2} = f_{y1}$$

$$\dot{f}_{y3} = f_{y2}$$

$$\dot{f}_{u1} = y - 6f_{u1} - 11f_{u2} - 6f_{u3}$$

$$\dot{f}_{u2} = f_{u1}$$

$$\dot{f}_{u3} = f_{u2}$$

写成矩阵微分方程的形式为

$$\dot{\boldsymbol{f}}_y = \begin{bmatrix} -6 & -11 & -6 \\ 1 & 0 & 0 \\ 0 & 1 & 0 \end{bmatrix} \boldsymbol{f}_y + \begin{bmatrix} 1 \\ 0 \\ 0 \end{bmatrix} y = \boldsymbol{k}^{\mathrm{T}} \boldsymbol{f}_y(t) + \boldsymbol{C} y(t)$$

$$\dot{\boldsymbol{f}}_u = \begin{bmatrix} -6 & -11 & -6 \\ 1 & 0 & 0 \\ 0 & 1 & 0 \end{bmatrix} \boldsymbol{f}_u + \begin{bmatrix} 1 \\ 0 \\ 0 \end{bmatrix} u = \boldsymbol{k}^{\mathrm{T}} \boldsymbol{f}_u(t) + \boldsymbol{C} u(t)$$

式中

$$\boldsymbol{f}_y = \begin{bmatrix} f_{y1} & f_{y2} & f_{y3} \end{bmatrix}, \quad \boldsymbol{f}_u = \begin{bmatrix} f_{u1} & f_{u2} & f_{u3} \end{bmatrix}$$

$$\boldsymbol{k} = \begin{bmatrix} -6 & 1 & 0 \\ -11 & 0 & 1 \\ 6 & 0 & 0 \end{bmatrix}, \quad \boldsymbol{C}^{\mathrm{T}} = [1\ 0\ 0]$$

根据系统传递函数得

$$\boldsymbol{\beta}^{\mathrm{T}} = [1\ 3\ 5]$$

$$\boldsymbol{l}^{\mathrm{T}} = [k_1 - \alpha_1 \quad k_2 - \alpha_2 \quad k_3 - \alpha_3] = [3\ 7\ 4]$$

则系统的非最小实现为

$$y(t) = \boldsymbol{l}^{\mathrm{T}} \boldsymbol{f}_y(t) + \boldsymbol{\beta}^{\mathrm{T}} \boldsymbol{f}_u(t) = [3\ 7\ 4]\begin{bmatrix} f_{y1} \\ f_{y2} \\ f_{y3} \end{bmatrix} + [1\ 3\ 5]\begin{bmatrix} f_{u1} \\ f_{u2} \\ f_{u3} \end{bmatrix} = \boldsymbol{\Phi}^{\mathrm{T}} \boldsymbol{\xi}(t)$$

式中

$$\boldsymbol{\Phi}^{\mathrm{T}} = [3\ 7\ 4\ 1\ 3\ 5], \quad \boldsymbol{\xi}^{\mathrm{T}} = [f_{y1}\ f_{y2}\ f_{y3}\ f_{u1}\ f_{u2}\ f_{u3}]$$

7.2.2 典型自适应观测器

1. 可观测对 (7.5) 的典型自适应观测器

设计可观测对 (7.5) 的自适应观测器, 其系统表现是采用式 (7.5)、式 (7.7) 描述的, 在式 (7.7) 中, 选择 $\boldsymbol{f}^{\mathrm{T}} = [-\lambda_1\ 0\ \cdots\ 0]$, 此时, 式 (7.7) 或式 (7.15) 可以写成

$$\begin{cases} \dot{y}(t) = -\lambda_1 y(t) + \sum_{i=2}^{n} x_i(t) + (a_1 + \lambda_1) y(t) + b_1 u(t), y(0) = y_0 \\ \dot{x}_i = -\lambda_i x_i(t) + a_i y(t) + b_i u(t), x_i(0) = x_{0i} \quad (i = 2,3,\cdots,n) \end{cases} \quad (7.25)$$

与式 (7.23) 等价的状态滤波器定义为

$$\begin{cases} \dot{f}_{yi}(t) = -\lambda_i f_{yi}(t) + y(t), & f_{yi}(0) = 0 \\ \dot{f}_{ui}(t) = -\lambda_i f_{ui}(t) + u(t), & f_{ui}(0) = 0 \end{cases} \quad (i=2,3,\cdots,n) \quad (7.26)$$

求解 $x_i(t)$ 得

$$x_i(t) = a_i f_{yi} + b_i f_{ui} + \exp(-\lambda_i t) x_{0i} \quad (i = 1,3,\cdots,n) \quad (7.27)$$

由式 (7.25)~式 (7.27) 可知, 当引进状态滤波器后, 则可以用 $2n-1$ 个积分器来实现式 (7.2) 的 n 阶系统。式 (7.27) 中的 $n-1$ 个状态变量是由未知参数和可测定信号线性组合而成的。

根据式 (7.25) 和式 (7.27) 可设定自适应观测器为

$$\dot{\hat{y}} = -\lambda_1 \hat{y}(t) + \sum_{i=2}^{n} \hat{a}_i(t) f_{yi}(t) + \sum_{i=2}^{n} \hat{b}_i(t) f_{ui}(t) + (\hat{a}_1(t) + \lambda_1) y(t) +$$
$$\hat{b}_1(t) u(t) + \sum_{i=2}^{n} \exp(-\lambda_i t) \hat{x}_0(t) \hat{y}(0) = \hat{y}_0 \quad (7.28)$$

$$\hat{x}_i(t) = \hat{a}_i(t) f_{yi}(t) + \hat{b}_i(t) f_{ui}(t) + \exp(-\lambda_i t) \hat{x}_{0i} \quad (7.29)$$

式中, $\hat{a}_i(t)$、$\hat{b}_i(t)$ 分别为未知参数 a_i、b_i 的可调参数。

这里称式 (7.28) 为估计输出发生器, 称式 (7.29) 为状态变量自适应观测器。

设辨识误差为

$$\varepsilon_1(t) = \hat{y}(t) - y(t) \tag{7.30}$$

由式（7.25）及式（7.28）可求得误差方程为

$$\dot{\varepsilon}_i(t) = -\lambda_1 \varepsilon_1(t) + \sum_{i=2}^{n}(\hat{a}_i(t)-a_i)f_{yi}(t) + \sum_{i=2}^{n}(\hat{b}_i(t)-b_i)f_{ui}(t) +$$
$$\sum_{i=2}^{n}\exp(-\lambda_i t)(\hat{x}_{0i}-x_{0i}) \tag{7.31}$$

式中

$$f_{y1}(t) = y(t),\ f_{u1}(t) = u(t)$$

写成向量形式为

$$\dot{\varepsilon}_1(t) = -\lambda_1 \varepsilon_1(t) + (\hat{\boldsymbol{a}}(t)-\boldsymbol{a})^{\mathrm{T}}\boldsymbol{f}_y(t) + (\hat{\boldsymbol{b}}(t)-\boldsymbol{b})^{\mathrm{T}}\boldsymbol{f}_u(t) + f_e(t) \tag{7.32}$$

式中

$$\hat{\boldsymbol{a}}^{\mathrm{T}} = [\hat{a}_1\ \ \hat{a}_2\ \cdots\ \hat{a}_n],\ \hat{\boldsymbol{b}}^{\mathrm{T}} = [\hat{b}_1\ \ \hat{b}_2\ \cdots\ \hat{b}_n]$$
$$\boldsymbol{f}_y^{\mathrm{T}} = [y\ \ f_{y2}\ \cdots\ f_{ny}],\ \boldsymbol{f}_u^{\mathrm{T}} = [u\ \ f_{u2}\ \cdots\ f_{un}]$$

定义参数误差向量为

$$\boldsymbol{\Phi}^{\mathrm{T}}(t) = [(\hat{\boldsymbol{a}}(t)-\boldsymbol{a}(t))^{\mathrm{T}}\ \ (\hat{\boldsymbol{b}}(t)-\boldsymbol{b}(t))^{\mathrm{T}}] \tag{7.33}$$

状态滤波器的输出向量为

$$\boldsymbol{\xi}^{\mathrm{T}}(t) = [\boldsymbol{f}_y^{\mathrm{T}}(t)\ \ \boldsymbol{f}_u^{\mathrm{T}}(t)] \tag{7.34}$$

则式（7.32）可写成如下形式

$$\dot{\varepsilon}_1(t) = -\lambda_1 \varepsilon_1(t) + \boldsymbol{\Phi}^{\mathrm{T}}(t)\boldsymbol{\xi}(t) + f_e(t) \tag{7.35}$$

在上式中，初始项 $f_e(t)$ 包含有未知初始状态 x_{0i}，但考虑到取 $\lambda_i > 0$ 时 $f_e(t) \to 0$，因而可以将它忽略，利用微分算子 p 表示误差方程可得

$$\varepsilon_1(t) = \omega(p)[\boldsymbol{\Phi}^{\mathrm{T}}\boldsymbol{\xi}(t)] \tag{7.36}$$

式中

$$\omega(p) = 1/(p+\lambda_1)$$

因为，式（7.36）为严格正实函数，因此可以确定环境下的参数调节规律为

$$\dot{\boldsymbol{\Phi}}(t) = -\boldsymbol{\Gamma}\boldsymbol{\xi}(t)\varepsilon_1(t) \tag{7.37}$$

或

$$\begin{cases}\dot{\hat{a}}_1(t) = -\gamma_1 y(t)\varepsilon_1(t)\\ \dot{\hat{a}}_i(t) = -\gamma_1 f_{yi}(t)\varepsilon_1(t)\\ \dot{\hat{b}}_1(t) = -\delta_1 u(t)\varepsilon_1(t)\\ \dot{\hat{b}}_i(t) = -\delta_i f_{ui}(t)\varepsilon_1(t)\end{cases} \tag{7.38}$$

式中，γ_i、δ_i 为矩阵 $\boldsymbol{\Gamma}$ 的对角元素。

这里称式（7.37）或式（7.38）为系统参数自适应辨识器。

应用上述式（7.37）或式（7.38）的参数自适应辨识器（也称为参数调节规律），当 $t \to \infty$ 时，$\varepsilon_1(t) \to 0$，$\hat{\boldsymbol{a}} \to \boldsymbol{a}$，$\hat{\boldsymbol{b}} \to \boldsymbol{b}$，实现了系统参数辨识。上述可观测对（7.5）的自适应观测器结构如图 7.2 所示。

图 7.2 典型自适应观测器

例 7.4 设有线性定常系统，其传递函数为

$$\frac{y(s)}{u(s)} = \frac{2s^2 + 3s + 2}{s^4 + 5s^3 + 4s^2 + 3s + 6}$$

试根据可观测对 $\boldsymbol{g}^{\mathrm{T}} = \begin{bmatrix} 1 & 1 & \cdots & 1 \end{bmatrix}$, $\boldsymbol{K} = \begin{bmatrix} -\lambda_2 & 0 & 0 \\ 0 & -\lambda_3 & 0 \\ 0 & 0 & \lambda_4 \end{bmatrix} = \begin{bmatrix} -1 & 0 & 0 \\ 0 & -2 & 0 \\ 0 & 0 & -3 \end{bmatrix}$ 设计其自适应观测器。

解：由例 7.2 可知，该系统可观测标准状态微分方程为

$$\dot{\boldsymbol{X}}(t) = \begin{bmatrix} & \vdots & \boldsymbol{g}^{\mathrm{T}} \\ \boldsymbol{a} & \vdots & \cdots \\ & \vdots & \boldsymbol{K} \end{bmatrix} \boldsymbol{X}(t) + \boldsymbol{b}\boldsymbol{u}(t)$$

式中

$$\boldsymbol{X}^{\mathrm{T}} = \begin{bmatrix} y(t) & x_2(t) & x_3(t) \end{bmatrix}$$

$$\boldsymbol{a}^{\mathrm{T}} = \begin{bmatrix} a_1 & a_2 & a_3 & a_4 \end{bmatrix} = \begin{bmatrix} 1 & -1.5 & -8 & 10.5 \end{bmatrix}$$

$$\boldsymbol{b}^{\mathrm{T}} = \begin{bmatrix} b_1 & b_2 & b_3 & b_4 \end{bmatrix} = \begin{bmatrix} 0 & 1 & -5 & -6 \end{bmatrix}$$

根据方程式 (7.7)，选择

$$\boldsymbol{f}^{\mathrm{T}} = \begin{bmatrix} -\lambda_1 & 0 & 0 & 0 \end{bmatrix} = \begin{bmatrix} -1 & 0 & 0 & 0 \end{bmatrix}$$

则有

$$\dot{\boldsymbol{X}}(t) = \begin{bmatrix} & \vdots & \boldsymbol{g}^{\mathrm{T}} \\ \boldsymbol{f} & \vdots & \cdots \\ & \vdots & \boldsymbol{K} \end{bmatrix} \boldsymbol{X}(t) + (\boldsymbol{a}-\boldsymbol{f})y(t) + \boldsymbol{b}\boldsymbol{u}(t)$$

$$= \begin{bmatrix} -1 & 1 & 1 & 1 \\ 0 & -1 & 0 & 0 \\ 0 & 0 & -2 & 0 \\ 0 & 0 & 0 & -3 \end{bmatrix} \boldsymbol{X}(t) + (\boldsymbol{a}-\boldsymbol{f})y(t) + \boldsymbol{b}\boldsymbol{u}(t)$$

根据式（7.28），则系统的输出估计为

$$\dot{\hat{y}}(t) = -\hat{y}(t) + \sum_{i=2}^{4} \hat{a}_i(t) f_{yi}(t) +$$

$$\sum_{i=2}^{4} \hat{b}_i(t) f_{ui}(t) + (\hat{a}_1(t) + 1) y(t) + \hat{b}_1(t) u(t) + \sum_{i=2}^{4} \exp(-\lambda_i t) \hat{x}_0$$

$$\hat{x}_i(t) = \hat{a}_i(t) f_{yi}(t) + \hat{b}_i(t) f_{ui}(t) + \exp(-\lambda_i t) \hat{x}_{0i}(t)$$

其中状态滤波器的输出 $f_{yi}(t)$、$f_{ui}(t)$ 由式（7.26）求出，辨识误差为

$$\varepsilon_1(t) = \hat{y}(t) - y(t)$$

其参数调节规律（参数自适应辨识器）为

$$\dot{\hat{a}}_1(t) = -\gamma_1 y(t) \varepsilon_1(t), \quad \dot{\hat{a}}_i(t) = -\gamma_i f_{yi}(t) \varepsilon_1(t) \quad (i=2,3,4)$$

$$\dot{\hat{b}}_1(t) = -\delta_1 u(t) \varepsilon_1(t), \quad \dot{\hat{b}}_i(t) = -\delta_i f_{ui}(t) \varepsilon_1(t) \quad (i=2,3,4)$$

其中，$\hat{\boldsymbol{a}}^T(t) = [\hat{a}_1(t) \quad \hat{a}_2(t) \quad \hat{a}_3(t) \quad \hat{a}_4(t)]$ 为 $\boldsymbol{a}^T = [a_1 \quad a_2 \quad a_3 \quad a_4] = [1 \quad -1.5 \quad -8 \quad 10.5]$ 的辨识参数。

$\hat{\boldsymbol{b}}^T(t) = [\hat{b}_1(t) \quad \hat{b}_2(t) \quad \hat{b}_3(t) \quad \hat{b}_4(t)]$ 为 $\boldsymbol{b}^T = [b_1 \quad b_2 \quad b_3 \quad b_4] = [0 \quad 1 \quad -5 \quad 6]$ 的辨识参数。

7.3 离散系统的自适应观测器

7.3.1 系统表现与问题的设定

设被控系统可以用下述线性定常差分方程描述

$$y(k) + \alpha_1 y(k-1) + \cdots + \alpha_n y(k-n) = \beta_1 u(k-1) + \beta_2 u(k-2) + \cdots + \beta_n u(k-n)$$
(7.39)

写成脉冲传递函数形式为

$$y(k) = \frac{B(q)}{A(q)} u(k) \quad \text{或} \quad y(z) = \frac{B(z)}{A(z)} u(z) \tag{7.40}$$

式中

$$A(q) = q^n + \alpha_1 q^{n-1} + \cdots + \alpha_n$$

$$B(q) = \beta_1 q^{n-1} + \beta_2 q^{n-2} + \cdots + \beta_n$$

其中，q 为差分算子，$u(t)$ 为被控系统控制输入，$y(t)$ 为被控系统的输出，α_i、β_i 为（$i=1,2,3,\cdots$）被控系统的未知参数。

与连续系统类似，这里假定：
(1) 被控系统仅为输入输出可观测；
(2) 被控系统渐近稳定；
(3) 系统为完全可控可观测；
(4) 系统阶数已知。

根据假定（3）可以将系统状态方程写成可观测标准型状态误差方程

$$\begin{cases} X(k+1) = AX(k) + bu(k), X(0) = X_0 \\ y(k) = C^T X(k) \end{cases} \quad (7.41)$$

式中

$$A = \begin{bmatrix} & \vdots & g^T \\ a & \vdots & \cdots \\ & \vdots & K \end{bmatrix}, \quad C^T = \begin{bmatrix} 1 & 0 & \cdots & 0 \end{bmatrix}$$

其中，$X(k)$ 为 n 阶状态向量；$y(k) = x_1(k)$ 为系统输出，仅为可以直接测定的状态向量；a、b 为 n 阶常系数向量；g 为 $n-1$ 阶常数向量；K 为 $(n-1) \times (n-1)$ 常数矩阵；$(g^T \ K)$ 为已知可观测矩阵对，与连续系统一样，它也有两种典型形式，即有

$$g^T = \begin{bmatrix} 1 & 0 & \cdots & 0 \end{bmatrix}, \quad K = \begin{bmatrix} 0 & \vdots & & I_{n-2} & \\ \vdots & \vdots & \cdots & \cdots & \cdots \\ 0 & \vdots & 0 & \cdots & 0 \end{bmatrix} \quad (7.42)$$

$$g^T = \begin{bmatrix} 1 & 1 & \cdots & 1 \end{bmatrix}, \quad K = \begin{bmatrix} -\lambda_2 & \vdots & \cdots & 0 \\ 0 & -\lambda_3 & & \vdots \\ \vdots & & \ddots & 0 \\ 0 & \cdots & 0 & -\lambda_n \end{bmatrix} \quad (7.43)$$

两种。

自适应观测器设计的目的是利用可测定的输入、输出信号，进行未知系统参数辨识和未知系统状态估计。由于连续系统与离散系统之间可以做如下置换关系

$$x(t) \Leftrightarrow x(k), \quad \dot{x}(t) \Leftrightarrow x(k+1), \quad u(t) \Leftrightarrow u(k), \quad y(t) \Leftrightarrow y(k), \quad t \Leftrightarrow k$$

因而离散系统的自适应观测器的设计完全可以仿照连续系统的设计方法进行。在形式上，离散系统自适应观测器与连续系统自适应观测器是完全相同的。

7.3.2 典型离散自适应观测器

下面介绍可观测对 (7.42) 的自适应观测器的设计方法。

引进 $n \times n$ 阶渐近稳定矩阵 F，则式 (7.41) 可写成如下形式

$$X(k+1) = FX(k) + (a-f)y(k) + bu(k), \quad X(0) = X_0 \quad (7.44)$$

式中

$$F = \begin{bmatrix} & \vdots & I_{n-1} \\ f & \vdots & \cdots \\ & \vdots & 0 \cdots 0 \end{bmatrix}, \quad f^T = \begin{bmatrix} f_1 & f_2 & \cdots & f_n \end{bmatrix}$$

定义 $n \times n$ 阶矩阵

$$\begin{cases} R_y(k+1) = FR_y(k) + I_n y(k), & R_y(0) = 0 \\ R_u(k+1) = FR_u(k) + I_n u(k), & R_u(0) = 0 \end{cases} \quad (7.45)$$

假定 $n \times n$ 阶矩阵 $R_i(t)$ $(i = y, u)$ 与 $n \times n$ 阶矩阵存在如下可交换关系

$$R_i(t) F = FR_i(t)$$

求解式 (7.44) 得

$$X(k) = R_y(k)(a-f) + R_u(k)b \quad (7.46)$$

系统的输出为

$$y(k) = f_y^T(a-f) + f_u^T(k)b \tag{7.47}$$

式中

$$f_y(k) = R_y^T(k)C$$
$$f_u(k) = R_u^T(k)C$$

状态滤波器的输出为

$$\begin{cases} f_y(k+1) = F^T f_y(k) + Cy(k), & f_y(0) = 0 \\ f_u(k+1) = F^T f_u(k) + Cu(k), & f_u(0) = 0 \end{cases} \tag{7.48}$$

同样，式（7.46）中，可以通过下面的代数运算而简单求得

$$R_i(k) = \begin{bmatrix} C^T \\ C^T \\ \vdots \\ C^T F^{n-1} \end{bmatrix}^{-1} \begin{bmatrix} f_i^T(k) \\ f_i^T(k) \\ \vdots \\ f_i^T(k) F^{n-1} \end{bmatrix} \tag{7.49}$$

设 $\theta^T = [(a-f)^T \quad b^T] \xi^T(k) = [f_y^T(k) \quad f_u^T(k)]$，则系统输出可以改写成如下形式

$$y(k) = \theta^T(k)\xi(k) \tag{7.50}$$

自适应状态观测器为

$$\hat{X}(k) = R_y(k)[\hat{a}(k) - f] + R_u(k)\hat{b}(k) \tag{7.51}$$

式中，$\hat{a}(k)$、$\hat{b}(k)$ 分别为未知参数 a、b 的可调参数或称为辨识参数，此时系统的估计输出为

$$\hat{y}(t) = \hat{\theta}^T(k)\xi(k) \tag{7.52}$$

辨识误差为

$$\varepsilon_1(k) = \hat{y}(k) - y(k) = \phi^T(k)\xi(k) \tag{7.53}$$

式中

$$\phi^T(k) = [(\hat{a}(k) - a)^T \quad (\hat{b}(k) - b)^T]$$

可推得其参数调节规律为

$$\hat{\theta}(k) = \hat{\theta}(k-1) - \frac{\gamma \varepsilon_1(k)\xi(k-1)}{\xi^T(k-1)\varepsilon(k-1)} \tag{7.54}$$

应用此算法可得当 $k \to \infty$ 时，$\varepsilon_1(k) \to 0$，$\hat{a}(k) \to a$，$\hat{b}(k) \to b$，$\hat{X}(k) \to X(k)$，实现了自适应观测的目的。

例 7.5 设某离散控制系统，其脉冲传递函数为

$$\frac{y(z)}{u(z)} = \frac{z+1}{z^2 + 3z + 2}$$

试根据可观测对 $g^T = [1 \quad 0 \quad \cdots \quad 0]$，$K = \begin{bmatrix} 0 & \vdots & I_{n-2} \\ \vdots & \vdots & \cdots \\ 0 & \vdots & 0 & \cdots & 0 \end{bmatrix}$ 设计其自适应观测器。

解 根据给定系统可知 $n = 2$，所以可观测对

$$\boldsymbol{g}^{\mathrm{T}} = [\,1\,], \quad \boldsymbol{K} = [\,0\,]$$

引进 $n \times n$ 矩阵 $\boldsymbol{F} = \begin{bmatrix} f_1 & 1 \\ f_2 & 0 \end{bmatrix}$，$\boldsymbol{f}^T = [\,f_1 \quad f_2\,] = [\,1 \quad 0\,]$，根据式（7.44）将系统表示成如下形式

$$\boldsymbol{X}(k+1) = \boldsymbol{F}\boldsymbol{X}(k) + (\boldsymbol{a} - \boldsymbol{f})y(k) + \boldsymbol{b}u(k), \quad \boldsymbol{X}(0) = \boldsymbol{X}_0$$

其解为

$$\boldsymbol{X}(k) = \boldsymbol{R}_y(k)(\boldsymbol{a} - \boldsymbol{f}) + \boldsymbol{R}_u(k)\boldsymbol{b}$$
$$y(k) = \boldsymbol{f}_y^{\mathrm{T}}(k)(\boldsymbol{a} - \boldsymbol{f}) + \boldsymbol{f}_u^{\mathrm{T}}(k)\boldsymbol{b}$$

其中 $n \times n$ 矩阵

$$\boldsymbol{R}_y(k+1) = \begin{bmatrix} 1 & 1 \\ 0 & 0 \end{bmatrix} \boldsymbol{R}_y(k) + \begin{bmatrix} 1 & 0 \\ 0 & 1 \end{bmatrix} y(k), \quad \boldsymbol{R}_y(0) = 0$$

$$\boldsymbol{R}_u(k+1) = \begin{bmatrix} 1 & 1 \\ 0 & 0 \end{bmatrix} \boldsymbol{R}_u(k) + \begin{bmatrix} 1 & 0 \\ 0 & 1 \end{bmatrix} u(k), \quad \boldsymbol{R}_u(0) = 0$$

系统状态滤波器描述式为

$$\begin{cases} \boldsymbol{f}_y(k+1) = \boldsymbol{F}^{\mathrm{T}}\boldsymbol{f}_y(k) + \boldsymbol{C}y(k) & f_y(0) = 0 \\ \boldsymbol{f}_u(k+1) = \boldsymbol{F}^{\mathrm{T}}\boldsymbol{f}_u(k) + \boldsymbol{C}y(k) & f_u(0) = 0 \end{cases}$$

式中

$$\boldsymbol{F}^{\mathrm{T}} = \begin{bmatrix} 1 & 0 \\ 1 & 0 \end{bmatrix}, \quad \boldsymbol{C} = \begin{bmatrix} 1 \\ 0 \end{bmatrix}$$

设

$$\boldsymbol{\theta}^{\mathrm{T}} = [\,(\boldsymbol{a}-\boldsymbol{f})^{\mathrm{T}} \quad \boldsymbol{b}^{\mathrm{T}}\,] = [\,a_1 - 1 \quad a_2 \quad b_1\,] = [\,2 \quad 2 \quad 1 \quad 1\,]$$
$$\boldsymbol{\xi}^{\mathrm{T}} = [\,\boldsymbol{f}_y^{\mathrm{T}} \quad \boldsymbol{f}_u^{\mathrm{T}}\,] = [\,f_{y1} \quad f_{y2} \quad f_{u1} \quad f_{u2}\,] = [\,\xi_1 \quad \xi_2 \quad \xi_3 \quad \xi_4\,]$$

则

$$y(k) = \boldsymbol{\theta}^{\mathrm{T}}\boldsymbol{\xi}(k)$$

此时自适应观测器描述式为

$$\hat{\boldsymbol{X}}(k) = \boldsymbol{R}_y(k)(\hat{\boldsymbol{a}}(k) - \boldsymbol{f}) + \boldsymbol{R}_u(k)\hat{\boldsymbol{b}}(k)$$

系统输出估计发生器描述式为

$$\hat{y}(t) = \hat{\boldsymbol{\theta}}^{\mathrm{T}}(k)\boldsymbol{\xi}(k)$$

式中，$\hat{\boldsymbol{\theta}}^{\mathrm{T}}(k) = [\,(\hat{\boldsymbol{a}}(t) - \boldsymbol{f})^{\mathrm{T}} \quad \hat{\boldsymbol{b}}^{\mathrm{T}}(t)\,] = [\,\hat{a}_1(k) - 1 \quad \hat{a}_2(k) \quad \hat{b}_1(k) \quad \hat{b}_2(k)\,]$ 为 $\boldsymbol{\theta}^{\mathrm{T}} = [\,a_1 - 1 \quad a_2 \quad b_1 \quad b_2\,] = [\,2 \quad 2 \quad 1 \quad 1\,]$ 的辨识参数。

$$\boldsymbol{\xi}^{\mathrm{T}} = [\,f_{y1} \quad f_{y2} \quad f_{u1} \quad f_{u2}\,] = [\,\xi_1 \quad \xi_2 \quad \xi_3 \quad \xi_4\,]$$

取辨识误差为

$$\varepsilon_1(k) = \hat{y}(k) - y(k) = \boldsymbol{\Phi}^{\mathrm{T}}(k)\boldsymbol{\xi}(k)$$

此时系统参数调节规律（自适应辨识器）为

$$\hat{\boldsymbol{\theta}}(k) = \hat{\boldsymbol{\theta}}(k-1) - \frac{\gamma\,\varepsilon_1(k)\boldsymbol{\xi}(k-1)}{\boldsymbol{\xi}^{\mathrm{T}}(k-1)\boldsymbol{\xi}(k-1)}$$

7.4 自适应观测器在自适应控制系统中的应用

由于自适应观测器可以同时进行系统参数辨识和系统状态估计，因此，在模型参考自适应控制、极点配置自适应控制等系统中得到广泛应用。图 7.3 所示的系统是一个包含自适应观测器在内的自适应控制系统。图中：$u_m(t)$ 为系统规范输入，$u(t)$ 为被控对象控制输入，$y(t)$ 为被控对象输出，$\hat{x}(t)$ 为估计系统状态，$\hat{A}(t)$ 为辨识参数矩阵，$\hat{b}(t)$ 为辨识参数向量。

图 7.3　包含自适应观测器的自适应控制系统

由图 7.3 可知，包含自适应观测器的自适应控制系统，根据自适应观测器同时进行系统状态估计和系统参数辨识，调节控制器结构参数，构成系统控制器。

为了进一步说明包含自适应观测器的自适应控制系统的构成，先讨论系统状态反馈的自适应配置问题。

设被控系统的动态特性可以用下述状态微分方程描述

$$\begin{cases} \dot{X}(t) = AX(t) + Bu(t), & X(0) = X_0 \\ y(t) = C^T X(t) \end{cases} \tag{7.55}$$

其系统状态反馈控制输入为

$$u(t) = K^T X(t) + u_m(t) \tag{7.56}$$

根据现代控制理论可知，对一个完全可控、完全可观测线性定常系统，通过系统状态反馈，可以实现系统闭环极点任意配置的目的。

设有希望极点的系统特征方程为

$$P(s) = s^n + p_1 s^{n-1} + \cdots + p_n = 0 \tag{7.57}$$

则通过状态反馈后的系统特征方程为

$$|sI - A - BK^T| = 0 \tag{7.58}$$

通过系数比较法，可以求得状态反馈矩阵

$$K = f(A, B, P) \tag{7.59}$$

对于式（7.56）的系统控制输入，当系数矩阵 A、B 为已知，且系统状态为可观测时，这种控制输入是完全可以实现的。但是，自适应控制系统的控制对象是一个未知系统，这里包括系统参数未知、系统状态不可观测。因而，状态反馈矩阵 K 不能根据上述简单方法求得。为此，需要通过自适应观测器，进行系统参数辨识和系统状态估计，用辨识参数 $\hat{A}(t)$ 和 $\hat{B}(t)$ 估计状态 $\hat{X}(t)$ 代替系统未知参数 $A(t)$、$B(t)$ 和未知状态 $X(t)$，构成被控系统的控制输入 $u(t)$，即

$$u(t) = \hat{\boldsymbol{K}}^T \hat{\boldsymbol{X}}(t) + \boldsymbol{u}_m(t) \tag{7.60}$$

式中，$\hat{\boldsymbol{K}} = f(\hat{\boldsymbol{A}}, \hat{\boldsymbol{B}}, \boldsymbol{P})$。

根据上述方法构成的自适应控制系统如图 7.3 所示，实现了自适应观测器和最优控制输入的构成。

习 题

1. 设某离散控制系统，其脉冲传递函数为

$$\frac{y(z)}{u(z)} = \frac{z+1}{z^2 + 3z + 2}$$

试根据可观测对 $\boldsymbol{g}^T = [1 \ 0 \ \cdots \ 0]$，$\boldsymbol{K} = \begin{bmatrix} 0 & \vdots & & \boldsymbol{I}_{n-2} \\ \vdots & \vdots & & \cdots \\ 0 & \vdots & 0 & \cdots & 0 \end{bmatrix}$ 设计其自适应观测器。

2. 某控制系统，其传递函数为

$$\frac{y(s)}{u(s)} = \frac{5s^2 + s + 1}{s^3 + s^2 + 3s + 2}$$

试按可观测对 $\boldsymbol{g}^T = [1 \ 0]$，$\boldsymbol{K} = \begin{bmatrix} 0 & 1 \\ 0 & 0 \end{bmatrix}$ 设计其自适应观测器。

3. 试设计一阶系统

$$y(t) = G(p)u(t)$$
$$G(p) = \frac{b}{p+a}$$

的自适应观测器，式中 a、b 为未知参数，且 $a > 0$。

第8章
自适应控制应用

8.1 自适应控制应用发展历史

自适应控制就是通过自身的改变来适应被控对象或者环境的变化，主要为处理飞行器控制领域相关问题而引入，所以自适应控制在航空宇航领域得到了广泛应用。随着其理论的不断完善，目前已经推广至其他工业部门。到 20 世纪 70 年代，随着控制理论和计算机技术的发展，自适应控制取得了重大进展，在光学跟踪望远镜、化工、冶金、机加工和核电中的成功应用也充分证明了其有效性；此后，自适应控制技术的应用得到了大幅度扩展。目前从美国新的登月计划到临床医学领域，自适应控制技术的应用都方兴未艾。

在这四十年中，自适应控制的发展，可以分为以下三个阶段。

第一阶段：应用探索阶段

从 20 世纪 50 年代初开始到 70 年代初，这是自适应控制的理论、方法产生兴起、应用探索的阶段。在这个阶段，理论和方法尚不成熟，并且在应用上获得了某些失败的教训，即 1957 年利用 MIT 调节规律的美国某试验型飞机失事，对自适应控制产生了怀疑、动摇。相当一部分研究人员退出这个领域。然而也有一批有识志士不畏困难，在理论和应用方面坚持探索研究，满怀希望。

第二个阶段：应用开始阶段

随着控制理论和计算机技术的发展，从 20 世纪 70 年代初开始到 80 年代初，自适应控制有了突破性进展。1973 年，Åström 的自校正调节在造纸厂得到了成功应用。1973 年，吉尔巴特和温斯顿（Gilbart and Winston）在 24 英寸①的光学跟踪望远镜中利用模型参考自适应控制将跟踪精度提高了 5 倍以上。尽管当时应用项目不多，但确实证明自适应控制是有效的。人们对自适应控制的兴趣不断增加，到 20 世纪 80 年代开始，自适应控制的应用，根据帕克斯等人的文章统计至少有 58 项，具有代表性意义的有 6 项。

第三阶段：应用扩展阶段

从 20 世纪 70 年代末 80 年代初到现在，自适应控制技术被进一步推广应用。在这个阶段有以下几个特点。

（1）1981 年，美国 Leeds 和 Northrup 公司提出了一种带有自校正方案的 PID 控制器。

---

① 1 英寸 = 2.54 厘米。

瑞典的 Asea Brown Boveri 在 1982 年推出一种通用的自适应调节器。1984 年瑞典的 SattControl 公司宣告在小型 DDC（直接数字控制）系统中已包含有 PID 调节器的自动整定功能，1986 年发布了一种具有自动整定技术的单回路控制器。美国的 Foxboro 公司在 1984 年推出一种自校正调节器，英国的 Turbull Control 在同年宣布了一种自适应 PID 控制器。1986 年瑞典的 First Control Systems 公司推出了一种自适应调节器。在 1987 年，日本的横河公司宣布了一种自适应 PID 调节器，它的特征与 Foxboro 公司生产的 EXACT 相似。美国的 Fisher Control 公司在 1987 年提出了它的 DPR-900 自动整定 PID 控制器。其中 1981 年 Leeds 和 Northrup 公司生产的 Electromax-V 自适应调节器是一个基于 PID 结构的单回路自适应控制器，该控制器具有自校正调节器的功能，它对一个 2 阶离散时间模型进行参数估计，然后根据这个估计模型用极点配置设计方法算出 PID 调节器的参数。其参数估计和控制算法采用了不同的采样频率。它有三种不同的运行方式，即固定参数方式、自整定方式和自适应方式。从 20 世纪 80 年代初开始到 1988 年 5 月，在世界范围已安装七万个自适应控制回路。

（2）更实用性的新自适应方法和算法大量出现，如广义预测自适应控制，中国的全系数自适应控制方法、组合自校正器、自适应 PID 等。

（3）促进了理论与实际相结合的研究，特别是 Rohrs 等提出具有未建模动态时自适应控制不稳定的问题，引起了人们的极大关注，从而促进了鲁棒自适应控制理论和应用的研究，并取得了很大进展。研究自适应控制理论、方法和应用性的文章越来越多，在国内、国际自动控制大会上，这几年一直是在整个论文总数中占最大比例。

（4）应用范围由少数几个国家扩展到更多的国家，由个别项目扩展到多个项目，由少数领域扩展到多个领域。

下面简单概述一些具体应用方向：

（1）智能化高精密机电或电液系统控制。

自适应控制在智能化高精密机电或电液系统中应用较多的有以下几个领域：机器人、不间断电源、电机或液压伺服系统等的控制。加拿大宇航局的朱文红等提出通过直接测量负载单元的输出力实现液压缸输出力自适应控制的策略。输出力误差不仅用于反馈控制，而且用于动态更新摩擦模型的参数，这样可保证缸内压力误差和输出力误差的 L_2 稳定和 L_∞ 稳定。试验结果表明，缸内压力的良好控制并不能保证输出力的良好控制，并且自适应摩擦补偿比固定参数摩擦补偿效果更好。液压缸输出力控制的优异性能使其动态性能在预定的带宽内与电驱动马达相当，从而可以用一个液压机器人仿效电驱动机器人。圣玛利亚联合大学的 Grundling、Hilton Abilio 等提出了一种修正的全局稳定的鲁棒模型参考自适应迭代控制方法，并用于一种单相不间断电源（UPS）的电压源 PWM 反相器及其相应的 RLC 负载滤波器的控制中，获得了近似正弦的输出电压。同时，他们还提出了一种自适应方法用于对三相 UPS 的控制。对于一类同时具有可重复和不可重复不确定性的非线性系统，普度大学机械工程学院的研究者将自适应鲁棒控制和迭代控制结合起来构造了一种面向性能的控制律。在确定的已知边界条件函数下，迭代控制算法用来学习和逐步接近未知的可重复非线性，鲁棒性的构造则用于削弱各种不确定性的影响，尤其是不可重复不确定性的影响，从而保证了直线电机驱动系统的瞬态特性和最终的跟踪精度。江苏大学的孙宇新等基于单神经元设计出用于感应电机矢量控制的自适应磁链和转速控制器，利用神经元的自学习功能在线调节连接权重。该控制系统的动态性能良好。

(2) 工业过程控制。

工业过程自 20 世纪 30 年代后期以来已越来越依赖自动化装置，反馈控制是通用的控制方法，经历了从比例控制到智能控制的发展历程。最近 30 多年，自适应策略在工业过程控制中获得了广泛的应用，主要包括化工过程、造纸过程、食品加工过程、冶金过程、钢铁制造过程、机械加工过程等应用领域。大连理工大学的张志军将两个多层模糊神经网络分别用于化工过程系统辨识和控制，通过不断更新模糊成员函数来实现自适应控制。结合运用 BFGS 和最小二乘算法在线训练神经网络，使模型的精度提高，从而控制性能大大提高，克服了模型不匹配和时变的影响。卷烟工艺烘丝过程中烟丝含水率的变化具有较强的非线性、不确定性和大滞后特性，同时存在干扰和噪声，运用常规 PID 算法难以达到期望的控制效果。某单位采用无模型自适应控制器结合渐近辨识方法对烘丝过程的烟丝含水率控制系统进行改造，降低了干头干尾的数量，提高了卷烟生产质量。宝钢股份公司将高速稳态自适应控制技术拓展到带钢生产控制上，进一步减少了带钢头尾厚度超差的长度，提高了产品的质量和产量。自动调节切削用量以适应切削过程中不断变化的加工条件，保证切削效果最优，这是自适应切削原理。美国密西根大学的 A. Galip Ulsoy 通过调整进给率来控制金属切削过程中的切削力，给出了分别用于切削和磨削的两种自适应控制系统。他还将自适应控制应用于加工过程的误差补偿和由切削力引起的刀具磨损在线监测。

(3) 航天航空、航海和特种汽车无人驾驶。

飞行体控制表面的偏转所产生的力矩是速度、高度和功角的函数，因此，飞行过程中其传递函数始终在发生很大的变化，线性控制系统无法获得满意的结果。随着飞机性能的不断提升，尤其是宇宙飞船的出现，航天航空领域对自适应控制的兴趣日益增加。美国宇航局（NASA）的 Gupta Pramod 等经过研究认为，必须对基于神经网络的自适应控制器性能进行适当的监测和评估以后，才能将其安全可靠地用于现代巡航导弹控制，并给出了利用贝叶斯方法的查证和确认方法及其在 NASA 的智能飞行控制系统中的模拟结果。辛辛那提大学的 Gary Slater Slater 利用自适应方法大大改善飞机在起飞阶段的爬升性能预测，即根据测试和计算的能量比率自适应调整飞行器推力依赖度，这样有利于飞机在爬升过程中与空中的其他飞行器合流。由于海况变化较大，在大型船舶自动驾驶仪中采用自适应控制取代传统的 PID 控制，可提高经济性、精确度和自动化程度。到 20 世纪 80 年代，除了航向，船舶的侧摆也可通过方向舵液压伺服系统的自适应调节加以控制。在装备 RTK GPS 传感器的农用车的精确导航中，传统的控制率在不打滑的情况下能获得满意的控制精度。但是在有斜坡的湿地，打滑不可避免。Roland Lenain 等设计了一种非线性自适应控制律，根据对打滑的实时评估来修正车辆的运动，使控制精度在存在打滑时仍得以保持。

(4) 柔性结构与振动和噪声的控制。

迈切斯特大学的顾志强等结合 RBF 神经网络辨识器和 PID 神经网络控制器构成建筑结构自适应控制系统。对于受外部扰动（不同的地震载荷）的线性单自由度建筑结构，该控制方法能有效地抑制其振动。密西根科技大学的 John Schuhze 等对一种类似机翼的悬臂梁柔性结构采用了自适应模态空间控制。对于时变系统，该控制器的频带较宽，且具有很好的解耦性能。

(5) 电力系统的控制。

自适应策略在电力系统控制中的应用主要包括锅炉蒸汽温度和压力控制、锅炉燃烧效率的优化控制、互连电力系统发电量控制等方面。针对电厂主蒸汽温度调节的大时滞和不确定性，我国东北电力大学的顾俊杰等采用自适应 PSD 控制方法，并结合运用内模控制器进行控制。与传统的 PID 控制系统相比，自适应 PSD 控制算法简单、计算量小，并且能减少超调量、加快相应速度、缩短稳定时间。东南大学的胡一倩等对 PID 模糊控制器的参数进行自适应调整，并将其用于锅炉过热蒸汽温度的控制，取得了满意的效果。哈尔滨工业大学的徐立新等结合专家经验得出燃气轮机模糊 PI 控制规律，并据此设计了透平转速和排气温度的模糊自适应 PI 控制器，提高了燃气轮机的性能且实现非常方便。

另外，自适应控制在非工业领域中也有不少应用，简单列举如下。

（1）在社会、经济和管理领域中的应用。

新西兰纳皮尔大学管理学院数学和统计中心皮尔森研究了当需求不确定时，报刊批发商如何自适应地确定最佳的报刊供应量，以使成本最低、利润最大。美国的明尼苏达大学武克强等通过灵敏度分析研究了将自适应控制理论应用于服务质量设计和保证中所存在的问题，并提出了一种自适应双重控制结构来减轻这种局限性。

（2）在环境和生物医学领域中的应用。

在水处理过程中，投药单耗与原水的浊度和温度密切相关，而原水水质随季节改变，且每年相同季节的原水水质也会有所不同。深圳市清泉水系统工程设备有限公司叶昌明等研制了一种自适应控制投药设备。该设备可自动学习最佳投药控制规律，并根据水质及环境状态选择最佳投药量。

自适应控制在临床医学中的应用发展非常迅速。南加利福尼亚大学的 Jelliffe，Roger W. 利用自适应方法来控制后续的庆大霉素血清药物浓度。通过采用基于贝叶斯方法的开环反馈自适应药物代谢控制系统，并仔细对照病人的临床表现与适用模型的输出（生理表现），医生就可以确定最适合该病人的治疗目标。清华大学的郝智秀和申永胜发明了一种假手握力自适应控制装置，以实现假手握物感觉的反馈。该控制装置使截肢者使用肌电假手时有真肢感。

自适应控制虽然具有很大优越性，可是经过了几十年的发展，到目前为止其应用仍不够广，究其原因，主要是因为存在以下几方面的问题：

①自适应控制在理论上很难得到一般解，给推广应用带来了困难。

②目前的参数估计方法都是在理想情况下随时间趋于无穷而渐近收敛，而实际工程应用需要在有限时间内快速收敛的参数估计方法。

③有些自适应控制器启动过程或过渡过程的动态性能不满足实际要求。

④控制精度与参数估计的矛盾。

⑤低阶控制器中存在高频未建模。

⑥测量精度直接影响控制器参数，进而影响系统性能。

对应上述存在的问题，自适应控制研究在今后一段时期内的发展方向将包括以下几个方面：

①在保证自适应控制精度的前提下，研究快速收敛的参数估计算法。

②研究鲁棒自适应控制方法，解决高频未建模问题。

③解决自适应控制系统启动阶段和过渡过程的参数收敛和动态性能问题。

④自适应控制方案的规范化，即提高其通用性和开放性。

⑤研究组合自适应控制策略，主要有自适应 PID 控制和智能自适应控制。

接下来用几个具体的例子来说明自适应控制理论的具体应用，了解如何应用基本的自适应控制理论来解决工程问题。

8.2 导弹自适应滑模制导律

8.2.1 问题模型

本节对导弹目标拦截问题进行自适应滑模制导律设计，采用了自适应滑模的控制方法设计控制器，通过调整参数估计的可调增益，估计系统所受不确定性的大小。最后通过 Matlab 对设计的制导律进行仿真，说明该方法的具体效果。

为了研究导引规律，选取某一时间区间 Δt 起始时刻的视线坐标系 $Ox_4y_4z_4$ 作为末制导过程中目标–导弹相对运动的参考系，在 Δt 内此参考系仅随导弹平动。这样，末制导过程中的相对运动可以解耦成纵向平面 Ox_4y_4 内的运动和侧向平面 Ox_4z_4 内的运动。

以纵平面内的运动为例，设在 Δt 内，视线倾角的增量为 q_ε，则

$$\sin q_\varepsilon(t) = \frac{y_4(t)}{R(t)} \tag{8.1}$$

式中，$R(t)$ 代表导弹与目标之间的相对距离；$y_4(t)$ 代表 Δt 时间内 Oy_4 方向上的相对位移。若时间区间 Δt 足够小，则 $q_\varepsilon(t)$ 是一个很小的量。因此

$$q_\varepsilon(t) = \frac{y_4(t)}{R(t)} \tag{8.2}$$

将式（8.2）进行微分得到

$$\dot{q}_\varepsilon(t) = \frac{\dot{y}_4(t)}{R(t)} - y_4(t)\frac{\dot{R}(t)}{R^2(t)} \tag{8.3}$$

将 $y_4(t) = R(t)q_\varepsilon(t)$ 代入式（8.3）得到

$$\dot{q}_\varepsilon(t) = -\frac{\dot{R}(t)}{R(t)}q_\varepsilon(t) + \frac{\dot{y}_4(t)}{R(t)} \tag{8.4}$$

对式（8.4）进行微分得到

$$\ddot{q}_\varepsilon(t) = -\frac{\dot{R}(t)}{R(t)}\dot{q}_\varepsilon(t) - \frac{\ddot{R}(t)R(t) - \dot{R}^2(t)}{R^2(t)}q_\varepsilon(t) + \frac{\ddot{y}_4(t)}{R(t)} - \frac{\dot{y}_4(t)\dot{R}(t)}{R^2(t)} \tag{8.5}$$

把 $\dot{y}(t) = \dot{R}(t)q_\varepsilon(t) + R(t)\dot{q}_\varepsilon(t)$ 代入式（8.5），得到

$$\ddot{q}_\varepsilon(t) = -\frac{\dot{R}(t)}{R(t)}\dot{q}_\varepsilon(t) - \frac{2\dot{R}^2(t)}{R^2(t)}\dot{q}_\varepsilon(t) - \frac{\ddot{R}(t)}{R(t)}q_\varepsilon(t) + \frac{\ddot{y}_4(t)}{R(t)} \tag{8.6}$$

式中

$$\ddot{y}_4(t) = -a_m(t) + a_t(t) \tag{8.7}$$

代表导弹和目标机动加速度在 Oy_4 方向上的分量。

取状态变量 $x_1 = q_\varepsilon(t), x_2 = \dot{q}_\varepsilon(t)$，那么可得状态方程

$$\begin{bmatrix} \dot{x}_1 \\ \dot{x}_2 \end{bmatrix} = \begin{bmatrix} 0 & 1 \\ -a_1(t) & -a_2(t) \end{bmatrix} \begin{bmatrix} x_1 \\ x_2 \end{bmatrix} + \begin{bmatrix} 0 \\ b(t) \end{bmatrix} u + \begin{bmatrix} 0 \\ d(t) \end{bmatrix} f \tag{8.8}$$

式中，$a_1(t) = \dfrac{\ddot{R}(t)}{R(t)}$；$a_2(t) = \dfrac{2\dot{R}(t)}{R(t)}$；$b(t) = -\dfrac{1}{R(t)}$；$d(t) = \dfrac{1}{R(t)}$；$u = a_m(t)$ 为控制量；$f = a_t(t)$ 为干扰量。

8.2.2 自适应滑模制导律设计

为了使系统状态方程对参数摄动和干扰具有鲁棒性，考虑用变结构控制理论设计制导律，希望在制导过程中 $\dot{q}_\varepsilon(t)$ 趋于零。因此，选取滑模为

$$s = R(t)\dot{q}_\varepsilon(t) \tag{8.9}$$

为了保证系统状态能够达到滑模，而且在到达滑模的过程中有优良的动态特性，可以应用趋近律来推导出控制器。一般的指数趋近律、等速趋近律等只适用于线性时不变系统，而系统状态方程是一个线性时变系统，因此需要构造对时变参数具有自适应性的滑模趋近律来保证滑模达到良好的动态特性。

自适应趋近律的一般形式可以表达为

$$\dot{s} = -f(s,p) - \varepsilon(p)\operatorname{sign}(s), \quad \varepsilon(p) > 0 \tag{8.10}$$
$$f(0,p) = 0, \quad sf(s,p) > 0, \quad s \neq 0$$

式中，p 代表系统参数。

这里，令系统状态方程的自适应滑模趋近律为

$$\dot{s} = -k\frac{|\dot{R}(t)|}{R(t)}s - \varepsilon\operatorname{sign}(s), \quad k = \text{const} > 0, \quad \varepsilon = \text{const} > 0 \tag{8.11}$$

当 $R(t)$ 较大时，适当放慢趋近滑模的速率；当 $R(t) \to 0$ 时，则使趋近速率迅速增加，确保 $\dot{q}_\varepsilon(t)$ 不发散，从而令导弹有较高的命中精度。

将式（8.9）代入式（8.11）得到

$$R(t)\dot{x}_2 = [-k|\dot{R}(t)| - \dot{R}(t)]x_2 - \varepsilon\operatorname{sign}(x_2) \tag{8.12}$$

再将式（8.8）代入式（8.12），并得到

$$u = (k+1)|\dot{R}(t)|x_2 - \ddot{R}(t)x_1 + \varepsilon\operatorname{sign}(x_2) + f \tag{8.13}$$

在实际应用中，干扰 f 无法得到，因此易实现的自适应滑模制导律为

$$u = (k+1)|\dot{R}(t)|x_2 - \ddot{R}(t)x_1 + \varepsilon\operatorname{sign}(x_2) \tag{8.14}$$

下面对此制导律的稳定性进行分析。

根据 Lyapunov 第二法，取一个 Lyapunov 函数 $V = \dfrac{x_2^2}{2}$。将此函数对时间进行微分，并代入系统状态方程，得到

$$\dot{V} = x_2\left(-\frac{\ddot{R}}{R}x_1 - \frac{2\dot{R}}{R}x_2 - \frac{u}{R} + \frac{f}{R}\right) \tag{8.15}$$

将式（8.14）代入式（8.15）得到

$$\dot{V} = \frac{(k-1)\dot{R}}{R}x_2^2 - \frac{\varepsilon\operatorname{sign}(x_2) - f}{R}x_2 \tag{8.16}$$

当 $k > 1$ 时，若 $\varepsilon > |f|$，那么 $\dot{V} < 0$。

假设 $k > 1$，$\varepsilon > |f|$，$\dot{R} \leq -\beta < 0$，$0 < R \leq \lambda$，β 和 λ 是常数，则

$$\dot{V} = \frac{(k-1)\dot{R}}{R}x_2^2 - \frac{\varepsilon \operatorname{sign}(x_2) - f}{R}x_2 \leqslant -\frac{2(k-1)\beta}{\lambda}V$$

于是得出

$$V(t) \leqslant V_0 \mathrm{e}^{-\frac{2(k-1)\beta}{\lambda}t} \tag{8.17}$$

进一步推出

$$V(t) \to 0, t \to \infty$$

亦即 $x_2 = \dot{q}_\varepsilon \to 0$，$t \to \infty$。

因此，只要选取 $k>1$，$\varepsilon > |f|$，就可以保证视线转动率为 0，从而进一步得到较小的脱靶量。

纵向平面的自适应滑模制导律为

$$a = (k+1)|\dot{R}(t)|\dot{q}_\varepsilon(t) - \ddot{R}(t)q_\varepsilon(t) + \varepsilon \operatorname{sign}(\dot{q}_\varepsilon(t)) \tag{8.18}$$

同理，可得到侧向平面的自适应滑模制导律为

$$a = (k+1)|\dot{R}(t)|\dot{q}_\beta(t) - \ddot{R}(t)q_\beta(t) + \varepsilon \operatorname{sign}(\dot{q}_\beta(t)) \tag{8.19}$$

8.2.3 应用效果

设置仿真初始条件如下：导弹初始位置为 $x = 601\,344.347\,652\,777$ m，$y = 678\,167.854\,878\,935$ m，$z = -363\,579.797\,069\,676$ m，初始速度为 $v_x = 6 \times 10^3$ m/s，$v_y = 500$ m/s，$v_z = -800$ m/s；目标初始位置为 $x_t = 774\,512.579\,687\,037$ m，$y_t = 867\,422.380\,650\,525$ m，$z_t = -398\,143.972\,942\,624$ m；初始速度为 $v_{xt} = 0$ m/s，$v_{yt} = -6\,200$ m/s，$v_{zt} = 300$ m/s；应用 Matlab 仿真计算分析，仿真结果如图 8.1 ~ 图 8.4 所示。

图 8.1 过载指令曲线

图 8.2 视线转动率曲线

图 8.3 视线角曲线

图 8.4 脱靶量曲线

在与目标接近过程中,视线转动率是不断增大的,从图 8.1 可以看出指令门限也是随相对距离的减少逐渐增大的,图 8.2 给出了视线转动率曲线,视线转动率是趋近于零的,但由于控制门限的不断变化,在接近过程中,控制量是逐步变化的,以保证不超调带来燃料的多余消耗。图 8.3 给出了视线角变化情况。图 8.4 是 y、z 方向的脱靶量变化情况,通过控制视线转动率,从而使脱靶量逐渐趋近于零,实现最终的直接碰撞。

8.3 针对火星探测器的自适应模型逆控制器设计

8.3.1 问题背景

把人类送上月球及火星是未来深空探测的主要目标,与以往的机器人火星探测任务不同,载人火星任务对着陆器设计提出了新的挑战,比如精确着陆要求(在欲着陆点 100 m 以内),这样可以确保一系列着陆器能送到指定探测点,为航天员提供生活所需要的补给。为了实现高精度着陆要求,火星大气进入段着陆器必须实现可控飞行。其次,针对载人探测任务来说,不仅需大量试验及保障设施,还需要为航天员在未来几个月的太空飞行中提供适当的生活空间。因此,传统的机器人探测圆锥形气动外形已不能满足任务需求,本节采用胶囊状着陆器(见图 8.5),作为潜在的未来载人火星探测器。

对于载人火星探测制导律及控制器设计来说,最大的挑战来自火星大气的不确定性。火星大气密度以及阵风、火星沙暴会随着季节以及经纬度变化存在剧烈变化,除了火星环境的不确定性因素外,着陆器自身的参数在几个月的太空航行中也可能会产生变化,因此,控制器必须能够补偿任何质量与惯性以及重心波动带来的影响。

图 8.5　胶囊状着陆器进入轨迹

学者们已经对火星大气进入段制导及控制做了大量研究，如在中制导律用神经网络算法来补偿火星大气的不确定性。

自适应控制在着陆器轨迹跟踪中可以自动计算调节控制增益参数以适应外界环境的变化，因此具有较好的鲁棒性。本节研究了自适应控制方法在火星大气进入段的应用，来处理环境及着陆器自身不确定性带来的影响。其主要贡献在于针对火星大气进入段存在大气密度不确定性、着陆器气动参数不确定性以及着陆器惯性矩不确定性下，设计了一种自适应控制律，控制对象为如图 8.5 所示的胶囊状平台。自适应控制算法使用的是 Texas A&M 大学开发的结构自适应模型逆（SAMI）控制算法，通过数值仿真确定了各种不确定性对控制性能的影响以及 SAMI 控制算法能承受的最大倾侧角机动。

8.3.2　自适应模型逆控制器设计

SAMI 是基于结构模型自适应控制以及线性反馈和动态逆的概念。动态逆要求平台有精确的数学模型，然而由于各种固有不确定性的存在，不可能获得物理系统的精确数学模型。可以采用自适应控制器内置补偿动态逆控制器来补偿不确定性产生的偏差。结构模型参考自适应控制的概念利用了系统的运动方程可以分解成独立的动力学方程和运动学方程，其中运动学方程精确已知，这样可以把所有的不确定性建立在动力学模型中。因此，系统的自适应机制仅严格限制包含不确定参数的动量矩方程。

SAMI 控制方法已经应用于具有平滑机动的轨迹跟踪中，并且可以处理较大的模型偏差及有界扰动；特别地，该方法已经应用在战斗机机动控制中。然而，由于 SAMI 算法必须要求非奇异轨迹，因此所有动力学必须有详细的数学模型。由于本节的控制对象是火星胶囊状着陆器，目前最大的挑战是采用 SAMI 控制器跟踪一系列阶跃输入非平滑离散指令，每次当新指令产生的时候会存在奇异值，因此针对参考轨迹拟合一条平滑的多项式曲线，从而保证控制器可以准确跟踪参考轨迹。即使是一条平滑轨迹，也必须考虑指令的幅值，避免导致过大的输入超过发动机的最大功率。

这里采用的系统动力学方程及运动学方程可以写成式（8.20）、式（8.21）的形式：

$$\dot{q} = f(q, \omega) \tag{8.20}$$

$$\dot{\omega} = g(q, \omega, p) + H(q, \omega) + h(q, \omega, p)u \tag{8.21}$$

式中，q 为以经典的罗德里格斯表示的参数姿态矢量，ω 为角速度矢量，都是连续函数，p 为包含不确定性参数的矢量。对于火星大气进入段着陆器来说，式（8.20）表示刚体运动学方程，式（8.21）可以表示成欧拉动力学方程，如下所示：

$$\dot{q} = \frac{1}{2}A(q)\omega \tag{8.22}$$

$$I^*\dot{\omega} = \omega \times I^*\omega + u + T_{\text{aero}} \tag{8.23}$$

式中，$A(q)$ 表示经典罗德里格斯参数运动学矩阵，I^* 为飞行器真实惯性矩，u 为控制输入，T_{aero} 为火星大气产生的气动力矩。因为控制器的目的是使控制偏差趋于零，故误差动力学方程可表示成式（8.24）的形式：

$$\ddot{e} + C\dot{e} + Ke = 0 \tag{8.24}$$

式中，C、K 是设计的正定系数矩阵，误差定义为 $e = q - q_r$，为了得到偏差动力学的一阶以及二阶微分，对运动学方程求关于时间的导数，再代入姿态动力学方程可得

$$\ddot{q} = \frac{\partial f}{\partial q}\dot{q} + \frac{\partial f}{\partial \omega}\dot{\omega} = \frac{\partial f}{\partial q}\dot{q} + \frac{\partial f}{\partial \omega}[g(q, \omega, p) + H(q, \omega) + h(q, \omega, p)u] \tag{8.25}$$

现在已知 $\dot{q}$、$\ddot{q}$、q，以及 $\dot{q}_r$、$\ddot{q}_r$、q_r 事先设定，将它们代入误差动力学方程可得

$$\frac{\partial f}{\partial q}\dot{q} + \frac{\partial f}{\partial \omega}[g(q, \omega, p) + H(q, \omega) + h(q, \omega, p)u] - \ddot{q}_r + C(\dot{q} - \dot{q}_r) + K(q - q_r) = 0 \tag{8.26}$$

对于火星载人着陆探测器来说，上式相关方程定义成如下形式：

$$\frac{\partial f}{\partial \omega} = A(q) \tag{8.27}$$

$$\frac{\partial f}{\partial q} = \frac{1}{2}\begin{bmatrix} 2\omega_1 q_1 & \omega_2 q_1 & \omega_3 q_1 \\ \omega_1 q_2 & 2\omega_2 q_2 & \omega_3 q_2 \\ \omega_1 q_3 & \omega_2 q_3 & 2\omega_3 q_3 \end{bmatrix} \tag{8.28}$$

$$h = [I^*]^{-1} \tag{8.29}$$

$$H = [I^*]^{-1}(\omega \times I^*\omega) \tag{8.30}$$

$$g = \frac{1}{2}\rho v^2 S_{\text{ref}} l_{\text{ref}} \begin{bmatrix} \dfrac{c_{l_\beta}\beta}{I_x^*} \\ \dfrac{c_{m_\alpha}\alpha}{I_y^*} \\ \dfrac{c_{n_\beta}\beta}{I_z^*} \end{bmatrix} \tag{8.31}$$

式中，S_{ref} 为着陆器的参考面积；l_{ref} 为着陆器参考长度；c_{l_β}、c_{m_α}、c_{n_β} 为着陆器阻尼力矩系数。式（8.31）中既包含已知参数，也包含未知参数，需要将它们进行分离。火星进入问题中最关键的未知参数是火星大气密度 ρ，其次是着陆器气动力矩系数，因此需要把不确定性参数从 g 中分离出来。控制器增益需要设计成能够自动补偿上述不确定性，因此 g 可以表述成如下形式：

$$g = \frac{1}{2}V^2 S_{\text{ref}} l_{\text{ref}} [I^*]^{-1} \begin{bmatrix} \beta & 0 & 0 \\ 0 & \alpha & 0 \\ 0 & 0 & \beta \end{bmatrix} \rho \begin{bmatrix} c_{l_\beta} \\ c_{m_\alpha} \\ c_{n_\beta} \end{bmatrix} \tag{8.32}$$

上述表述形式可以简写成 $g = GL$，其中 G 包含已知参数，L 包括所有未知参数。G 中的参数对于控制器来说都是精确已知的；参数 L 主要包括气动力矩系数以及火星大气密度，控制器不能精确知道。L 中不确定性参数的影响可以通过设计控制律完全忽略真实值而仅利用通过自适应控制律计算得到的估计值创建。G、L 表示成式（8.33）、式（8.34）所示形式：

$$G = \frac{1}{2}V^2 S_{\text{ref}} l_{\text{ref}} [I^*]^{-1} \begin{bmatrix} \beta & 0 & 0 \\ 0 & \alpha & 0 \\ 0 & 0 & \beta \end{bmatrix} \tag{8.33}$$

$$L = \rho \begin{bmatrix} c_{l_\beta} \\ c_{m_\alpha} \\ c_{n_\beta} \end{bmatrix} \tag{8.34}$$

通过上述误差动力学方程各式推导，可以得到控制律 u 的表达式。因为控制律无法获得着陆器精确的惯性矩信息，控制律中着陆器惯性矩为估计值 $[I]$ 而不是真实值 $[I^*]$，因此，控制律可写成式（8.35）的形式：

$$\begin{aligned} u &= -\left[\frac{\partial f}{\partial \omega}[I]^{-1}\right]^{-1} \left[\frac{\partial f}{\partial \omega}(GL + H) + \frac{\partial f}{\partial q}\dot{q} - \ddot{q}_r + C(\dot{q} - \dot{q}_r) + K(q - q_r)\right] \\ &= [I]\left[GL + \frac{\partial f^{-1}}{\partial \omega}\left(\frac{\partial f}{\partial \omega}H + \frac{\partial f}{\partial q}\dot{q} - \ddot{q}_r + C(\dot{q} - \dot{q}_r) + K(q - q_r)\right)\right] \end{aligned} \tag{8.35}$$

为了简化起见，控制律写成

$$u = -[I](GL + \Psi) \tag{8.36}$$

其中：

$$\Psi = \frac{\partial f^{-1}}{\partial \omega}\left[\frac{\partial f}{\partial \omega}H + \frac{\partial f}{\partial q}\dot{q} - \ddot{q}_r + C(\dot{q} - \dot{q}_r) + K(q - q_r)\right] \tag{8.37}$$

式（8.36）中，控制律需要知道 L 及 I 的值，因此自适应控制律针对两参数单独设计。L 和 I 真实值用 L^* 和 I^* 表示，估计值表示成 $L(t)$ 及 $I(t)$，自适应控制律针对真实值与估计值之间的偏差设计，参数偏差定义成下式：

$$\begin{cases} \tilde{L} = L(t) - L^* \\ \tilde{I} = I(t) - I^* \end{cases} \tag{8.38}$$

控制方程定义为 $GL + \Psi + I^{-1}u = 0$，在误差动力学方程右端加减真实状态的控制方程及含有未知参数的控制方程可得

$$\ddot{e} + C\dot{e} + Ke = GL + \Psi + I^{-1}u - GL^* + \Psi + I^{*-1}u \tag{8.39}$$

由上式可得误差微分方程：

$$\ddot{e} = -C\dot{e} - Ke + G\tilde{L} + \tilde{I}^{-1}u \tag{8.40}$$

其中，$C = k_1 + k_2$，$K = k_1 k_2$ 为正定矩阵，选定如式（8.41）所示的正定 Lyapunov 函数：第一项及第二项包含倾侧角偏差及其导数，第三项、第四项包含 $\tilde{L}$ 及 $\tilde{I}^{-1}$ 的自适应律。

$$V = \frac{1}{2}(\dot{e}+k_1e)^{\mathrm{T}}(\dot{e}+k_2e) + \frac{1}{2}\tilde{L}^{\mathrm{T}}\Gamma_1^{-1}\tilde{L} + \frac{1}{2}(\tilde{I}^{-1})^{\mathrm{T}}\Gamma_1^{-1}(\tilde{I}^{-1}) \tag{8.41}$$

根据上式可以求得 Lyapunov 函数关于时间的一阶导数:

$$\begin{aligned}\dot{V} &= (\dot{e}+k_1e)^{\mathrm{T}}(\ddot{e}+k_1\dot{e}) + \tilde{L}^{\mathrm{T}}\Gamma_1^{-1}\dot{\tilde{L}} + (\tilde{I}^{-1})^{\mathrm{T}}\Gamma_2^{-1}(\dot{\tilde{I}}^{-1}) \\ &= (\dot{e}+k_1e)^{\mathrm{T}}[-(k_1+k_2)\dot{e}-k_1k_2e+G\tilde{L}+\tilde{I}^{-1}u+k_1\dot{e}] + \tilde{L}^{\mathrm{T}}\Gamma_1^{-1}\dot{\tilde{L}} + (\tilde{I}^{-1})^{\mathrm{T}}\Gamma_2^{-1}(\dot{\tilde{I}}^{-1}) \\ &= -k_2(\dot{e}+k_1e)^{\mathrm{T}}(\dot{e}+k_1e) + [(\dot{e}+k_1e)^{\mathrm{T}}G\tilde{L}+\tilde{L}^{\mathrm{T}}\Gamma_1^{-1}\dot{\tilde{L}}] + [(\dot{e}+k_1e)^{\mathrm{T}}\tilde{I}^{-1}u+(\tilde{I}^{-1})^{\mathrm{T}}\Gamma_2^{-1}(\dot{\tilde{I}}^{-1})]\end{aligned} \tag{8.42}$$

为了满足控制系统的稳定性条件,Lyapunov 函数的导数必须是半负定的,故可设上式第二项和第三项的值为零,以满足半正定条件,所以可以求得 L 及 $\tilde{I}^{-1}$ 的自适应律:

$$\begin{cases}\dot{\tilde{L}} = -\Gamma_1 G^{\mathrm{T}}(\dot{e}+k_1e) \\ \dot{\tilde{I}}^{-1} = -\Gamma_2 u(\dot{e}+k_1e)^{\mathrm{T}}\end{cases} \tag{8.43}$$

上式给出了控制方程(8.36)的自适应控制律,可以满足跟踪性能及稳定性需求。为了证明跟踪偏差动力学方程的渐近稳定性,本节采用 Barbalat's 引理,由式(8.40)右端时变部分可知,系统是非自动的。因为 $\dot{V} \leqslant 0$,$V \geqslant 0$,可知 V 中所有项 $V \in L_\infty$,如 $\{e, \dot{e}, \tilde{L}, \tilde{I}^{-1}\} \in L_\infty$,这是因为项 $\dot{e}+k_1e \in L_\infty$ 表面都是 $\dot{e}$、e 一致有界的,对 Lyapunov 函数的导数 $\dot{V}$ 在区间 $[0, \infty]$ 中积分,可知 $\dot{e}+k_1e \in L_2 \cap L_\infty$。现在分析误差二阶导数 $\ddot{e}$,因为参考轨迹的状态变量都是有界的,通过 u 的表达式知 $u \in L_\infty$。因此式(8.40)右端所有项都是有界的,所以有 $\ddot{e} \in L_\infty$,由 Barbalat's 引理知,当 $t \to \infty$ 时,$\dot{e}+ke \to 0$。利用终值定理可知,当 $t \to \infty$ 时,$e \to 0$,所以姿态偏差最终渐近收敛到零。

由式(8.43)知,自适应律与学习速率 Γ_1、Γ_2 有关,同时,该自适应控制律并不能保证参数估计的收敛,而只能保证姿态偏差的收敛。

8.3.3 数值仿真及结果分析

本部分主要通过数值仿真分析了 SAMI 控制律在存在大气密度不确定性、气动参数不确定性以及着陆器惯性矩不确定性条件下对飞行轨迹的跟踪性能。与给定大气不确定性百分比不同的是,该仿真中设定控制器对大气密度完全未知,表明控制器可以适应最恶劣的大气环境。着陆器进入点的初始速度为 7.3 km/s,初始高度为 125 km,初始倾侧角为 89°,初始角偏差为 3°。

该控制器的调整参数通过系统跟踪平滑轨迹的阶跃响应确定,这些参数包括增益 C、K,学习速率 Γ_1、Γ_2,以及 L、I^{-1} 的初始值。仿真中误差动力学增益 $C = 0.1 \mathrm{diag}([1\ 1\ 1])$,$K = 10 \mathrm{diag}([1\ 1\ 1])$,惯性矩的估计初始值设为真实值的 80%;$L$ 的初始值设为零向量,因为该向量主要由大气密度及气动力系数构成,在大气进入初始点都为小量。自适应控制律的学习速率 $\Gamma_1 = 10^2 \mathrm{diag}([1\ 1\ 1])$,$\Gamma_2 = 10^{-5} \mathrm{diag}[1\ 1\ 1]$。学习速率的选取并不是最关键的,因为存在不同可能的学习速率组合针对不同的阶跃响应幅值,因此寻找合适的学习速率组合使其适应未知参数向量 I^{-1} 以及 L 需要多步迭代。关于惯性矩倒数的自适应律必须足够小,因为惯性矩倒数为小量;而对于未知参数向量 L 需要较大的学习速率,因为火星大气密度随高度变化剧烈。

着陆器自身参数及 RCS 控制系统参数分别如表 8.1 及表 8.2 所示。

表 8.1 着陆器惯性矩及几何特征参数

参数	真实初始状态
质量/kg	3 000
I_{xx},I_{yy},I_{zz}/(kg·m^2)	2 983,4 909,5 683
参考面积 S_{ref}/m^2	11.045
参考长度 l_{ref}/m	6.323
重心位置 x_{cg},y_{cg},z_{cg}/m	0.182,0,−0.175

表 8.2 RCS 控制系统特性

项目	单推力/N	力臂/m	最小力矩/(N·m)	最大力矩/(N·m)
滚转	28	1.88	2 喷嘴 105	6 喷嘴 316
俯仰	28	2.98	2 喷嘴 83	喷嘴 501
偏航	95	2.98	单喷嘴 283	3 喷嘴 849

仿真主要包括纵向运动学模型和自动动力学模型,控制系统主要针对姿态动力学系统。

图 8.6 展示了控制器的阶跃响应倾侧角跟踪曲线及其偏差,由图示可知,跟踪偏差很快趋于零,在 10 s 内即可满足跟踪性能。图 8.7 显示的是控制器的输入,可知,控制力矩都在 RCS 控制范围之内。SAMI 控制器可在 12 s 之内跟踪倾侧角变化达 170°,且不会超过控制输入极值。

图 8.6 SAMI 倾侧角控制阶跃响应曲线

图 8.7 阶跃响应控制输入

图 8.8、图 8.9 展示了两种情况下控制器的跟踪性能：第一种情况，假设火星大气密度真实已知时 SAMI 控制器的响应曲线；第二种情况，着陆器采用估计大气密度时 SAMI 的响应曲线。由图 8.6 可知，两种情况下控制器的跟踪偏差基本重合。图 8.7 显示了着陆器机动需要的控制输入，滚转及偏航力矩输入相似，而俯仰控制输入因引入大气密度及气动力系数未知而变化较大，这是因为防御力矩系数比偏航及滚转系数对姿态偏差更敏感。

图 8.8 SAMI 阶跃响应曲线

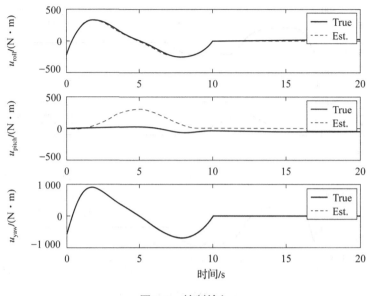

图 8.9 控制输入

由前面控制律设计可知,SAMI 控制器可以估计惯性矩的逆 $[I^{-1}]$,本部分对比分析了当惯性矩完全已知及存在偏差时控制器的跟踪性能。图 8.10、图 8.11 显示了控制器在两种不同情况下都可以很好地跟踪参考轨迹。倾侧角偏差以及控制输入幅值基本相似,主要不同点在初始时刻控制输入的振荡。由图 8.11 可知,当估计惯性矩趋于稳定的时候,控制输入信号幅值与真实情况一样平滑。图 8.12 所示为阶跃响应中 SAMI 估计及真实惯性矩曲线。

图 8.10 阶跃响应曲线

图 8.11　控制输入曲线

图 8.12　阶跃响应中 SAMI 估计及真实惯性矩曲线

本部分仿真分析了三种不确定性共同作用对控制性能的影响,可以帮助分析控制性能的极值。图 8.13、图 8.14 对比分析了已知所有参数真实值以及采用估计值时控制器的性能,

图 8.13　SAMI 阶跃响应曲线

由图 8.14 可知,当已知参数真实值时,控制器可以更快地收敛到零,俯仰及滚转方向联合输入超过了发动机能够提供的最大输出力矩,但当俯仰方向喷嘴工作时,滚转方向发动机喷嘴力矩趋于零,反过来亦然。因此输入要求并没有超过 6 台喷嘴同时工作提供的最大力矩。图 8.15 显示了着陆器的估计惯性矩以及真实惯性矩曲线,显然,估计惯性矩并没有收敛于真实值,但估计惯性矩趋于一个常值(当倾侧角偏差收敛的时候)。这说明 SAMI 控制器可以很好地跟踪参考轨迹。

图 8.14　SAMI 控制输入力矩

图 8.15　SAMI 估计惯性矩及真实惯性矩曲线图

对于载人火星探测大气进入段控制问题,SAMI 控制器在存在大气密度不确定性、着陆器气动力矩系数及惯性矩不确定性的条件下,可以自适应控制着陆器的跟踪轨迹。但是,SAMI 控制器的设计由于动力学结构及模型不同需要一定的经验,同时 SAMI 的参数调节必须根据自适应律对不同大气密度计着陆器惯性矩的敏感性不同做出适当的调整,因为大气密度随高度变化剧烈且控制律是着陆器惯性矩的显函数,控制器必须对参数估计速度敏感。由仿真结构可知,SAMI 在着陆器大气进入段基本满足跟踪性能需求。

8.4 基于模型参考自适应的四旋翼控制器设计

8.4.1 问题定义

四旋翼飞行器是当今无人机领域研究和使用非常广泛的一种机型。四旋翼由于其结构简单,可靠性好,易于组装,被广泛应用于消费级无人机、植保无人机、航拍器等领域。

四旋翼的姿态控制方案已有很多,最常见和用途最广的是 PID 控制器。PID 控制器的思想是将四旋翼的三轴姿态小角度近似,忽略非线性耦合项,使三轴通道解耦,对每个通道单独设计 PID 控制器,可以实现对四旋翼的一个较为理想的控制效果。

为了寻求更好的控制效果,人们提出了诸多的高级控制器,自适应控制器就是一种被广泛关注的控制器,它的优点是能够适应四旋翼模型的各种参数的变化。针对四旋翼动力学线性化的模型,有研究者设计了模型参考自适应控制器,使系统抗干扰能力增强。也有研究者设计了四旋翼的模型参考自适应 LQR 控制器,使系统能够抗转动惯量的变化所带来的影响。针对四旋翼的线性化模型,考虑诸多系统的不确定性设计模型参考自适应律,使得系统在不确定增益和有偏扰动中具有很好的鲁棒性。有研究人员设计了基于神经网络的自适应逆模型控制方法,试验中表现出了很好的优越性和鲁棒性。

为了解决姿态动力学非线性项给系统带来的干扰,反馈线性化的方法受到了广泛的关注。柯艺杰等人基于欧拉角的方法针对四旋翼的非线性动力学设计了反馈线性化控制器,使系统具有更好的响应特性和抗干扰性能。

本节针对四旋翼矩阵形式的姿态动力学模型,保留非线性耦合项,设计了反馈线性化控制器进行非线性补偿。针对四旋翼转动惯量矩阵的不确定性,对该反馈线性化控制器设计了模型参考自适应律。为了验证其正确性,利用 Simulink 进行了仿真。仿真结果表明,本节所设计的自适应控制器能够使可调参数收敛于期望值,并且使可调系统的输出渐近收敛于参考模型的输出。

8.4.2 四旋翼控制模型

假设四旋翼的四个螺旋桨能够输出任意方向的控制力矩,且控制器输出的力矩指令不超过四旋翼动力系统的执行能力,忽略螺旋桨的滞后效应和陀螺效应,即四旋翼的动力系统为理想的力矩输出器。

四旋翼的姿态动力学方程为

$$I\dot{\omega} = T - [\omega \times]I\omega \tag{8.44}$$

式中,I 为四旋翼的转动惯量矩阵,T 为本体系下四旋翼的输出力矩,ω 为本体系下四旋翼的角速度矢量,$[\omega \times]$ 为 ω 的反对称矩阵。

四旋翼的姿态运动学方程为

$$\dot{q} = \frac{1}{2}q\omega \tag{8.45}$$

式中，q 为四旋翼的姿态四元数。

由于姿态运动学中不存在不确定参数，姿态动力学中存在不确定转动惯量矩阵 I，所以本部分只针对四旋翼的角速度控制器设计自适应调节器，姿态运动学控制不参与自适应控制过程，故本部分中自适应控制器的功能如图 8.16 所示。

图 8.16　四旋翼控制器系统框图

基于反馈线性化的思想，选取参考模型的角速度控制器描述式为

$$T = \alpha I(\omega_d - \omega) + [\omega \times]I\omega \tag{8.46}$$

式中，ω_d 为指令角速度，α 为反馈刚度。因此得到参考模型的微分方程为

$$\dot{\omega} = \alpha(\omega_d - \omega) \tag{8.47}$$

由于转动惯量矩阵 I 为不确定参数，在可调系统的控制器中不能被直接使用，所以选取的可调系统控制器描述式为

$$T = \alpha K(\omega_d - \omega) + [\omega \times]K\omega \tag{8.48}$$

式中，矩阵 K 为可调参数。得到可调系统动态特性方程为

$$\dot{\omega} = \alpha I^{-1}K(\omega_d - \omega) - I^{-1}[\omega \times](K - I)\omega \tag{8.49}$$

需选取矩阵 K 的调节律 $\dot{K}$，使矩阵 K 的取值趋向于转动惯量矩阵 I。

8.4.3　基于 Lyapunov 函数的模型参考自适应控制律设计

设 ω_m 为参考模型的角速度输出，ω_p 为可调系统的角速度输出，得到 ω_m 和 ω_p 满足的微分方程分别如式 (8.50) 和式 (8.51) 所示：

$$\dot{\omega}_m = \alpha(\omega_d - \omega_m) \tag{8.50}$$

$$\dot{\omega}_p = \alpha I^{-1}K(\omega_d - \omega_p) - I^{-1}[\omega_p \times](K - I)\omega_p \tag{8.51}$$

定义误差角速度 ω_e 满足

$$\omega_e = \omega_m - \omega_p \tag{8.52}$$

对式 (8.52) 求导并代入式 (8.50) 和式 (8.51)，得到 ω_e 满足的微分方程为

$$\dot{\omega}_e = -\alpha\omega_e + \alpha I^{-1}(I - K)(\omega_d - \omega_p) + I^{-1}[\omega_p \times](I - K)\omega_p \tag{8.53}$$

定义矩阵 Φ 满足

$$\Phi = I - K \tag{8.54}$$

将式（8.54）代入式（8.53）得到

$$\dot{\boldsymbol{\omega}}_e = -\alpha\boldsymbol{\omega}_e + \alpha\boldsymbol{I}^{-1}\boldsymbol{\Phi}(\boldsymbol{\omega}_d - \boldsymbol{\omega}_p) + \boldsymbol{I}^{-1}[\boldsymbol{\omega}_p \times]\boldsymbol{\Phi}\boldsymbol{\omega}_p \qquad (8.55)$$

选取 Lyapunov 函数为

$$V = \frac{1}{2}\boldsymbol{\omega}_e^\mathrm{T}\boldsymbol{I}\boldsymbol{\omega}_e + \frac{1}{2}\mathrm{tr}(\boldsymbol{\Phi}^\mathrm{T}\boldsymbol{P}\boldsymbol{\Phi}) \qquad (8.56)$$

对式（8.56）求导，得到

$$\dot{V} = -\alpha\boldsymbol{\omega}_e^\mathrm{T}\boldsymbol{I}\boldsymbol{\omega}_e + \alpha\boldsymbol{\omega}_e^\mathrm{T}\boldsymbol{\Phi}(\boldsymbol{\omega}_d - \boldsymbol{\omega}_p) + \boldsymbol{\omega}_e^\mathrm{T}[\boldsymbol{\omega}_p \times]\boldsymbol{\Phi}\boldsymbol{\omega}_p + \mathrm{tr}(\dot{\boldsymbol{\Phi}}^\mathrm{T}\boldsymbol{P}\boldsymbol{\Phi}) \qquad (8.57)$$

根据矩阵迹的性质，有式（8.58）、式（8.59）成立。

$$\alpha\boldsymbol{\omega}_e^\mathrm{T}\boldsymbol{\Phi}(\boldsymbol{\omega}_d - \boldsymbol{\omega}_p) = \mathrm{tr}(\alpha(\boldsymbol{\omega}_d - \boldsymbol{\omega}_p)\boldsymbol{\omega}_e^\mathrm{T}\boldsymbol{\Phi}) \qquad (8.58)$$

$$\boldsymbol{\omega}_e^\mathrm{T}[\boldsymbol{\omega}_p \times]\boldsymbol{\Phi}\boldsymbol{\omega}_p = \mathrm{tr}(\boldsymbol{\omega}_p\boldsymbol{\omega}_e^\mathrm{T}[\boldsymbol{\omega}_p \times]\boldsymbol{\Phi}) \qquad (8.59)$$

将式（8.58）、式（8.59）代入式（8.57）得到

$$\dot{V} = -\alpha\boldsymbol{\omega}_e^\mathrm{T}\boldsymbol{I}\boldsymbol{\omega}_e + \mathrm{tr}(\alpha(\boldsymbol{\omega}_d - \boldsymbol{\omega}_p)\boldsymbol{\omega}_e^\mathrm{T}\boldsymbol{\Phi} + \boldsymbol{\omega}_p\boldsymbol{\omega}_e^\mathrm{T}[\boldsymbol{\omega}_p \times]\boldsymbol{\Phi} + \dot{\boldsymbol{\Phi}}^\mathrm{T}\boldsymbol{P}\boldsymbol{\Phi}) \qquad (8.60)$$

由式（8.60）的形式能够看出，只要保证式（8.61）成立，就可以保证 Lyapunov 函数小于等于零，即式（8.62）成立。

$$\alpha(\boldsymbol{\omega}_d - \boldsymbol{\omega}_p)\boldsymbol{\omega}_e^\mathrm{T}\boldsymbol{\Phi} + \boldsymbol{\omega}_p\boldsymbol{\omega}_e^\mathrm{T}[\boldsymbol{\omega}_p \times]\boldsymbol{\Phi} + \dot{\boldsymbol{\Phi}}^\mathrm{T}\boldsymbol{P}\boldsymbol{\Phi} = 0 \qquad (8.61)$$

$$\dot{V} = -\alpha\boldsymbol{\omega}_e^\mathrm{T}\boldsymbol{I}\boldsymbol{\omega}_e \leq 0 \qquad (8.62)$$

化简式（8.61），得到最终的自适应律满足

$$\dot{\boldsymbol{K}} = (\alpha(\boldsymbol{\omega}_d - \boldsymbol{\omega}_p)\boldsymbol{\omega}_e^\mathrm{T} + \boldsymbol{\omega}_p\boldsymbol{\omega}_e^\mathrm{T}[\boldsymbol{\omega}_p \times])^\mathrm{T}\boldsymbol{P}^{-1} \qquad (8.63)$$

8.4.4 仿真验证

本部分利用 Simulink 对该自适应控制律进行了 60 s 仿真，选取仿真参数如下所示：

$$\boldsymbol{I}_{0\sim30\,\mathrm{s}} = \begin{bmatrix} 2 & 0.6 & -0.2 \\ 0.6 & 2 & 0.3 \\ -0.2 & 0.3 & 3 \end{bmatrix}(\mathrm{kg}\cdot\mathrm{m}^2)$$

$$\boldsymbol{I}_{30\sim60\,\mathrm{s}} = \begin{bmatrix} 3 & 0 & -0.2 \\ 0 & 3 & 1 \\ -0.2 & 1 & 4 \end{bmatrix}(\mathrm{kg}\cdot\mathrm{m}^2)$$

$$\boldsymbol{K}_{0\,\mathrm{s}} = \begin{bmatrix} 0 & 0 & 0 \\ 0 & 0 & 0 \\ 0 & 0 & 0 \end{bmatrix}(\mathrm{kg}\cdot\mathrm{m}^2)$$

$$\boldsymbol{P} = \begin{bmatrix} 1 & 0 & 0 \\ 0 & 1 & 0 \\ 0 & 0 & 1 \end{bmatrix}$$

$$\alpha = 10$$

在控制输入中，$\boldsymbol{\omega}_d$ 的 x、y、z 分量分别加以不同频率的正弦信号。图 8.17 为 $\boldsymbol{\Phi}$ 矩阵各个元素随时间的变化曲线。图 8.18 为 $\boldsymbol{\omega}_p$ 收敛于 $\boldsymbol{\omega}_m$ 的变化曲线。

图 8.17 Φ 矩阵变化曲线（附彩插）

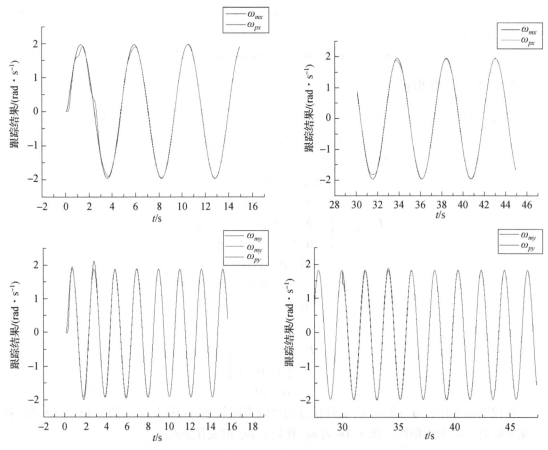

图 8.18 ω_p 收敛于 ω_m 的变化曲线（附彩插）

图 8.18　ω_p 收敛于 ω_m 的变化曲线（续）（附彩插）

从仿真结果可以看出，这里设计的自适应控制律能使可调系统的输出收敛于参考模型的输出。本节针对四旋翼角速度控制系统设计了反馈线性化控制器以抵消姿态动力学非线性项的影响。进而根据反馈线性化控制器的结构特点，基于李雅普诺夫稳定性理论设计了模型参考自适应控制器。仿真结果表明，本部分的模型参考自适应控制器能够使系统的自适应参数收敛到期望值，使可调系统的输出趋向于参考模型的输出。

第9章
采用自适应控制的半实物仿真试验

9.1 问题描述

半实物仿真，又称为物理－数学仿真，即硬件在回路中（Hardware in the Loop）的仿真。半实物仿真对部分系统建立数学模型，将其转换成可计算的仿真模型，然后将另一部分用实物（或物理模型）引入仿真回路。在本章中，我们将基于半实物仿真系统来进行自适应控制理论的应用试验，使读者能了解如何进行理论联系实际的过程，帮助读者建立相应的半实物仿真系统，并测试各自的基于自适应控制理论算法。

对于飞行器来说，半实物仿真是一种将飞行器制导控制部件引入仿真回路，并为其提供真实的工作环境，实物以外采用数学仿真方法。半实物仿真优点众多，比如该仿真方法避免了建模困难的问题，采集了丰富的数据资源，验证了数学仿真结果，提高了仿真置信度等，是不可缺少的研究方法。半实物仿真技术是在条件允许的情况下尽可能地在仿真系统中接入实物，以取代相应部分的数学模型，这样更接近实际使用模式，从而得到更确切的信息。与数学仿真相比，半实物仿真更具有真实性，并具有减少制导武器系统研制周期和节省研制费用等优点。

激光制导武器是精确制导武器家族中重要一员，以其精度高、成本低、威力大、使用方便等特点，受到世界各国的青睐。而仿真技术已经成为研制制导武器必不可少的手段，也是制导武器控制系统研制工作的强有力工具。据美国大西洋导弹试验基地的统计，90%的武器系统鉴定、评估数据来自半实物仿真试验的结果。

制导武器的研制和发展加快了常规武器制导化的进程，但制导武器由于弹体上普遍装有导引头、自动驾驶仪、舵机等制导精密部件，价格较普通常规武器要昂贵许多。因此如果在制导武器系统研制过程中仍然采用以实弹射击方式进行飞行试验，势必会带来高昂的试验经费开支。采用半实物仿真试验，能使大量制导部件工作在较为真实的环境中，以弥补外场飞行试验次数的不足，从而对其性能进行评估、改进其质量、节省研制成本、缩短研制周期，达到事半功倍的作用，具有良好的技术效益。

半实物仿真填补了全数字/混合仿真与实际外场试验之间的空档。数字仿真效费比较高，在实际硬件制造之前可以模拟武器系统的性能，但其置信度不高，因为许多数学模型是理想化的，且诸多子系统之间的相互作用难以预测和建模，而半实物仿真，把导弹的导引头等主要部件置于回路中对系统进行仿真，避开了数学建模的复杂性和不准确性，提高了仿真的精度及结果的可靠性和可信度。另外,在半实物仿真中,可重复的仿真条件还可以验证数据的可靠性和可用性。

半实物仿真的目的:

(1) 对研制系统原理及参数进行合理性研究,对各部件参数进行优选,对可能性故障进行分析研究。

(2) 通过数学仿真和半实物仿真试验全面考察在研设备系统的正确性及其战术指标要求的合理性,为在研设备的设计与研制提供质量保障。

(3) 为激光制导武器的环境适应性、抗干扰能力和制导律研究提供一个试验的硬、软件环境,为在研设备的静态和动态性能测试提供一个硬、软件平台。

半实物仿真具体功能体现在以下几个方面:

(1) 在更接近实战环境下检验制导控制系统的功能。由于半实物仿真系统可将更多的制导控制部件实物接入仿真回路中,构成一个武器系统闭环的半实物仿真系统,通过试验可推导出置信度更高的制导武器系统捕获目标概率以及命中精度等全系统性能指标。

(2) 研究某些关键部件和环节特性对制导控制系统的影响,提出改进措施。制导武器系统复杂,制导部件繁多,通过各个分系统的半实物仿真试验,如分析弹体姿态变化对于导引头隔离度的影响、惯性器件性能对于制导精度的影响、激光制导武器系统稳瞄平台对制导精度的影响、射手人在回路对制导系统精度的影响,将各个制导与控制分系统制导部件实物分别纳入仿真回路中,分析分系统对于武器系统制导精度的影响,从而指定各个分系统的性能指标以及改进措施,以保证整个武器系统的性能。

(3) 检验各子系统特性和设备的可靠性。目前,大量的制导控制分系统的地面质量检验手段都比较简单,不能够完全模拟武器全系统真实的工作状态来检验分系统的可靠性。通过半实物仿真试验系统将关键制导部件如导引头、自动驾驶仪(包括姿态陀螺、速率陀螺、角加速度陀螺、线加速度计等惯性器件以及弹上计算机等电子器件)纳入制导武器系统仿真回路中,较为真实地模拟真实飞行环境,使得每个关键制导部件的可靠性得到更加真实可靠的检验和评估。

仿真技术是制导武器研制的必要环节,其具有的优势有:

(1) 经济性:节约试验实弹数量、试验时间。

(2) 灵活性:灵活设置初始条件,不受气候、环境、干扰的影响。

(3) 安全性:边界试验,考核极限能力。

(4) 可重复性:可复现故障。

(5) 信息多样性:考核各部件和系统的性能,通过靶场和武器自身的遥测、测试数据,可以获取丰富的信息。

20世纪60年代,美国就非常重视制导武器的半实物仿真研究和应用,把模拟和仿真技术看作是降低导弹防御和战术导弹武器系统生命周期和费用的切实可行的手段,并且在制导武器系统的开发方面,应用模拟和仿真技术已经有几十年的历史了,并认为系统的半实物仿真是武器研制成功的关键之一。世界上一些先进国家都非常重视仿真技术在武器系统研制与试验鉴定中的作用,美国、德国、以色列和俄罗斯等军事强国都建立了仿真试验系统,用于武器装备的研制及试验鉴定。美国大多数主要的航天和国防承包商都有一个或多个半实物仿真实验室,这些实验室代表了当前世界先进水平。其先进性体现在:①有高速高精度的仿真机；②有先进完备的环境模拟设备。在国内，半实物仿真技术在导弹制导、火箭控制、卫星姿态控制等应用研究方面也达到了较高水平。

美国陆军导弹司令部的先进仿真中心为美国计划执行署和负责为美国陆军研制并部署战术精确制导导弹和子弹药的项目提供了半实物仿真支持。该先进仿真中心还承担协作性半实物仿真任务以支持其他军种、北约成员国和其他美国盟国。半实物仿真提供了一种可在模拟的飞行环境中考核导弹制导和控制系统硬件的方法，仿真试验时输入导弹传感器的信号使系统如同处在真实作战状态中。实时计算机用来控制目标、干扰信号特征和作战场景，实时模拟导弹飞行动力学（即对制导和控制系统的硬件软件发出指令的响应），以便确定导弹的航迹，计算目标拦截条件。自 20 世纪 80 年代至今，先进仿真中心已研制出 10 多套半实物仿真设施。这些设施包括由基于特征测量的数学模型作支持的专用信号生成设备和辐射室。它们提供微波、毫米波、红外和可见光频段内的目标特征、干扰和背景场景。

半实物仿真系统在武器系统研制、鉴定试验、作战训练的过程中发挥了重要作用，产生了巨大的军事、经济效益，这充分说明了军方建立仿真系统的作用和意义。北约各国也纷纷效仿美国的做法，建立自己军方的仿真系统。20 世纪 80 年代以来，我国建设了一批高水平、大规模的半实物仿真系统，其主要是针对本单位研制的具体设备来进行仿真系统设计，用于验证设计思想、设计原理、设计方案的合理性，但缺乏充分建立在实物试验基础上的动态校准过程。不过这些半实物仿真系统还是在武器型号研制中发挥了重大作用。从应用的广泛程度看，已经从早期的航空、航天、火力发电和核动力发电部门扩展到今天的军事、电子、通信、交通、舰船、冶金、建筑、气象、地质、机械制造、轻工、技术训练等多种行业和部门，其应用已渗透到系统生命周期的全过程。半实物仿真作为仿真技术的一个分支，涉及领域极广，包括机电技术、液压技术、控制技术、接口技术等。近年来，国内外都在该领域投入了不少的人力物力，也取得了一定的成果。总的来说，对半实物仿真系统方面的研究，在仿真精度及方案合理性方面还有很大的发展空间。从某种角度上讲，一个国家的半实物仿真技术发展水平也代表其整体的军事科技实力。

9.2 半实物仿真试验平台的构建

9.2.1 半实物仿真系统构建

通常情况下，旋转飞行器半实物仿真系统主要由仿真计算机、转台系统、漫反射幕、目标模拟器以及负载模拟器等五部分组成，下面对这五部分的功能与特点进行介绍。

1. 仿真计算机

仿真计算机主要用于建立实体对象和仿真环境的数学模型，并对其模型程序进行计算仿真，是整个闭环系统的核心部分。由于半实物仿真系统本质上是实时仿真系统，因此仿真计算机需要具备较好的实时性，通常在建模时会根据不同计算速率对程序进行模块化划分，由仿真计算机按不同模块划分进行调用运行。早期的仿真计算机主要为模拟机，虽然具有较好的实时性，但计算精度较低，不适用于复杂系统模型的计算。

随着计算机微电子技术的日渐成熟，高性能的全数字仿真计算机以运算速度快、仿真精度高、实时性好的特点逐渐替代了模拟机，成了半实物仿真计算机选取的主要对象。其典型代表有美国的 AD 系统仿真机和 iHawk 仿真机、德国的 dSPACE 仿真机以及我国自主研发的银河系列和海鹰系列仿真机。

2. 转台系统

转台系统主要由转台设备、功率柜、上位机、下位机和电缆连线等组成，其功能主要用于对飞行器的运动姿态进行模拟，为飞行器上的敏感元件提供一个真实的运动环境。其中，转台设备包括三轴转台和二轴转台，分别用于模拟旋转飞行器的姿态运动和目标的二维运动。对三轴转台而言，内轴用于模拟旋转飞行器的滚转运动，中轴用于模拟旋转飞行器的俯仰运动，外轴用于模拟旋转飞行器的偏航运动。

3. 漫反射幕

漫反射幕主要用于对带有激光导引头的旋转飞行器进行激光漫反射模拟。将激光目标模拟器安置于二轴转台上，所发射的激光束投射至漫反射幕上形成符合要求的光斑，通过二轴转台的运动，模拟飞行器与目标的相对运动关系。漫反射幕作为旋转飞行器与目标模拟器之间的"桥梁"，是整个半实物仿真系统中的重要一环。通常根据导引头与漫反射幕之间的相对位置关系、飞行器与目标的相对运动关系以及激光光斑的运动范围等因素确定漫反射幕的尺寸大小。

4. 目标模拟器

目标模拟器主要用于对带有激光导引头的旋转飞行器进行目标跟踪调试。目标模拟器主要分为主机和电控箱两部分。主机一般固定安置在二轴转台上，电控箱则置于控制柜中，二者通过电缆连接通信。主机主要由标准激光器、发射光学系统、光斑指示器、重频激光电源、能量衰减器和长方形本体等组成。电控箱主要由主控制器、指示光束电源、操控面板、能量衰减器控制器、编码生成器、电源隔离变换器和箱体等组成。为了给旋转飞行器导引头提供与真实环境相近的半实物仿真环境，还需调整目标模拟器所发射的激光能量、产生的光斑大小以及光斑的运动情况，使之与实际情况基本一致。

5. 负载模拟器

负载模拟器主要是对旋转飞行器在运动过程中舵片所承受的空气力矩进行模拟，从而在仿真过程中对舵片所承受的载荷进行复现，以达到对舵机伺服系统的技术指标进行检测的目的。使用负载模拟器可以避免对舵机伺服系统造成损坏的风险，从而降低科研成本，增强系统可靠性，缩短研制周期。

上面对半实物仿真系统的组成及各分系统的功能进行了介绍，为更清晰明了地展现飞行器半实物仿真系统的工作状况，下面以带激光导引头的旋转飞行器半实物仿真系统为例，对其工作流程及原理进行介绍。图 9.1 为考虑带有激光导引头的旋转飞行器半实物仿真系统工作原理图。

所设计的半实物仿真系统采用模块化设计的思想进行分步设计，便于在系统调试过程中进行相关问题的分析与处理。在进行半实物仿真前，首先在仿真计算机中建立诸如旋转飞行器运动学和动力学模型、目标运动学模型、激光光斑大小及能量模型和弹目相对运动学模型等相关模型，并对飞行器弹道初始参数及装定诸元信息、大气环境参数、激光模拟器参数以及目标运动参数等进行设定。在进行半实物仿真过程中，仿真计算机通过对诸多模型进行计算，将控制指令通过控制柜输送至转台系统，并通过上位机与下位机之间的信息交互获取转台实时运动情况。

图 9.1 半实物仿真系统工作框图

二轴转台根据由控制柜输入的激光入射角信息对激光模拟器的方位进行调整,激光模拟器依据预先设定的激光编码和照射时间将激光束投射至漫反射幕上,安装在三轴转台上的激光导引头根据接收的激光编码序列信息进行制导与控制。激光导引头与角速率陀螺将敏感测量结果反馈至仿真计算机内结合模型计算得出舵机控制指令,将所得舵机控制指令输入至舵机负载模拟器以复现实际舵机运动时的动态加载情况,并将实际结果反馈至仿真计算机进行飞行器姿态解算。仿真计算机通过控制柜将姿态控制指令传送至三轴转台,实现对飞行器的姿态变化进行模拟,并对转台的三个姿态角信息进行实时采集。

9.2.2 实时仿真系统的工作原理

实时仿真系统的核心是实时操作系统,需要相匹配的开发平台和外围接口板卡的驱动程序来支持系统进行拓展。目前主流的通用型实时操作系统有 VxWorks、C/OS-Ⅱ、RT-Linux、QNX 和 RTX 五种实时操作系统,各有特色。其中,VxWorks 实时操作系统在衡量指标值方面表现优异,C/OS-Ⅱ实时操作系统构造短小精悍,RT-Linux 实时操作系统可支持调度策略的改写,QNX 实时操作系统可进行分布式应用,而 RTX 实时操作系统能够与 Windows 平台结合使用,具有调试开发效率高、实时性能强两大优点。现今在国内航空航天领域内,大型复杂仿真系统一般多采用 VxWorks 实时操作系统,其编程多采用与 Matlab/Simulink 结合的方式,整体直观方便,且系统性能强大,但系统构成复杂,价格成本较高,板卡驱动开发不便,而小型仿真系统一般多采用 IntervalZero 公司的 RTX 嵌入式实时操作系统,该系统可支持 32 位与 64 位 Windows 操作系统,能够进行多核管理,与微软公司的 Visual Studio 6.0、Visual Studio 2010/2012 等软件无缝结合,较为适合国内大部分用户软件开发平台。对于低版本 RTX 实时操作系统,可在网上免费下载,板卡驱动易于开发,可大大减少成本。因此,本部分选用 RTX 实时操作系统,接口板卡采用可提供详细硬件和寄存器信息的研华产品。下面对半实物仿真系统的实时操作系统工作原理进行介绍。所设计半实物仿真系统的主架构采用 Windows XP + RTX8.1 的基本框架，RTX 实时操作系统嵌入安装在 Windows XP 操作系统平台下。其软件程序采用上下层的结构方式，其中，上层为非实时任务程序，下层为实时任务程序，上下层程序之间采用共享内存的方式进行数据交互通信。整个系统工作原理组成如图9.2所示。

图 9.2 实时仿真系统工作原理图

整个仿真系统的仿真软件工作区文件可分为两个工程文件，分别为上层界面任务工程软件和下层实时任务工程文件。其中，上层界面任务工程软件采用 VC++6.0 MFC 编程，提供人机交互界面，可通过界面配置仿真参数、启动和停止仿真流程。下层实时任务工程文件为实时任务程序，在 RTX 实时操作系统下工作，在 VC++6.0 环境下采用 C 语言编程。下层实时任务程序可提供准确的实时定时机制，仿真所考虑的数学模型在 1 ms 定时中断服务程序内运行，实时仿真模型程序通过 PCI 插槽内各种接口卡建立和外界实时的数据采集和控制。上层界面任务工程软件通过共享内存对下层实时任务工程文件进行数据监视、控制、高速数据采集和记录存储等管理。PCI 插槽主要包含 PCI1716（AD 卡）、PCI1723（DA 卡）、PCI1612C（串口卡）以及 PCI1750（IO 卡）等四种接口。其中，PCI1716（AD 卡）为 16 位模拟电压数据采集卡，负责进行电压采样的功能；PCI1723（DA 卡）为 16 位模拟电压输出卡，主要完成电压输出控制；PCI1612C（串口卡）为带光电隔离的高速 RS422 串行通信卡；PCI1750（IO 卡）为带光电隔离的数字驱动 IO。各板卡驱动和接口函数均通过封装编译，以 OBJ 文件的形式提供简单的函数名和传递参数，可根据实际任务需求在编写仿真程序时进行调用。

9.2.3 实时仿真系统硬件组成

1. 计算机系统

计算机 PCI 插槽内安装有研华 PCI1723、PCI1716、PCI1750、PCI1612C 板卡。

2. PCI1716（AD 卡）

PCI1716 为模拟电压采集卡，可采用单端和双端输入两种使用方式，本系统采用单端输入使用方式，电压输入范围为 $-10 \sim 10$ V。

PCI1716 信号含义描述见表 9.1。本仿真系统只使用了模拟电压输入功能，软件驱动也仅提供了模拟电压采集驱动函数。即表 9.1 中黑色信号，其对外接口采用市场通用的高密 68 芯矩形针插头。

表 9.1　PCI1716 信号含义

信号名称	参考点	流向	描述
AI $<0 \sim 15>$	AIGND	输入	模拟电压输入
AIGND			模拟输入参考地
DI $<0 \sim 15>$	DIGND	输入	数字信号输入
DO $<0 \sim 15>$	DIGND	输出	数字信号输出
DIGND			数字信号地

3. PCI1723（DA 卡）

PCI1723 为模拟电压输出卡，对外接口插座采用高密 68 芯矩形插座，其接口插头在附件套件内。其可采用电压和电流输出两种方式，还有数字 I/O 功能，本仿真系统只使用了该板卡的模拟电压输出功能，电压输出范围固定为 $-10 \sim 10$ V。软件驱动也仅提供了模拟电压输出驱动函数，即表 9.2 中黑色信号。

本系统中 PCI1723 信号含义描述见表 9.2。

表 9.2　PCI1723 信号含义

信号名称	参考点	流向	描述
$V_{out} <0 \sim 7>$	AIGND	输出	模拟电压输出
$I_{out} <0 \sim 7>$	AIGND	输出	电路输出
AIGND			模拟输出参考地

4. PCI1612C（串口卡）

PCI1612C 为高速光电隔离四串口卡，它对外接口插座采用通用的 DB37 芯矩形插座。系统配备了对外转接线，采用一拖四口形式。附件套件内包含最终对外接口插头 DB9 孔头。板卡串口输出有 RS422/RS232/RS485 三种电气标准，可在板卡上通过端子跳线设置。本系统通信设置为 RS422 模式，输入输出阻抗为 120 Ω，板卡上 SW1 拨码开关四个通道要设置为 ON，JP5~JP12 跳线为 1 和 2。后经人为跳线，P0、P1 为 RS232 标准，P2、P3 为 RS422 标准。

在软件中设置波特率为 921 600，8 个数据位，1 个停止位，无校验位。软件驱动提供了该板卡的串口输入输出驱动函数。

9.3　半实物仿真系统的软件设计与误差分析

9.3.1　半实物仿真系统的软件设计与工作流程

1. 上位机软件设计与工作流程

人机交互界面软件：在 VC++6.0 下 MFC 编程，采用面向对象编程模式，分四个大的功能模块区，如图 9.3 所示。

图 9.3　上层任务程序模块示意

RTX 程序预处理和定时器创建程序：用来为上下层任务程序创建、数据交互的共享内存区，同时触发启动下层实时任务程序。创建定时器是为上层任务程序创建非实时的定时任务打下基础，定时周期为 100 ms。

100 ms 定时任务程序：用来进行各种过程数据采集和界面显示，过程记录数据的定时存储，各种过程监控。

程序退出处理程序：用来在关闭整个任务程序前对整个系统状态的预处理，比如终止下层实时任务程序，关闭清理退还已创建的共享内存。

人机界面设计和处理程序：利用 VC 标准控件和其他专用控件设计，布局出可视化的用户监视和操作处理界面，DEMO 界面图如图 9.4 所示。界面中包括过程状态数据监视区、过程仿真数据轨迹实时显示区、仿真参数和状态配置区、仿真任务启动停止操作区。同时软件提供了输出电压、串口、IO 输出的测试功能。在过程数据监视区域的 AD0、AD1、AD2 可监视 PCI1716 板卡三个端口的电压。

同时，系统提供标准仿真启动和仿真停止流程，下层实时任务程序规划了三个标准的正弦运动轨迹。首先在仿真任务下拉框内选择任务选项，DEMO 提供了红外导引头和激光导引头两个任务选项。选择任务后，所有配置数据参数可观测，比如方位启动时间、停止时间、设置的正弦频率和幅值等。"实时数据保存"复选框用来选择是否进行文件保存，同时可以设置存储文件路径和名称。仿真启动后仿真轨迹质量数据在曲线显示区进行实时轨迹显示，同时采集到的反馈数据也可实时显示，若"实时数据保存"复选框被勾选上，则实时保存指令数据和实际反馈数据。实时任务状态指示灯指示下层实时任务程序状态，如果任务跑飞，则指示灯变红。

2. 下位机软件设计与工作流程

下层实时任务程序有三个核心任务部分：

图 9.4 人机交互界面示意图

（1）实时任务程序架构和定时机制建立。
（2）各类硬件板卡驱动和接口函数、板卡中断等。
（3）用户仿真时序程序和仿真数学模型代码，此部分需要用户方根据自己具体的飞控任务进行编写。

下层任务程序代码大致由三个主要部分组成，分别为实时任务主程序、定时中断服务程序、外部硬件中断服务程序。在定时中断服务程序内提供用户仿真程序代码区入口，在这里用户建立自己的数学仿真模型，编写自己的程序代码，通过共享内存结构体变量获得界面指令状态、配置参数，并返回过程参数，且可调用板卡接口函数，对外部设备进行控制和数据采集、通信。外部硬件中断服务程序在用户需要外部硬件中断触发任务时启动，一般不使用。

实时仿真程序的实时定时中断服务程序周期最短可设置为 0.1 ms，本方案默认固化设置为 1 ms。

整个实时任务程序架构和基本工作流程如图 9.5 所示。

9.3.2 半实物仿真系统误差分析

通常情况下，半实物仿真系统中所存在的误差主要由系统误差和随机误差两部分构成。所谓系统误差，即将所有参与设备和仿真环节均视为误差源，主要包括旋转飞行器实物误差、模型构建误差、目标模拟器误差、转台系统误差以及测试系统误差等。下面对这几种误差源对仿真系统的影响进行分析研究。

图 9.5 实时任务程序架构和工作流程

1. 旋转飞行器实物误差

由于旋转飞行器自身是一个由多种软件与硬件相互结合交织而成的复杂系统，因而其制导精度会受到各方面因素的干扰与影响。一般情况下，旋转飞行器实物误差根据误差源类型又可分为动态误差、起伏误差以及仪器误差。其中，由系统惯性特性、自身过载能力约束以及目标机动能力等因素对制导精度造成的误差称为动态误差；由内部各分系统的仪器设备或外界环境的噪声与干扰造成的误差称为起伏误差；由制造工艺、设备维护等因素引起的误差称为仪器误差。

当旋转飞行器实物误差比较大时，容易造成仿真结果误差混淆，无法判定是旋转飞行器自身误差引起的还是仿真系统引起的，不利于对半实物仿真系统进行测试分析。因此，通常情况下应先确保旋转飞行器实物误差在可接受范围以内后，才能进一步进行半实物系统调试。

2. 模型构建误差

通常在半实物仿真过程中，需要对旋转飞行器的运动学和动力学建立模型，通过仿真计算机进行仿真模拟。但考虑到旋转飞行器整体系统较为复杂，在建模过程中存在诸多理想条件下的假设，比如"瞬时平衡"假设、"小扰动"假设等。然而在实际飞行过程中这些理想假设本身并不成立，因此，相比实际情况，通过旋转飞行器数学模型进行仿真模拟本身就不可避免地存在一定的误差，当这种带有误差的控制信号引入半实物闭环系统中时，必然会导致仿真结果有一定的偏差影响。

3. 目标模拟器误差

目标模拟器误差主要是由目标模拟系统进行目标模拟时产生的误差，该误差对仿真精度的影响相对较大。一般来说，目标模拟器误差根据参数是否时变可分为静态误差和动态误差。其中，静态误差主要是由机械加工、安装等工艺引起的位置误差和速度误差；动态误差则是在模拟目标运动时由系统惯性和功率限制引起的幅值误差和相位误差。由于目标模拟器误差可以直接影响到旋转飞行器的制导环节，因此在半实物仿真前需要检查各个系统，设计合适的方案，以降低该部分误差的影响。

4. 转台系统误差

转台系统主要用于实现对旋转飞行器三轴运动的模拟，是整个半实物仿真系统中的重要一环。转台系统误差主要分为静态误差和动态误差两部分。其中，由机械加工、组合安装以及系统控制等因素引起转台的自身角度误差和角速度误差称为静态误差；而转台根据控制信号运动时，由系统自身的惯性和功率限制引起的幅值误差和相位误差称为动态误差。当转台不能根据控制信号迅速转动时，仿真计算机中计算的数学模型与旋转飞行器实物模型之间运动状态存在差异，从而导致整个仿真结果发散。因此，在进行半实物仿真前，必须对转台系统误差，尤其是动态误差进行校准调试以控制其对仿真结果的影响。

5. 测试系统误差

在半实物仿真系统中，除了上述系统之外，诸如数据采集系统、模电输出系统、仿真计算机系统、电源以及其他辅助设备等分系统同样也会存在一定的误差，从而影响最终的仿真结果，这些误差统称为测试系统误差。其中，数据采集系统对转台上安置的旋转飞行器的三轴转角以及角速率进行数据采集，采集信号通常为模拟电压信号，需要将其转化为数字信号才能被仿真计算机接受并处理，而且采集信号往往带有一定的干扰信号。因而信息传输前会引入模拟电路对采集信号进行放大、滤波处理，电路的引入可能带来一定的误差，但这些误差均可通过人为标定和补偿以降低其影响。仿真计算机之间的信息交流传递也必然存在延迟，同样也会对仿真结果产生一定的影响，但该误差可通过合适的硬件选取和合理的仿真程序编译以降低其影响。相对而言，测试系统误差可通过采用适当的方法和措施来降低其影响，试验结果也表明该类误差对仿真结果的影响相对较小。

9.4 航空航天应用案例——高超声速飞行器轨迹优化半实物仿真试验

高超声速飞行器一般是指飞行马赫数大于5，能够在大气层和跨大气层中实现高超声速飞行的飞行器。高超声速飞行器具有飞行速度快、突防效率高、命中概率高、毁伤威力大、作战效能高的特点，可以快速地到达全球任意地方，能对任何区域进行快速打击；也可以为民用运输和航天运载领域提供新的平台和方法。高超声速飞行器是各国进行侦察预警、空天对抗、空间资源争夺的重要武器，在未来的军事、政治和经济中将发挥重要的作用。

高超声速技术具有很强的科技意义和战略意义，它不仅仅是对亚声速、超声速技术的简单延续，而是本质上的飞跃发展。它是一个对于航空航天领域众多科学技术的综合发展，代表了未来航空航天领域的发展方向，高超声速技术的发展突破将对航空航天工业技术、材料技术、空间技术、军事发展战略等一系列科学技术的进步带来革命性的影响。

（一）高超声速飞行器轨迹优化问题描述

高超声速飞行器已成为世界航空航天领域一个极其重要的发展方向，再入轨迹优化与制导是高超声速滑翔飞行器的关键技术之一。在其再入大气过程中，具有速度变化大、机动能力强和飞行环境复杂等特点，给飞行器轨迹设计带来了困难和挑战。轨迹优化是高超声速滑翔飞行器设计中的重要一环，一般在方案设计阶段完成，可为评估射程、弹道特性、机动能力、指标论证等方面提供参考。然而高超声速滑翔飞行器的运动方程形式复杂、飞行轨迹对控制量高度敏感且非线性约束较强，因此高超声速滑翔飞行器轨迹优化存在一定的困难。

将弹道优化问题看作 Bolza 形式的最优控制问题，具体来讲：将状态变量（包含地心距、经度、纬度、速度、弹道倾角和航向角）设为 $x(t) \in \mathbf{R}^n$，将控制变量（攻角和倾侧角）设为 $u(t) \in \mathbf{R}^m$，时间为 t，初始时间为 t_0，终端时间为 t_f，然后寻找 $u(t)$，在满足一系列约束方程的情况下，最小化具有一般性的 Bolza 型目标函数，即

$$J = \Phi(x(t_0), t_0, x(t_f), t_f) + \int_{t_0}^{t_f} G(x(t), u(t), t) \mathrm{d}t \tag{9.1}$$

运动方程可写成

$$\frac{\mathrm{d}x}{\mathrm{d}t} = f(x(t), u(t), t) \tag{9.2}$$

过程约束可写成

$$C(x(t), u(t), t) \leq 0 \tag{9.3}$$

端点约束可写成

$$\phi(x(t_0), t_0, x(t_f), t_f) = 0 \tag{9.4}$$

由于后续工作需要，需对时间变量进行变换。将时间区间 $t \in [t_0, t_f]$ 划分为 K 段子区间 $[t_{k-1}, t_k]$，$(k=1,2,3,\cdots,K)$，且 $t_0 < t_1 < \cdots < t_K = t_f$。然后将每段子区间的 $t \in [t_{k-1}, t_k]$ 通过下式转换成 $\tau = [-1, +1]$。

$$\tau = \frac{2t - (t_k + t_{k-1})}{t_k - t_{k-1}} (t_{k-1} < t_k) \tag{9.5}$$

$$\frac{\mathrm{d}\tau}{\mathrm{d}t} = \frac{2}{t_k - t_{k-1}}, (k=1,2,\cdots,K) \tag{9.6}$$

则每段子区间的状态变量和控制变量分别为 $x^k(\tau)$ 和 $u^k(\tau)$。

式（9.1）~式（9.4）可以转换为

$$J = \Phi(x^{(1)}(-1), t_0, x^{(K)}(+1), t_f) + \sum_{k=1}^{K} \frac{t_k - t_{k-1}}{2} \int_{-1}^{+1} g(x^k(\tau), u^k(\tau), \tau; t_{k-1}, t_k) \mathrm{d}\tau \tag{9.7}$$

$$\frac{\mathrm{d}x^{(k)}(\tau)}{\mathrm{d}\tau} = \frac{t_k - t_{k-1}}{2} f(x^k(\tau), u^k(\tau), \tau; t_{k-1}, t_k) \tag{9.8}$$

$$C(x^k(\tau), u^k(\tau), \tau; t_{k-1}, t_k) \leq 0 \tag{9.9}$$

$$\phi(x^{(1)}(-1),t_0,x^{(K)}(+1),t_f) = 0 \qquad (9.10)$$

由于状态变量是连续的,所以各段区间边界要衔接起来,即 $x(t_k^-) = x(t_k^+)$,其中 $k = 1,2,\cdots,K-1$。

为了对上述的最优控制问题进行求解,我们考虑选用伪谱法。

(二) 伪谱法简介

伪谱法,也称为正交配点方法,是近年来发展迅速、应用较多的一种直接法。该方法同时离散控制变量和状态变量,采用全局插值多项式的有限基,从而在离散点上近似状态变量和控制变量。具体原理为:首先确定离散点个数,然后对时间轴进行离散,控制量和状态量都是该离散点的函数,并将性能指标、状态方程和约束条件变成控制量和状态量的函数,从而将最优控制问题转化为非线性规划问题进行求解。配置点和离散点的选取是伪谱法的关键。配置点是确保配置微分方程时保持应有的动态性的关键,离散点是离散非线性规划系统中状态量和控制量的关键,因此,伪谱法求解精度受这两个关键点的影响很大。如果采样点过多,会增加求解难度,同时减慢求解速度;如果约束过多,控制量不连续点的存在会影响求解精度。

在求解光滑问题时,伪谱法有很好的收敛性。求解非光滑问题时,可先将最优控制问题分段,再利用伪谱法对每段进行求解。相较于一般方法,由于伪谱法具有较少的参数且能够获得较高的精度,具有较好的收敛速度。近年来该方法被广泛应用于航空航天领域,主要包括 Gauss 伪谱法、Legendre 伪谱法、Chebyshew 伪谱法、Radau 伪谱法。其中,Gauss 伪谱法最为成熟。该方法证明了离散 Hamilton 边值问题的一阶最优条件和非线性规划问题的 KKT 条件协调匹配具有一致性,能够使非线性规划问题的解满足传统间接法中一阶最优性必要条件。

(三) 高超声速飞行器轨迹优化模型

弹道优化的目标是获取一条或一类满足约束和性能指标条件的标称弹道。弹道优化问题可描述为一般的最优控制问题,即在时间区间 $[t_0, t_f]$ 中,寻找最优控制变量 $u(t) \in \mathbf{R}^m$,最小化性能指标

$$J = \Phi[x(t_0),t_0,x(t_f),t_f] + \int_{t_0}^{t_f} G(x(t),u(t),t)\mathrm{d}t \qquad (9.11)$$

且使状态变量 $x(t) \in \mathbf{R}^n$、初始时间 t_0、终端时间 t_f 满足运动微分方程约束

$$\dot{x}(t) = f(x(t), u(t), t), \quad t \in [t_0, t_f] \qquad (9.12)$$

以及边界条件(端点约束)

$$\phi[x(t_0),t_0,x(t_f),t_f] = 0 \qquad (9.13)$$

和过程约束

$$h_L \leq h(x(t),u(t),t) \leq h_U, \quad t \in [t_0,t_f] \qquad (9.14)$$

结合高超声速再入飞行器的特点,将高超声速飞行器再入制导问题转化为最优控制问题。

1. 状态变量

对于三维轨迹优化,包含 6 个状态量:

$$x = (r,\theta,\varphi,V,\gamma,\psi)^\mathrm{T} \qquad (9.15)$$

其中每个状态量的边界条件为

$$\begin{cases} r \in [r_{\min}, r_{\max}] \\ \theta \in [\theta_{\min}, \theta_{\max}] \\ \varphi \in [\varphi_{\min}, \varphi_{\max}] \\ V \in [V_{\min}, V_{\max}] \\ \gamma \in [\gamma_{\min}, \gamma_{\max}] \\ \psi \in [\psi_{\min}, \psi_{\max}] \end{cases} \quad (9.16)$$

2. 控制变量

三维轨迹优化包含 2 个控制变量：

$$u = (\alpha, \sigma)^{\mathrm{T}}$$

其中包含控制量约束及控制量变化率约束：

$$\begin{cases} \alpha \in [\alpha_{\min}, \alpha_{\max}] \\ \dot{\alpha} \in [\dot{\alpha}_{\min}, \dot{\alpha}_{\max}] \\ \sigma \in [\sigma_{\min}, \sigma_{\max}] \\ \dot{\sigma} \in [\dot{\sigma}_{\min}, \dot{\sigma}_{\max}] \end{cases}$$

3. 过程约束

在再入滑翔段需满足法向过载 n、动压 q 和驻点热流密度约束 $\dot{Q}_s$：

$$\begin{cases} n \in [n_{\min}, n_{\max}] \\ q \in [q_{\min}, q_{\max}] \\ \dot{Q}_s \in [\dot{Q}_{s\min}, \dot{Q}_{s\max}] \end{cases}$$

4. 终端约束

在终端状态约束的基础上引入时间约束，轨迹优化终端约束可分别表述为

$$C_{f3D} = C_{f3D}^*$$
$$C_{f2D} = C_{f2D}^*$$

其中：

$$C_{f3D} = [t_f, x_{3D}(t_f), u_{3D}(t_f)]$$
$$C_{f2D} = [t_f, x_{2D}(t_f), u_{2D}(t_f)]$$

式中，上标"*"的量表示期望达到的目标值。

5. 目标函数

对于评估飞行器飞行性能，一般需要用到 Bolza 型目标函数：

$$J = \Phi(x(t_f), t_f) + \int_{t_0}^{t_f} L(x(t), u(t), t) \mathrm{d}t$$

式中所述性能指标共包括两个部分：终端指标 $\Phi(x(t_f), t_f)$，如满足终端射程最远、飞行时间最短等；积分指标 $L(x(t), u(t), t)$，如使飞行弹道最平滑等。

以上建立了高超声速再入飞行器优化模型。此外，有些优化任务还需满足特殊的约束，如绕飞禁飞区等，可根据具体情况进行设置。

(四) hp–自适应 Radau 伪谱法原理

在配点法的应用过程中，使用者需要同时离散状态变量与控制变量。相比直接打靶法，

配点法得到的 NLP 问题优化变量维数高，但是相应得到的目标函数的病态程度更低，收敛性和精度更高。为了进一步提高传统配点法的精度和收敛速度，并降低初值敏感度，这里采用一种特殊的配点法——伪谱法。该法因具有较少的参数、较高的计算精度、收敛速度快（谱收敛）和对初值敏感度低的优点，在飞行器轨迹优化领域备受关注。

早期的伪谱法属于一种全局配点法，采用全局插值多项式拟合状态变量和控制变量。因此，在处理非光滑的复杂问题时可能出现"维数灾难"问题，收敛速度仍不尽如人意。如将原问题历程进行分段处理，划分为多个网格区间，则可在一定程度上缓解该问题，增强收敛性。在全局伪谱法的基础上，这里采用 hp 自适应策略实现网格区间的划分，并且该策略可以根据每个网格区间内约束的满足情况，对网格个数和配点数量进行自适应调节。

理论上，hp 自适应策略可以采用任何一种全局伪谱法。根据数值试验，RPM 和 GPM 的收敛速度及精度通常没有太大差距，LPM 的收敛速率相对较慢，并且在某些情况下，LPM 的近似协态变量可能不收敛。另外，相对于 GPM，在 RPM 的基础上引入 hp 自适应策略，更加容易实施。这是因为 LG 点均在每个网格区间的内部（即不包含 ±1 两个端点），所以还需要在网格点处引入状态量的值，从而进行相邻区间之间的连续性处理；而 LGR 点中有一个是网格点，不需要引入额外的非配置点。基于上述原因，本部分在 RPM 的基础上实施 hp 自适应策略。

1. 配点和离散化

RPM 的配点取 N_k 阶 LGR 点，即多项式 $P_{N_k}(\tau) + P_{N_k-1}(\tau)$ 的根，其中 $P_{N_k}(\tau)$ 是由式 (9.17) 定义的 N_k 阶 Legendre 多项式。

$$P_{N_k}(\tau) = \frac{1}{2^{N_k} N_k!} \frac{\mathrm{d}^{N_k}}{\mathrm{d}\tau^{N_k}}[(\tau^2-1)^{N_k}] \quad (N_k = 0,1,2,\cdots) \tag{9.17}$$

RPM 取 N_k 个 LGR 点，并将 $\tau_{N_k+1}^{(k)} = +1$ 作为离散节点，以 N_k+1 个 Lagrange 插值多项式 $L_j^{(k)}(\tau)(j=1,2,\cdots,N_k+1)$ 为基函数逼近第 k 个区间内的状态变量 $x^{(k)}(\tau)$，有

$$x^{(k)}(\tau) \approx X^{(k)}(\tau) = \sum_{j=1}^{N_k+1} L_j^{(k)}(\tau) X_j^{(k)} \tag{9.18}$$

其中 Lagrange 插值基函数 $L_j^{(k)}(\tau)$ 为

$$L_j^{(k)}(\tau) = \prod_{i=1,i\neq j}^{N_k+1} \frac{\tau - \tau_i^{(k)}}{\tau_j^{(k)} - \tau_i^{(k)}} \tag{9.19}$$

此外，采用插值基函数 $\tilde{L}_j^{(k)}(\tau)(j=1,2,\cdots,N_k)$ 在 N_k 个 LGR 配点上近似控制变量 $u^{(k)}(\tau)$，即

$$u^{(k)}(\tau) \approx U^{(k)}(\tau) = \sum_{j=1}^{N_k} \tilde{L}_j^{(k)}(\tau) U_j^{(k)} \tag{9.20}$$

2. 状态方程转换

采用求导方法来近似状态变量的导数，即

$$\dot{x}^{(k)}(\tau) \approx \dot{X}^{(k)}(\tau) = \sum_{j=1}^{N_k+1} D_{ij}^{(k)} X_j^{(k)} \tag{9.21}$$

其中，D_{ij}^k 为微分矩阵（差分矩阵）

$$D_{ij}^k = \dot{L}_j^{(k)}(\tau_i^{(k)}) \quad (i=1,2,\cdots,N_k; j=1,2,\cdots,N_k+1) \tag{9.22}$$

由此可将状态约束转化为配点处的等式约束，有

$$\sum_{j=1}^{N_k+1} D_{ij}^{(k)} X_j^{(k)} - \frac{t_k - t_{k-1}}{2} f(X_i^{(k)}, U_i^{(k)}, \tau_i^{(k)}) = 0 \quad (i = 1, 2, \cdots, N_k) \quad (9.23)$$

3. 性能函数转化

将积分项通过 Gauss 积分来近似，得到 RPM 中的近似性能指标函数

$$\min J = \Phi(X_1^{(1)}, t_0, X_{N_K+1}^{(K)}, t_K) + \sum_{k=1}^{K} \sum_{j=1}^{N_k} \left(\frac{t_k - t_{k-1}}{2} \right) \omega_j^{(k)} g(X_j^{(k)}, U_j^{(k)}, \tau_j^{(k)}) \quad (9.24)$$

其中，$\omega_j^{(k)}$ 为第 k 个子区间内的 LGR 权重。

4. 约束函数的离散化

边界条件为

$$\phi(X_1^{(1)}, t_0, X_{N_k+1}^{(k)}, t_k) = 0 \quad (9.25)$$

第 k 个子区间内 N_k 个配点上的路径不等式约束为

$$C(X_i^{(k)}, U_i^{(k)}, \tau_i^{(k)}) \leqslant 0 \quad (i = 1, 2, \cdots, N_k) \quad (9.26)$$

网格间的连续性由式（9.27）来保证

$$X_{N_k+1}^{(k)} = X_1^{(k+1)} \quad (k = 1, 2, \cdots, K-1) \quad (9.27)$$

通过上述过程，就可将连续时间最优控制问题参数化为 NLP 问题。

hp-自适应伪谱法将有限元法和全局伪谱法相结合，相比全局伪谱法具有更高的计算精度和更快的求解速度。

作为计算力学的重要分支，有限元法是一种将连续体离散化以求解各种力学问题的数值方法。这种方法通过两种方式提高求解精度：一种是保持基函数的阶次不变，通过逐步加密有限元网格剖分，对插值单元长度 h 进行细分（h 细化），即 h 型有限元法；另一种是保持有限元的网格剖分固定不变，在误差估计大的区域中提高基函数的阶次 p（p 细化），即 p 型有限元法。hp 型有限元法允许单元长度 h 和基函数阶次 p 同时改变，从而使用更少的未知量获得期望的精度。

hp-自适应策略的核心思想是将轨迹优化问题划分为多个区间，对各个区间优化求解的结果进行误差评估，判断采样点处是否满足精度要求。若不满足精度要求，则根据当前区间的轨迹特点，通过 h 细化（将当前网格区间细分为多个网格）或 p 细化（直接增加当前网格区间配点个数）调整该区间的配点个数，继续离散并寻优，直至满足精度要求。

（五）hp-自适应伪谱法步骤与流程

hp-自适应伪谱法求解飞行器轨迹优化问题的迭代步骤如表 9.3 所示，其迭代流程图如图 9.6 所示。

表 9.3 hp-自适应伪谱法求解飞行器轨迹优化问题的迭代步骤

步骤 1：	初始化，给定飞行器的初始状态，设置区间个数 K、每个区间的初始配点数 M、误差门限 ε 以及相对曲率阈值 $r_{\max}$；
步骤 2：	以选定节点将飞行器轨迹优化问题离散化为 NLP 问题，并对其进行求解；
步骤 3：	判断当前区间 k 内的最大残差 $e_{\max}^{(k)}$ 和 ε 的大小关系，若 $e_{\max}^{(k)} \leqslant \varepsilon$，则继续检查下一个区间；反之，则转向步骤 4 或步骤 5；

步骤4:	若 $r_k^{(k)} < r_{max}$，确定该区间的配点个数 N_k，然后检查第 $k+1$ 个区间；
步骤5:	若 $r_k^{(k)} \geq r_{max}$，将区间 k 细分为 n_k 个子区间，并将每个子区间内的配点个数设置为 M，接着检查下一区间；
步骤6:	待所有区间都更新后，返回步骤2，进行下一次迭代。

图 9.6 hp–自适应 RPM 伪谱法求解飞行器轨迹优化问题的迭代流程

（六）优化性能半实物仿真分析

1. 采样周期对优化性能的影响

以最大射程及平滑条件为目标函数，考虑前面提到的过程约束及终端约束，研究在没有干扰的情况下，采样周期对制导性能的影响，分别取采样周期为 60 s、120 s、180 s，仿真结果如图 9.7 所示。

图 9.7 采样周期对制导性能的影响

图 9.7 采样周期对制导性能的影响（续）

经仿真结果分析可知，在没有干扰的情况下，在线优化轨迹与参考轨迹有微小的差异，并且采样周期越短，差异越小，这是由于积分误差和预报误差引起的，但由于积分误差及预报误差等因素的存在，实际轨迹与参考轨迹始终存在偏差。

2. 气动系数偏差对优化性能的影响

飞行器的气动力系数对高超声速滑翔飞行器轨迹影响很大，这些参数可以通过风洞试验或理论计算得到。轨迹正向积分时所采用的标称气动系数不可避免地与实际气动系数存在差异，偏差很难精确测量，经过积分开环控制，实际系统和标称模型的状态模型就会产生偏差。若任由这种情况继续，则飞行轨迹误差会越来越大，最后飞行轨迹可能会超出规定范围，导致再入任务的失败。

在开环控制条件下分别将升阻力系数拉偏 10%，仿真研究升阻力系数偏差对飞行器状态的影响。不同气动系数偏差条件下飞行器飞行状态参数如图 9.8 所示。

由图 9.8 所示状态参数的变化情况可知，在不存在气动系数偏差的情况下，采用插值控制变量积分得到的主要运动参数与采用优化方法直接得到的状态参数基本重合，这充分说明，在没有误差干扰情况下，采用插值最优控制变量的开环弹道控制方法是可行的。但是，当考虑飞行器气动系数偏差时，如果仍采用插值得到的控制量进行控制，仅 10% 的气动系数误差都将导致飞行器状态参数出现明显的偏差。

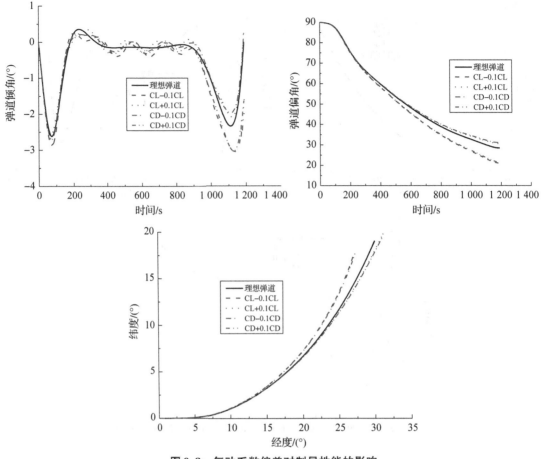

图9.8 气动系数偏差对制导性能的影响

3. 风对制导性能的影响

大气参数与其标准的偏差对飞行器的运动有较大影响,尤其是风的影响,是引起弹道偏差的重要因素之一。风速不仅会随着地理位置变化,即使是在同一地理位置也会随着时间和空间的变化而变化。本部分仅考虑某一时间段内的常值风,研究风速对飞行器飞行的影响,通常把风速 W 沿地面坐标系进行分解,如将风速沿地心距、经度和纬度方向分解成 W_r、W_θ、W_ϕ。

由于风的存在,使得飞行器相对气流的速度发生变化,使作用于飞行器上的空气动力发生改变,最终使飞行器相对地面的速度发生改变。由于本节的仿真目的是验证算法对外部扰动的鲁棒性,为简化问题,仅考虑风对飞行位置的影响,直接将风速添加到飞行器运动方程中,其方程如下:

$$\begin{cases} \dot\theta = \dfrac{V\cos\gamma\sin\sigma + W_\theta}{r} \\ \dot\phi = \dfrac{V\cos\gamma\cos\sigma + W_\phi}{r} \\ \dot r = V\sin\gamma + W_r \end{cases}$$

图 9.9 所示为风干扰对制导性能的影响曲线。

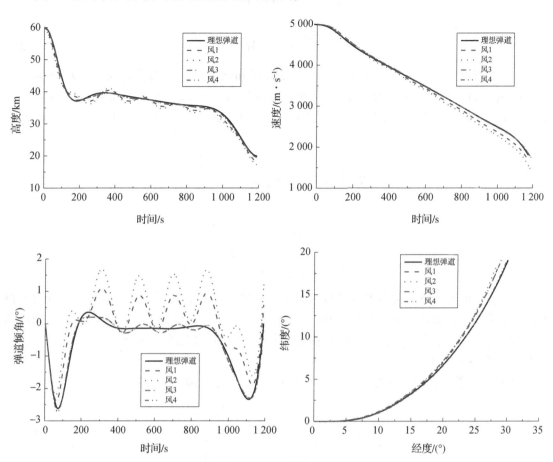

图 9.9　风干扰对制导性能的影响

9.5　图像/电视制导远程火箭半实物仿真实验

9.5.1　问题描述

随着新军事变革的推进和以全域战为代表的新作战模式的发展,为提高己方生存能力并实现在敌方地面火力覆盖范围外发射的作战需求,世界各军事强国对远程制导火箭的需求均日益强烈,但是随着射程的增加,制导火箭的研制也遇到了新的理论难题和技术挑战。射程增大使火箭的飞行速度和飞行空域变化范围更大,为了得到更好的操纵性能,超远程制导火箭通常采用静稳定性较低甚至静不稳定的弹体,这加剧了弹道失稳的危害,严重时甚至出现掉弹现象。为克服这一现象,本节在建立远程制导火箭扰动运动模型的基础上,进行半实物仿真试验分析。

超远程制导火箭在飞行初始段的运动包括质心运动及绕质心转动,其动力学模型可写为

$$m\frac{\mathrm{d}\boldsymbol{V}}{\mathrm{d}t} = \boldsymbol{R} + \boldsymbol{G} + \boldsymbol{P} + \boldsymbol{F}_d \tag{9.28}$$

$$\frac{\mathrm{d}\boldsymbol{H}}{\mathrm{d}t} = \boldsymbol{M} + \boldsymbol{M}_d \tag{9.29}$$

其中，$\boldsymbol{V}$ 和 $\boldsymbol{H}$ 分别为超远程制导火箭的速度矢量和动量矩，m 为火箭质量，$\boldsymbol{R}$ 为空气动力，$\boldsymbol{G}$ 为重力，$\boldsymbol{P}$ 为推力，$\boldsymbol{M}$ 为作用在超远程制导火箭上除扰动外的所有外力对质心的力矩，$\boldsymbol{F}_d$ 和 $\boldsymbol{M}_d$ 分别为扰动力和扰动力矩。空气动力 $\boldsymbol{R}$、重力 $\boldsymbol{G}$、推力 $\boldsymbol{P}$ 及力矩 $\boldsymbol{M}$ 可表示为

$$\boldsymbol{R} = \begin{bmatrix} -X \\ Y \\ Z \end{bmatrix}, \quad \boldsymbol{G} = \begin{bmatrix} -mg\sin\theta \\ -mg\cos\theta \\ 0 \end{bmatrix}, \\ \boldsymbol{P} = \begin{bmatrix} P\cos\alpha\cos\beta \\ P\sin\alpha \\ -P\cos\alpha\sin\beta \end{bmatrix}, \quad \boldsymbol{M} = \begin{bmatrix} M_x \\ M_y \\ M_z \end{bmatrix} \tag{9.30}$$

其中，X、Y 和 Z 为空气动力 $\boldsymbol{R}$ 在速度坐标系三个坐标轴上的投影分量，即阻力、升力和侧向力；g 为重力加速度；θ 为弹道倾角；P 为推力的大小；α 和 β 为火箭飞行过程中的攻角和侧滑角；M_x、M_y 和 M_z 为力矩 $\boldsymbol{M}$ 在弹体坐标三个坐标轴上的投影分量，即为滚转力矩、偏航力矩和俯仰力矩。

风及推力偏心引起的飞行初始段扰动力 $\boldsymbol{F}_d$ 和扰动力矩 $\boldsymbol{M}_d$，可表示为

$$\boldsymbol{F}_d = \begin{bmatrix} F_{xd} \\ F_{yd} \\ F_{zd} \end{bmatrix}, \quad \boldsymbol{M}_d = \begin{bmatrix} M_{xd} \\ M_{yd} \\ M_{zd} \end{bmatrix} \tag{9.31}$$

其中，F_{xd}、F_{yd} 和 F_{zd} 为扰动力 $\boldsymbol{F}_d$ 在速度坐标系三个坐标轴上的投影分量；M_{xd}、M_{yd} 和 M_{zd} 为扰动力矩 $\boldsymbol{M}_d$ 在弹体坐标系三个坐标轴上的投影分量。

为了分析飞行初始段扰动对超远程制导火箭的影响，需要对线性化后的火箭扰动运动模型进行简化。结合超远程制导火箭飞行初始段运动状态，可以依据以下三个假设对系统进行简化：

假设1：在超远程制导火箭的飞行初始段，攻角和侧滑角均为小量。

假设2：在超远程制导火箭的飞行初始段，从离开发射箱至火箭气动舵机可以有效工作的过程中，弹体速度变化较大，但可以看作时间的已知函数 $V(t) = V_0(t)$，在任意时刻，速度均已知，为 $V(t)$，进行稳定性分析的时间极短，可假设该时刻的速度变化为 0，即 $\Delta V = 0$。

假设3：在超远程制导火箭的飞行初始段，弹体滚转角变化很小，滚转角速度变化也极慢，假设二者均可忽略，即 $\Delta\gamma = 0$，$\Delta\omega_x = 0$。

结合以上三个假设，超远程制导火箭飞行初始段的三维扰动运动模型描述式可合并简化为

$$\begin{cases} \dfrac{\mathrm{d}\Delta\omega_y}{\mathrm{d}t} = \dfrac{M_y^{\omega_y}}{J_y}\Delta\omega_y + \dfrac{M_y^{\dot\beta}}{J_y}\Delta\dot\beta + \dfrac{M_y^{\beta}}{J_y}\Delta\beta + \dfrac{M_y^{\delta_y}}{J_y}\Delta\delta_y + \dfrac{M_{yd}}{J_y} \\[4pt] \dfrac{\mathrm{d}\Delta\omega_z}{\mathrm{d}t} = \dfrac{M_z^{\omega_z}}{J_z}\Delta\omega_z + \dfrac{M_z^{\dot\alpha}}{J_z}\Delta\dot\alpha + \dfrac{M_z^{\alpha}}{J_z}\Delta\alpha + \dfrac{M_z^{\delta_z}}{J_z}\Delta\delta_z + \dfrac{M_{zd}}{J_z} \\[4pt] \dfrac{\mathrm{d}\Delta\beta}{\mathrm{d}t} = \Delta\omega_y - \left(\dfrac{P-Z^{\beta}}{mV} - \dfrac{g\sin\theta}{V}\right)\Delta\beta - \dfrac{Z^{\delta_y}}{mV}\Delta\delta_y - \dfrac{F_{zd}}{mV} \\[4pt] \dfrac{\mathrm{d}\Delta\alpha}{\mathrm{d}t} = \Delta\omega_z - \left(\dfrac{P+Y^{\alpha}}{mV} + \dfrac{g\sin\theta}{V}\right)\Delta\alpha - \dfrac{g\sin\theta}{V}\Delta\vartheta - \dfrac{Y^{\delta_z}}{mV}\Delta\delta_z - \dfrac{F_{yd}}{mV} \\[4pt] \dfrac{\mathrm{d}\Delta\vartheta}{\mathrm{d}t} = \Delta\omega_z \end{cases} \quad (9.32)$$

令

$$\begin{cases} a_{11} = \dfrac{M_y^{\omega_y}}{J_y},\; a_{12} = \dfrac{M_y^{\dot\beta}}{J_y},\; a_{13} = \dfrac{M_y^{\beta}}{J_y},\; a_{14} = \dfrac{M_y^{\delta_y}}{J_y},\; a_{15} = \dfrac{1}{J_y} \\[4pt] a_{21} = \dfrac{M_z^{\omega_z}}{J_z},\; a_{22} = \dfrac{M_z^{\dot\alpha}}{J_z},\; a_{23} = \dfrac{M_z^{\alpha}}{J_z},\; a_{24} = \dfrac{M_z^{\delta_z}}{J_z},\; a_{25} = \dfrac{1}{J_z} \\[4pt] a_{31} = \left(\dfrac{P-Z^{\beta}}{mV} - \dfrac{g\sin\theta}{V}\right),\; a_{32} = \dfrac{Z^{\delta_y}}{mV},\; a_{33} = \dfrac{1}{mV} \\[4pt] a_{41} = \left(\dfrac{P+Y^{\alpha}}{mV} + \dfrac{g\sin\theta}{V}\right),\; a_{42} = \dfrac{g\sin\theta}{V},\; a_{43} = \dfrac{Y^{\delta_z}}{mV} \\[4pt] a_{44} = \dfrac{1}{mV} \end{cases} \quad (9.33)$$

式（9.32）可简化为

$$\begin{cases} \dfrac{\mathrm{d}\Delta\omega_y}{\mathrm{d}t} = a_{11}\Delta\omega_y + a_{12}\Delta\dot\beta + a_{13}\Delta\beta + a_{14}\Delta\delta_y + a_{15}M_{yd} \\[4pt] \dfrac{\mathrm{d}\Delta\omega_z}{\mathrm{d}t} = a_{21}\Delta\omega_z + a_{22}\Delta\dot\alpha + a_{23}\Delta\alpha + a_{24}\Delta\delta_z + a_{25}M_{zd} \\[4pt] \dfrac{\mathrm{d}\Delta\beta}{\mathrm{d}t} = \Delta\omega_y - a_{31}\Delta\beta - a_{32}\Delta\delta_y - a_{33}F_{zd} \\[4pt] \dfrac{\mathrm{d}\Delta\alpha}{\mathrm{d}t} = \Delta\omega_z - a_{41}\Delta\alpha - a_{42}\Delta\vartheta - a_{43}\Delta\delta_z - a_{44}F_{yd} \\[4pt] \dfrac{\mathrm{d}\Delta\vartheta}{\mathrm{d}t} = \Delta\omega_z \end{cases} \quad (9.34)$$

为了分析飞行初始段的弹道稳定性，将火箭扰动运动方程式改写为

$$\begin{bmatrix} \Delta\dot\omega_y \\ \Delta\dot\omega_z \\ \Delta\dot\beta \\ \Delta\dot\alpha \\ \Delta\dot\vartheta \end{bmatrix} = \boldsymbol{L}\begin{bmatrix} \Delta\omega_y \\ \Delta\omega_z \\ \Delta\beta \\ \Delta\alpha \\ \Delta\vartheta \end{bmatrix} + \begin{bmatrix} (a_{14}-a_{12}a_{32}) \\ 0 \\ -a_{32} \\ 0 \\ 0 \end{bmatrix}\Delta\delta_y + \begin{bmatrix} 0 \\ (a_{24}-a_{22}a_{43}) \\ 0 \\ -a_{43} \\ 0 \end{bmatrix}\Delta\delta_z + \begin{bmatrix} a_{15}M_{yd}-a_{12}a_{33}F_{zd} \\ a_{25}M_{zd}-a_{22}a_{44}F_{yd} \\ -a_{33}F_{zd} \\ -a_{44}F_{yd} \\ 0 \end{bmatrix}$$

$$L = \begin{bmatrix} (a_{11}+a_{12}) & 0 & (a_{13}-a_{12}a_{31}) & 0 & 0 \\ 0 & (a_{21}+a_{22}) & 0 & (a_{23}-a_{22}a_{41}) & -a_{22}a_{42} \\ 1 & 0 & -a_{31} & 0 & 0 \\ 0 & 1 & 0 & -a_{41} & -a_{42} \\ 0 & 1 & 0 & 0 & 0 \end{bmatrix} \quad (9.35)$$

式(9.35)即为在风和推力偏心的影响下,超远程制导火箭飞行初始段的扰动运动模型描述式。

9.5.2 MRAC 控制器设计

在飞行环境中,各项气动参数与攻角、飞行高度均与速度有关,由于末制导火箭弹受到各种干扰以及工艺误差的影响,有些真实的弹体参数难以确定;对于末制导火箭弹而言,马格努斯效应的经验公式常常在工程上失效;与传统控制系统设计所选取的特征点参数有一定的差异,导致动力学发生变化,有可能使控制系统的性能大幅度退化。另外,工程中选取有限个特征点,一般控制系统对特征点之间的参数变化不予处理,采用固定增益将使其性能有所退化。

鉴于以上事实,基于具有不确定性的误差积分扩维模型,引入跟踪误差作为参考模型反馈,并在自适应律中增大控制参数动态阻尼,运用可以保证系统稳定性的 Lyapunov 方法设计了末制导火箭弹 MIMO 系统的自适应控制系统,可以消除参数偏差的影响,使弹体快速、准确并鲁棒地跟踪响应制导指令,这对提高末制导火箭弹的动态性能和改善制导系统的品质特性具有重要意义。

末制导火箭弹一体化建立的俯仰/偏航通道数学模型是一个典型的 MIMO 系统。在末制导火箭弹飞行中,速度和高度在一定范围内变化,静稳定系数也会随着质心变化而变化,工程上马格努斯力矩系数难以准确获取。在很多实际工程中,在特征点处设计控制系统采用固定的控制参数,其性能往往会因实际弹体动态特性与数学模型的差异而有所退化。而自适应控制系统可以实时调整控制参数,防止性能大幅度降低,提高控制系统对外界干扰和自身偏差的自适应能力,在工程上具有重要的意义。

建立相应的自适应机构,构成参数可调的控制系统,其结构如图 9.10 所示。

图 9.10 基于输出反馈的两回路自适应控制器结构示意图

弹体动力学方程采用俯仰偏航一体化数学模型，以姿态角速度、攻角和侧滑角为状态变量，其状态矩阵 A 和控制矩阵 B 分别为

$$A = \begin{bmatrix} -a_\omega & a_G & -a_\alpha & -a_M \\ -a_G & -a_\omega & a_M & -a_\alpha \\ 1 & 0 & -b_\alpha & 0 \\ 0 & 1 & 0 & -b_\alpha \end{bmatrix}, \quad B = \begin{bmatrix} -a_\delta & 0 \\ 0 & -a_\delta \\ -b_\delta & 0 \\ 0 & -b_\delta \end{bmatrix} \quad (9.36)$$

弹上器件为角速率陀螺和加速度计，并可实时获取滚转角信息，因而可以输出准弹体系的姿态角速率和加速度，其量测方程为

$$\begin{bmatrix} \dot\vartheta \\ \dot\varphi \\ a_y \\ a_z \end{bmatrix} = \begin{bmatrix} 1 & 0 & 0 & 0 \\ 0 & 1 & 0 & 0 \\ -ca_\omega & ca_G & Vb_\alpha - ca_\alpha & -ca_M \\ -ca_G & -ca_\omega & ca_M & Vb_\alpha - ca_\alpha \end{bmatrix} \begin{bmatrix} \dot\vartheta \\ \dot\varphi \\ \alpha \\ \beta \end{bmatrix} + \begin{bmatrix} 0 & 0 \\ 0 & 0 \\ Vb_\delta - ca_\delta & 0 \\ 0 & Vb_\delta - ca_\delta \end{bmatrix} \begin{bmatrix} \delta_p \\ \delta_y \end{bmatrix} \quad (9.37)$$

式中，$C = \begin{bmatrix} 1 & 0 & 0 & 0 \\ 0 & 1 & 0 & 0 \\ -ca_\omega & ca_G & Vb_\alpha - ca_\alpha & -ca_M \\ -ca_G & -ca_\omega & ca_M & Vb_\alpha - ca_\alpha \end{bmatrix}$。

由于矩阵 C 可逆，输出反馈与状态反馈等价，而且两者的增益矩阵可以相互转换，同样，系统输出与状态变量之间存在确定的等量关系，因而能构造出跟踪误差向量。

在特征点处，根据性能指标通过极点配置设计方法可获得理论的 K_x、K_r，则对应参考模型的状态矩阵 A_{ref} 和输入矩阵 B_{ref} 分别为

$$\begin{aligned} A_{\text{ref}} &= A - BK_x \\ B_{\text{ref}} &= BK_r \end{aligned} \quad (9.38)$$

在纵向通道输入周期为 1 s 的交变阶跃攻角指令，将马格努斯效应增大一倍，并将控制参数的初值设置为理论值的一半，自适应控制下的末制导火箭弹过载响应、姿态角速度响应以及舵指令输入分别如图 9.11、图 9.12、图 9.13 所示。

图 9.11 两个通道过载响应曲线

图 9.12　姿态角速度响应曲线

图 9.13　舵偏角指令曲线

可以看出，自适应系统具有很好的解耦特性，对于俯仰通道指令，耦合效应导致的偏航通道过渡过程非常迅速，且幅值很小，其对制导系统影响甚微，在控制参数初始误差较大的情况下，系统仍可以获得良好的动态性能和解耦特性。俯仰通道可以准确跟踪指令，而耦合效应引起的偏航通道高频振荡也很快收敛，其幅值随着自适应过程迅速减小。

9.5.3　室内图像制导半实物仿真系统应用方案

通过建设该图像制导半实物仿真试验系统，提供电视/红外图像导引头、惯性组件、弹上计算机、舵机等关键制导控制部件在回路的半实物仿真试验系统，可有效地进行电视/红外图像制导半实物仿真试验，完成图像制导导弹制导控制系统性能优化、性能测试、导弹总体性能评估与关键部件性能测试评估，为目前的导弹型号研制及以后的电视/红外制导研究项目提供一个有效可靠的仿真试验验证手段，可明显降低研制经费，缩短研制周期。整个制导弹药半实物仿真试验系统如图 9.14 所示，其中电视/红外半实物仿真试验系统区别于其他类型半实物仿真试验系统如图中红字部分所示。

第 9 章 采用自适应控制的半实物仿真试验

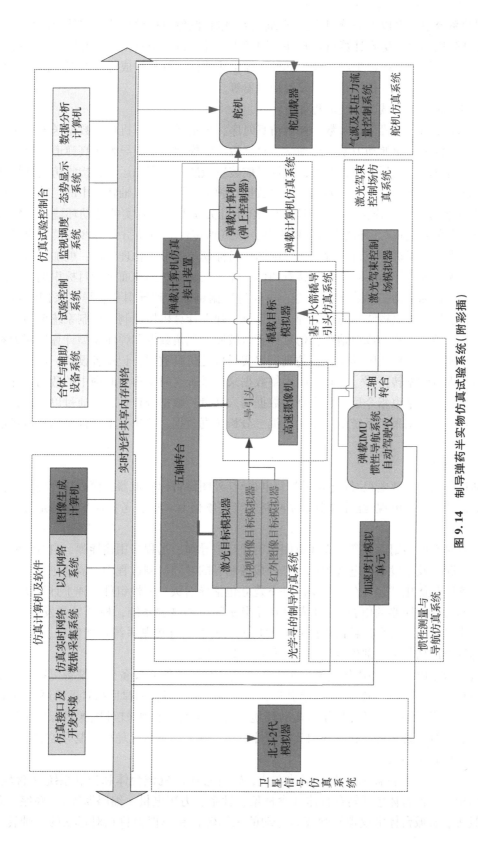

图 9.14 制导弹药半实物仿真试验系统（附彩插）

本试验系统主要由以下部分组成：五轴转台、电视图像目标模拟器、红外图像目标模拟器、仿真试验控制台、仿真计算机及软件、图像生成计算机、仿真接口及开发环境、可见光图像目标背景数据库及图像生成软件、红外图像生成软件、红外热成像测温仪、仿真实时网络数据采集系统、数据分析计算机以及舵加载器等。

图像制导武器仿真试验系统流程如下：

仿真试验控制台设置仿真参数，控制仿真时序，采集弹上计算机输出数据送入实时网记录；仿真计算机运行导弹动力学、运动学、目标运动学模型，生成导弹仿真弹道及目标运动坐标，通过实时网发送到各仿真设备；惯性导航装置敏感转台姿态运动，接收仿真计算机导弹运动坐标，综合运算形成导弹姿态、位移数据给弹上计算机；五轴转台中的三轴转台负载电视/红外成像导引头，模拟导弹姿态运动，给导引头提供一个真实的运动环境；五轴转台中的二轴转台负载电视/红外图像目标模拟器，以三轴转台上的导引头为参考模拟弹目相对运动；图像生成计算机生成目标背景图像给图像目标模拟器形成物理图像；舵加载器按照指令给舵机实施加载；导引头敏感目标背景图像，经数据链传送到地面进行目标识别，形成误差信息，跟踪目标运动，形成跟踪指令，再经过数据链上传到导引头；导引头跟踪目标运动，通过数字接口输出视线角速度到弹上计算机；弹上计算机按照制导控制系统模型计算形成控制指令，送入舵机形成舵偏角；仿真计算机按照舵偏角数据和弹体模型计算控制力和力矩，控制导弹飞行，形成闭环仿真。仿真接口实时传送仿真数据，记录各设备、产品、导弹飞行数据，进行数据转换等。仿真实时网络数据采集系统实时采集实时网中的数据，并在仿真计算机给出仿真结束指令后将采集到的数据写入硬盘。数据分析计算机通过以太网直接访问仿真实时网络数据采集系统所记录的数据，分析仿真数据，给出弹上部件及仿真设备的运行曲线。

1. 仿真转台

五轴转台用于负载电视/红外导引头及电视/红外图像目标模拟器，模拟导弹姿态运动与弹目相对运动，实现电视/红外导引头在回路的半实物仿真试验，考核制导控制系统的总体性能。

在将要研究的多用途导弹、无线电图像制导空地导弹、远程多用途导弹、自寻的轻弹等中段地形匹配以及末段采用电视图像或红外成像制导的导弹研制过程中，需要进行大量的性能评估、测试和优化试验。在实验室条件下建立包括导引头、惯性组件、弹上计算机、舵机等制导控制部件在回路的电视/红外成像制导半实物仿真试验系统，模拟导弹发射、制导、跟踪和击中目标的飞行全过程仿真试验，就是进行成像制导控制系统性能优化、性能测试、导弹总体性能评估与关键部件性能测试评估的最好手段。

仿真转台是电视/红外成像制导半实物仿真试验系统的核心设备，该设备可在实验室条件下为电视/红外成像精确制导导弹导引头提供与实际飞行姿态和弹目相对运动逼真的环境，即弹体三自由度运动环境及弹目相对运动环境，与仿真机、电视/红外图像目标模拟器等仿真设备一起进行系统集成，建立导引头、惯性组件、弹上计算机、舵机等制导控制部件在回路的半实物仿真试验系统。

五轴转台系统的各轴采用电动驱动方式，转台总体由机械台体和控制系统（含软件）两部分组成。机械台体包括转台台体（含框架、轴系、力矩电机、编码器等）、底座及负载安装夹具等。机械台体由模拟导弹姿态运动的三轴转台和模拟弹目相对运动的二轴转台组成,结构上两个转台回转中心重合,构成一套五轴转台系统。

控制系统包括一个控制柜、两个功放柜、操控台和变压器,其中控制柜中安放有主控计算机、功率驱动部件、逻辑控制部件等,实现系统的启停控制,以及转台控制计算机的通信控制等;功放柜中主要安放功率放大器等,以对转台各轴电机进行供电;操控台由监控计算机、数据采集计算机和用户电源等组成。

五轴转台的工作原理:主控计算机生成三轴转台和二轴转台的控制指令,通过逻辑控制部件调节,由功率组件驱动各个轴的电机运行,以实现五轴转台的运动;同时,各个轴通过测试元件将台体的当前信息实时反馈回主控计算机,根据反馈,主控计算机实现对五轴转台进行精确控制。

仿真转台的主要技术参数:

(1) 三轴转台的技术参数如表 9.4 所示,二轴转台的技术参数如表 9.5 所示。

表 9.4 三轴转台的技术参数

项目	指标			备注
	外轴	中轴	内轴（滚转）	
转角范围/(°)	±60	±60	±100	
静态精度/(°)	0.002	0.002	0.002	
最大跟踪速度/[(°)·s^{-1}]	300	300	400	
最大加速度/[(°)·s^{-2}]	2 500	3 500	7 000	
三轴同时运动最大加速度/[(°)·s^{-2}]	2 000	2 500	5 000	
最小平稳速度/[(°)·s^{-1}]	0.002	0.002	0.002	
频响:双十指标/Hz	8	10	12	
频响:90°相移/Hz	15	20	25	
中外轴同时运动指标	±8°幅值,2 Hz,连续运动 20 s; ±10°幅值,2 Hz,连续运动 20 s			
中外轴单独长时间连续运动性能	±5°幅值,3.5 Hz,连续运动 100 s			
三轴垂直度	优于 5″			
三轴相交度	优于 0.5 mm			
操作控制模式	手动、测试、仿真和远程控制			
结构形式	立式、内轴为桶式			
视场	水平不小于 65°、俯仰不小于 90°			
负载	10～25 kg（不含夹具）、25～40 kg（含夹具）。负载尺寸不小于 φ300 mm×700 mm。负载空间最小处不小于 φ300 mm,长度不小于 800 mm			

表9.5 二轴转台的技术参数

项目	指标		备注
	内轴	外轴	
转角范围/(°)	±50	±55	
静态位置精度/(°)	0.01	0.01	
最大跟踪角速度/[(°)·s^{-1}]	60	60	
最大加速度/[(°)·s^{-2}]	500	500	
最小平稳速度/[(°)·s^{-1}]	0.02	0.02	
频响：双十指标/Hz	4	4	
频响：90°相移/Hz	8	8	
转动中心与三轴转台重合度/mm	<1		
俯仰轴与三轴转台俯仰轴相交度	10″		
操作控制模式	手动、测试、仿真和远程控制		
结构形式	以三轴转台中心为转动中心，水平轴与地面平行，当三轴转台在零位时，与其俯仰轴重合		
负载	质量大于45 kg，尺寸大于φ300 mm × 400 mm。负载安装中心与三轴转台中心的距离为600~800 mm。负载安装面尺寸按照用户提出的具体要求进行设计		

2. 电视图像目标模拟器

电视图像目标模拟器用于模拟电视图像目标背景的动态图像，给电视导引头一个真实的可见光图像目标场景。电视图像目标模拟器是电视成像制导半实物仿真试验系统的一个重要组成部分，该设备与电视导引头互相配合，搁置在二轴转台上，由电视图像目标模拟器实时生成可见光图像，并实现与导引头光学系统的耦合，为电视导引头提供逼真的动态目标背景图像，要求图像具有高分辨率、高对比度、高亮度均匀性和高清晰度。

电视图像目标模拟器主要由场景生成计算机、可见光场景投射子系统、控制子系统与标定子系统4部分组成。

(1) 场景生成计算机：包括图形工作站及软件两大部分，负责完成电视图像的几何模型建库、电视视频图像的参数设定、目标运动参数设置，生成满足各种试验任务所需的背景、目标和干扰源场景。

(2) 可见光场景投射子系统：安装在五轴转台的外两轴上，用来模拟无穷远可见光目标场景，使导引头观察到清晰、均匀，相当于无限远的目标，并可以根据导引头的大小现场状态，按控制子系统指令实现可见光目标模拟分系统大小现场的快速切换。

(3) 控制子系统：与五轴转台等仿真设备联用时完成与仿真系统的通信、光源及光强度控制、目标模拟数据库建立、测试标定等功能。作为单独系统使用时还可以完成试验控制、试验状态监视等功能。

(4) 标定子系统：用于对目标模拟分系统输出场景、输出目标的照度、畸变和均匀性等进行测试和标定。

3. 红外图像目标模拟器

红外图像目标模拟器用于模拟红外图像目标背景的动态图像，给红外导引头一个真实的红外物理场景。

红外图像目标模拟器是红外成像制导半实物仿真试验系统的一个重要组成部分。该设备与红外导引头互相配合，由红外图像目标模拟器将图形计算机生成的图像源实时转换成动态红外辐射场图像，形成满足红外导引头需要的红外视场及目标运动特性，要求红外目标背景视场具有高温度分辨率、高空间分辨率、高对比度、高帧频等特点。

红外图像目标模拟器由红外目标场景产生模块和测试模块组成。其中红外目标场景产生模块为基本模块，接入半实物仿真系统中。而测试模块作为辅助模块，与基本模块组合在一起，用于仿真试验前的检测和小闭环仿真检测导引头性能。

(1) 红外目标场景产生模块：该模块主要包括微镜系统、微镜图像驱动软件、可视化视景演示系统。微镜系统由微反射镜（DMD）阵列系统、视频驱动系统、视频转换装置、同步装置、红外目标源和红外光学系统组成。微镜图像驱动软件为微镜系统提供驱动数据源。

(2) 测试模块：该模块包括高性能图像采集卡、非制冷型红外热成像仪、高性能驱动测试计算机及测试数据分析软件，与红外目标场景产生模块一起，用于对红外图像目标模拟器进行检测和小闭环仿真检测红外导引头性能。

4. 可见光图像目标背景数据库及图像生成软件

可见光图像背景数据库及图像生成软件为仿真子系统主要软件支撑，包括用于实时生成图像目标背景的应用软件和包括各种目标场景基础图像模型的可见光图像目标背景数据库，作为实时图像生成的基础模型。

可见光图像目标背景数据库及图像生成软件作为电视图像制导仿真系统的一个重要组成部分，主要用于视景仿真过程中的三维可视化表示，其建模的逼真程度直接影响到视景仿真试验的效果，直接影响到武器系统部件性能的测试、评估及优化。

5. 红外图像生成软件

红外图像生成软件是仿真子系统的主要软件支撑，包括用于实时生成红外图像目标背景的应用软件、部分红外目标场景基础图像模型、环境效应模型，作为实时红外图像生成的基础模型。

红外图像生成软件作为红外图像制导半实物仿真试验系统的一个重要组成部分，主要用于生成目标背景的红外灰度图像，通过红外图像目标模拟器转化为动态红外辐射场，提供红外导引头识别，对红外导引头的性能进行评估、测试。

红外图像生成软件组成框图如图 9.15 所示。

图 9.15 红外图像生成软件组成框图

红外图像生成软件系统有两种运行模式：仿真模式和测试模式。

（1）仿真模式：操作人员通过人机交互模块设置初始参数，然后实时通信模块通过实时网络接收仿真计算机计算输出的控制指令和运行参数，通过视景渲染模块调用红外目标背景模型库，红外生成模块将其生成动态红外图像。

（2）测试模式：操作人员通过人机交互模块对目标、飞行器等的基本参数（如类型、距离、姿态等）进行设置，预先设定好目标的运动轨迹，通过视景渲染模块调用红外目标背景模型库，红外生成模块将其生成动态红外图像。该模式主要对导引头等进行功能和参数测试。

6. 仿真接口及开发环境

该设备为仿真系统中各仿真设备、接口设备之间提供实时通信的硬件及开发平台环境，由用户进行接口开发，实现仿真设备与参试部件的无缝连接，确保仿真系统的实时性。

7. 仿真试验控制台

仿真试验控制台是提高半实物仿真效率和仿真自动化程度的主要关键设备。仿真试验控制台由实时控制计算机、实时显示监测计算机、试验接口箱、操作台、硬件板卡以及应用软件组成。根据当前型号任务的要求，同时考虑未来型号的发展，该仿真试验控制台将是一个高度自动化、高度集成的通用测试控制系统，利用实时光纤网将各个仿真分系统和试验产品组成一个分布式网络，不仅可以完成综合供电、时序控制以及数据的采集与显示等功能，还可以通过良好的人机界面对整个仿真系统，包括产品的试验状态等给出全面和清晰的显示。

◆ 试验控制子系统：用于试验全过程的控制，该子系统采用两台高性能服务器以及相应的软件来实现过程控制功能，通过实时光纤网和千兆以太网试验参试实物进行通信，用于对仿真试验系统及工作状态的集中控制，实现设备状态监测、流程控制等任务具体功能。软件系统是整个试验控制子系统的核心，软件以硬件系统为基础，完成试验进程控制、设备控制、任务管理、试验安全控制等功能。

◆ 数据管理：对仿真试验全过程的数据进行管理。具体包括：仿真试验任务初始化数据管理；试验结果数据分析与处理；仿真试验报告生成；仿真试验数据库管理等。
◆ 态势显示子系统：用于制导武器半实物仿真实验过程中，根据实时仿真数据，采用虚拟场景技术生成试验场景态势，为试验指挥人员决策提供参考。
◆ 监视调度子系统：主要用来实现整个试验过程中，项目试验负责人对所有参试人员的集中监控与指挥、调度、试验安排与现场情况的通报，以及试验过程记录等方面的功能。

室内图像制导半实物仿真系统框图如图 9.16 所示。

图 9.16　室内图像制导半实物仿真系统框图

8. 图像寻的制导仿真方案分析

按照工作波长的不同范围，图像寻的制导仿真方案可分为可见光和红外两种。目前图像寻的制导仿真，如果从图像信号注入方式上来说有以下两类方案。

(1) 直接注入式：采用计算机成像系统用数学模型可以直接得到进入导引头的目标场景，然后通过光学转换器得到电视/红外图像，通过图像计算机、光学伺服系统得到满足大小、照度、视场等要求的图像信息，通过光学系统耦合直接作用于导引头，实现目标物理特性模拟，弹目相对运动特性通过安装光学系统的二轴转台实现。该方案与弹体姿态运动模拟器复合构成五轴转台，其特点在于可以更换不同的目标模拟器，实现多种光学波段寻的制导仿真。

(2) 反射式：只适合于电视图像制导。采用 LPD 投影机通过正投、背投方式将计算机图像投入背景墙或幕布上，电视导引头安装在三轴转台上，面对幕布；在地面或转台上安装一透镜系统（光学耦合装置），使导引头能够通过透镜看清幕布上的目标。该方案的特点在于透镜必须满足导引头视场、弹体姿态运动范围的要求，而图像的光学照度不能控制，但造价不高，是在仅有三轴转台情况下的理想方案。

相比较而言，采用五轴转台的直接注入式图像目标模拟器与采用注入式激光目标模拟器方法相似,可以共用五轴转台,具体的可扩展性,比较适合本部分。

9. 红外寻的制导仿真方案分析

针对红外点源寻的制导系统的半实物仿真,一般需要红外点源目标模拟器,直接针对黑体的辐射能量和温度进行控制,模拟目标的辐射特性即可。

相对对地攻击的战术目标,对空攻击的典型目标——飞机的温度范围大,辐射能量变化是其最主要的特点,导引头是根据红外中波段的辐射能量来进行目标识别的,与图像制导的导引头是根据目标成像的灰度等级通过图像识别方法实现目标识别的,它们本质上是不同的。但采用红外图像目标模拟器可以模拟一定能量、温度范围内的红外点源目标的辐射特性,只能保证导引头对目标的识别,无法模拟辐射特性随弹目距离的变化,模拟范围受到很大限制。

如果红外成像目标模拟器采用数字微镜器件(DMD)方案,由于DMD的调频工作机理,将会与导引头的旋转调制工作机理发生冲突,而且导引头的调制盘是按弹体旋转速度调制的,这样会使导引头产生频闪,出现丢失信号的现象。

同时由于红外点源的导引头视场较小,其光学系统原理与成像导引头的也不一样,因此红外图像目标模拟器还需要专门为红外导引头定制一个光学输出系统,与导引头光学系统耦合。相对红外成像目标模拟器,红外点源目标模拟器的技术难度较小,因此可考虑在红外成像模拟器之中,增加模拟红外点源目标的功能,黑体共用,电控和光学模块单独研制。

9.4.4 室外图像制导半实物仿真系统与火箭橇结合应用方案

室内仿真系统能够完成制导控制系统的大部分功能测试与仿真,随着战场环境的复杂性,越来越要求导弹能够在复杂背景环境下正常使用,这样可以利用室内仿真系统,并结合室外平台,联合进行仿真。

电视/红外导引头仿真测试系统需要提供的试验环境包括:

◆ 为导引头提供姿态角度运动;
◆ 为导引头提供目标运动环境或弹目相对运动环境;
◆ 提供照射机和真实目标物理环境。

此三项分别用三轴转台、移动目标模拟系统和移动目标试验平台实现物理模拟。依据以上分析,导引头仿真测试系统主要由移动目标模拟系统、导引头姿态模拟系统(以三轴电动转台为主要设备)、仿真计算机系统、实时通信接口系统、移动目标试验平台系统(时统、速度与位置实时监控)等五大部分组成。图9.17为采用外场设备进行导引头测试的仿真测试系统框图。

导引头测试仿真的主要仿真设备包括:

● 移动目标模拟系统:包括可见光目标模型靶板、红外整列靶板;
● 导引头姿态模拟系统:包括三轴电动转台。

1. 移动目标试验平台系统

移动目标试验平台系统基于室外火箭橇试验平台系统而论。

图 9.17 采用外场设备进行导引头测试的半实物仿真系统框图

(1) 火箭橇设计。

火箭橇的总体技术方案确定为：运动过程分加速段、续航段、滑行段及制动段；采用固体火箭发动机；用反向火箭运动机制动；采用地面触发及电子延时发火机构双重制动点火保险；火箭橇配置力求降低质心高度，左右对称，减小力矩作用，采用微推偏喷管技术等使火箭橇运动稳定；结构简单，易现场操作；尽可能采用简易导轨结构等。

(2) 火箭橇位置与速度的实时测量系统。

在仿真的每一帧里都需要火箭橇的位置和速度作为已知参量，以供弹目视线的解算和视线角的实时复现。

(3) 火箭橇试验平台与全系统的时间统一系统。

火箭橇试验平台系统与其他仿真设备之间存在时间统一的问题，在系统中需设计专门的时统系统，也可以在火箭橇系统的现有时间统一系统上进行改造，或统一使用 GPS 高精度授时，从而完成系统的时间同步。

2. 移动目标模拟系统

移动目标模拟系统基于火箭橇载目标模拟系统而论。

移动目标模拟系统设计是全系统的关键，其系统设计主要包括红外目标模拟系统（点红外阵列靶板、控制计算机、图形计算机等）、可见光目标模型靶板。

对于红外目标模拟系统，包括模拟器本体（由场景发生器、测量标定系统、控制计算机以及相关通信设备组成）、控制计算机和红外整列靶板，可模拟红外目标场景图像、目标/场景的红外辐射特性，外场红外整列目标靶板主要通过一定空间频率的目标与背景温差的红外辐射信号，为红外成像单个靶元的精确系统提供定量的目标，用于红外系统的空间及温度分辨率的鉴定，也可用作对激光波束的漫反射体。

试验中，将弹体的运动模型与弹目相对运动模型都下载到仿真计算机中运行。仿真计算机将生成的弹体姿态角通过 RS422 串口发送到三轴转台下位机驱动三轴转台实时实现弹体姿态变化。导弹进入末导段后，仿真计算机将弹目视线角经坐标转换，再根据仿真实验室内各设备的位置关系计算出二轴转台的运动角度,通过 RS422 串口发送到二轴转台下位机驱动二轴转台,仿真计算机将二轴转台的姿态信息经实时采集并运用到仿真模型中,形成新的制导指令,从而改变弹体姿态,引导导弹飞向目标。

9.4.5 半实物仿真结果

为了验证所搭建半实物仿真系统的可行性和实用性,下面分别对其进行开环控制回路仿真、带自适应控制系统的姿态仿真以及闭环全弹道仿真等试验。

1. 开环控制回路仿真

为便于问题分析与故障检测,在进行闭环全弹道半实物仿真试验前应先确保控制回路能够正常工作,之后再进一步考虑加入制导回路进行全弹道仿真试验,因此有必要先对半实物仿真系统控制回路的有效性进行仿真验证。首先通过仿真计算机向转台输送 5 r/s 的滚转控制指令控制转台运动,根据由转台敏感元件采集反馈的实际运动状态确认其控制回路是否工作正常。图 9.18 为控制回路的滚转角变化曲线,从中可看出仿真结果与给出指令基本一致,控制回路能够正常工作,可进一步进行后续仿真试验。

图 9.18 半实物仿真弹道变化曲线

2. 带自适应控制系统的姿态仿真

由于在全弹道半实物仿真试验过程中,弹道末端存在姿态抖动过于剧烈、运动幅度较大等现象,容易导致飞行器失稳、脱靶量较大以及试验安全隐患等问题,因此在半实物仿真系统的控制算法中加入自适应控制对其姿态运动进行改善。

图 9.19 为加入自适应控制前后的半实物仿真姿态变化对比曲线,从中可以看出,在弹道运动末端无控制系统的俯仰角速率和偏航角速率剧烈突变,且在飞行过程中角速率变化较为不稳定,存在失稳风险,而有控制系统的俯仰角速率和偏航角速率全过程变化稳定,表明自适应控制的加入可有效改善飞行器的运动姿态,能够降低半实物仿真试验的风险。

图 9.19 加入自适应控制前后半实物仿真姿态变化曲线对比图（附彩插）

(a) 俯仰角速率变化曲线；(b) 偏航角速率变化曲线

(1) 半实物仿真与数学仿真对比试验。

给定一个固定制导指令，纵向制导指令为 3.675 m/s^2，侧向制导指令为 0 m/s^2。引入 2 Hz 的干扰力矩。对比不同转速下原弹体和采用自适应控制的数学模型与弹上计算机模型的姿态角响应。对比不同转速下数学仿真与半实物仿真的姿态角响应曲线，如图 9.20 ~ 图 9.23 所示。

图 9.20 6.6 Hz 姿态角响应曲线

(2) 控制回路仿真结果。

给定一个固定制导指令，在给定转速下数学仿真与半实物仿真的姿态角响应对比曲线如图 9.24 ~ 图 9.26 所示。

图 9.21 4 Hz 姿态角响应曲线

图 9.22 8 Hz 姿态角响应曲线

图 9.23 不同转速下姿态角响应曲线

图 9.24　6.6 Hz 姿态角响应曲线

图 9.25　4 Hz 姿态角响应曲线

图 9.26　8 Hz 姿态角响应曲线

3. 闭环全弹道仿真

为了进一步验证所搭建半实物仿真系统的性能,将弹载计算机接入半实物仿真系统中进行闭环全弹道半实物仿真。

- 典型案例1:其仿真结果如图9.27~图9.33所示。

图 9.27 攻角、侧滑角曲线

图 9.28 弹道倾角曲线

图 9.29 弹道偏角曲线

图 9.30 纵向过载指令曲线

图 9.31 纵向视线角速度曲线

图 9.32 侧向过载指令曲线

图 9.33 侧向视线角速度曲线

- 典型条件 2：其仿真结果如图 9.34～图 9.40 所示。

图 9.34 攻角、侧滑角曲线

图 9.35 弹道倾角曲线

图 9.36　弹道偏角曲线

图 9.37　纵向过载指令曲线

图 9.38　纵向视线角速度曲线

图 9.39 侧向过载指令曲线

图 9.40 侧向视线角速度曲线

- 典型案例 3：其仿真结果如图 9.41～图 9.44 所示。

图 9.41 姿态角曲线

图 9.42 攻角、侧滑角曲线

图 9.43 弹道倾角曲线

图 9.44 半实物仿真弹道偏角曲线

有无自适应控制对比结果，如图 9.45 ~ 图 9.50 所示。

图 9.45 攻角对比曲线

图 9.46 攻角对比曲线（54 ~ 58 s）

图 9.47 侧滑角对比曲线

图 9.48　侧滑角对比曲线（54~58 s）

图 9.49　俯仰角对比曲线

图 9.50　半实物仿真偏航角对比曲线

习　题

1. 试用半实物仿真试验证明自适应控制对总体系统的影响。根据角度输出结果分析该控制系统的自适应控制效果。
2. 试举出一两个具有采用自适应控制方案的半实物仿真系统和方案。
3. 在激光半实物仿真系统什么条件下宜采用或不宜采用自适应控制，为什么？
4. 在半实物仿真系统中如何设计弹载控制系统，并采用自适应控制设计方案进行验证。

第 10 章
自适应与人工智能

10.1 概述

人工智能在最近十多年来越来越受到工业界与学术界的关注，同时由于计算力的快速提升，一批技术成果纷纷涌现，特别是在围棋、语音识别等领域获得了世界范围内的轰动效应。当代人工智能理论与方法中核心的技术基本上围绕了神经网络架构的设计与模型训练，这一点区别于传统的人工智能方法，后者是基于编写不同的复杂计算机程序来解决问题的。神经网络模型参数的适应性调节很大程度来源于数据集的训练，参数是通过不断调整才达到理想值的，在这一点上，与自适应控制理论的核心点可以说是异曲同工，都是通过调整来达到系统的期望性能。

下面阐述一下近年来人工智能相关的代表性成果。在 2016 年初，谷歌 DeepMind 公司开发了阿尔法围棋（AlphaGo）程序，围棋职业 9 段选手李世石作为人类代表与计算机对决，最终 AlphaGo 在这场人机对战中取得了胜利，其主要工作原理是使用了大量的高手对局数据来训练神经网络。2017 年出现的 AlphaGo Zero 在此基础上有了质的提升，它与 AlphaGo 最大的区别在于它不再需要人类提供的棋谱，在双方对局中，AlphaGo Zero 通过自我博弈式的迭代训练最终以 100∶0 的成绩战胜了 AlphaGo。此外，随着训练的深入，AlphaGo Zero 可以自主拓展出新的棋路，这为围棋的下法带来了新的思路。AlphaGo Zero 的主要工作原理是采用了强化学习（Reinforcement Learning，RL）算法。2022 年至今，OpenAI 公司正在生成式人工智能大模型上取得突飞猛进的业绩，带动了英伟达硬件和相关人形机器人公司的发展和估值提升。人工智能在理论方面的重要工作包括，1962 年 Frank Rosenblatt 出版了《神经动力学原理：感知器和大脑机制的理论》（*Principles of Neurodynamics*：*Perceptrons and the Theory of Brain Mechanisms*），该书介绍了一种应用于具有单层可变权重的神经网络模型的学习算法，该算法是今天的深度神经网络模型算法的前身。同年，David Hubei 和 Torsten Wiesel 发表了《猫的视觉皮质中的感受野、双目互动和功能架构》（*Receptive Fields，Binocular Interaction and Functional Architecture in the Cat's Visual Cortex*），第一次报道了由微电极记录的单个神经元的响应特性。目前深度学习网络的架构类似于视觉皮质的层次结构。1969 年，Marvin Minsky 和 Seymour Papert 出版了《感知器》（*Perceptrons*），该书指出了单个神经元的计算极限。1979 年，Geoffrey Hinton 和 James Anderson 在加州 La Jolla 举办了"并联记忆的并行模型"（*Parallel Models of Associative Memory*）研讨会，把新一代的神经网络先驱们聚集到一起，同时在 1981 年发表同名研究著作。

  人工智能理论应用到控制方面，目的是克服常规控制方法存在的一些缺点。线性时不变系统模型虽然相对简单，但是由此抽象出的模型往往存在与实际系统脱节的情况；复杂的非线性控制系统模型又会导致控制方法变得复杂、建模成本过高等，而相较于传统的控制方法，基于人工智能理论的控制方法更有助于提高飞行控制系统模型适应不确性的能力，并逐渐成为实现无人机智能化控制的主流方法。智能控制是具有智能信息处理、反馈和决策功能的控制方式，是目前控制理论发展的高级阶段，主要用来解决传统方法难以解决的复杂系统的控制问题。人工智能算法根据其提供的功能大致分为三类：知识算法、学习算法和全局搜索算法。知识算法主要由模糊系统和专家系统组成；学习算法包含神经网络等；全局搜索算法包含搜索和优化算法，例如遗传算法和群体智能。而基于知识算法设计的控制器无法适应外界不确定性且缺乏鲁棒性，不适用于带有噪声传感器和复杂非线性动力学的控制任务；全局搜索算法对于飞行器的实时控制而言非常耗时，故知识算法和全局搜索算法不具有直接控制飞行器执行机构的功能。神经网络控制方法是人工神经网络与自动控制学科的交叉产物，是 20 世纪 80 年代兴起的自控领域前沿学科，可以通俗地将其理解为传统反馈控制中的控制器被神经网络替代。神经网络控制方法具有适用于控制的特性，如通用的逼近器、可抗噪声以及提供预测控制。20 世纪 90 年代，有学者试图创建一个在整个飞行包线内均有效的控制器，而在控制器的选择上，非线性控制器具备很大的优势，它们将非线性系统转换为等效的线性表达形式，并使用了线性控制器（如 PID 或 LQG）。由于线性反馈需要含有误差的飞机模型，有研究人员针对飞机控制问题使用了两个神经网络，第一个神经网络利用数学模型进行离线训练，第二个神经网络在线进行微调以补偿模型误差，证明了神经网络控制可以保证控制器的稳定性。美国国家航空航天局也曾在飞行器智能控制领域展开了相关研究，该局负责的智能飞行控制系统项目主要研究了如何提高神经网络自适应控制系统的能力，保证飞行器在故障期间仍具有稳定性。仿真结果表明了与非神经网络控制相比，带有神经网络的自适应控制系统在飞行器发生故障后能够将飞机恢复到稳定状态，并且所需的时间更短、运行更加平稳，而这项工作的不足之处在于试验机是经过高度改装的 F15，并且仅进行了仿真验证。2006 年，NASA 开始了真实的飞行测试，在这些试飞过程中模拟了两次故障，测试结果表明，在故障期间启用神经网络控制可以改善控制效果。这也表明了，基于神经网络的控制器具有一定的应用前景。2010 年，Travis Dierks 等人针对四旋翼无人机提出了一种由神经网络构成的智能飞行控制系统，通过引入神经网络来在线学习四旋翼无人机的完整动力学模型（包括不确定的非线性项，例如空气动力摩擦和叶片拍打引起的未知项），以实现沿规划的路径导航。这种方法使飞行器能够实时适应外部干扰及未建模的动力学模型，当被控对象的动力学模型未知时，该方法在轨迹跟踪方面优于 PID 控制器。由此可见，神经网络是一种模仿动物神经网络行为特征，进行分布式信息并行处理的算法数学模型，现今已发展成了智能控制的一个重要领域分支。自适应控制与神经网络控制相比，存在以下不足：

  （1）自适应控制器需要提前设计一个结构已知的过程模型，并且对于不确定性条件需要做针对性的设计，而神经网络控制器可以不需要先验知识，且对于具有不确定性的系统适用性很高。

  （2）自适应控制器相当于一个只有输入输出层的神经网络，两层以上的神经网络控制模型可以认为是常见的自适应控制器的推广。

（3）神经网络在拓扑结构、权重自适应律以及非线性激活函数的选择上都有很大的灵活性。

Warrant Weaver 所定义的系统分为简单系统、无序的复杂系统和有序的复杂系统。经典力学研究的对象变量很有限，变量之间的关系符合简单的力学关系，而无序的复杂系统一般用统计力学的方法来分析。进入新的时代后，现在生物学、神经网络把人们的注意力引入有序的复杂系统研究。在有序的复杂系统中，变量的数目可达到百万级乃至更多，而这些变量之间的关系只是太复杂而不是杂乱无章，如何研究这些有序的复杂问题是科学家和工程师们正在努力的方向，神经网络是典型的有序复杂系统。进入 21 世纪后，自从谷歌公司的 AlphaGo 围棋人工智能获得突破（获得了意想不到的成绩），特别是后来的 AlphaGo Zero 人工智能程序通过神经网络架构和规则的设计，围棋程序能够自适应地不断迭代和优化提升能力，AlphaGo Zero 完全忽略人类的知识，且能创造人类从未使用过的招数，还没有输过。近年来，OpenAI 带来的生成式人工智能正走入广大人民群众的生活，人工智能因此受到越来越多的重视，具体而言，深度学习网络和强化学习结构是目前人工智能领域前沿的技术。人工智能理论的发展也不是一帆风顺的，其中的关键理论——神经网络在 20 世纪 70—80 年代曾经一度受到重视，但是后来又沉寂了一段时间，原因在于神经网络的理论性和可解释性存在问题，很多时候没有办法对神经网络输出的结果进行理论证明。在这方面的理论工作有一点值得一提，就是约翰·霍普菲尔德解决了一种强交互网络的收敛问题，他证明了一种独特的非线性网络模型，即现在的"霍普菲尔德网络"，能确保收敛到一种叫"吸引子"的稳定状态，而一般的高度非线性网络很容易发生振荡，或表现出混沌。霍普菲尔德网络的重大突破性在于，它能在数学上保证收敛，研究人员曾经认为要分析高度非线性网络的一般情况是不可能的，当网络中的所有单元同时更新时，所引发的动态情况是非常复杂的，没有办法保证收敛，而霍普菲尔德网络展示出，当网络中单元的更新是顺序进行的时候，一种单元组彼此双向连接并且权重相同的特殊对称网络，最终是能够收敛的，越来越多的证据表明，保存关于特殊事件和独特对象长期记忆的海马体中的神经网络存在像霍普菲尔德网络中的那种吸引子状态。霍普菲尔德网络的单元如果可以拥有 0 到 1 的连续值，则称为汤克网络，汤克网络能很好地解决比如旅行商问题等。霍普菲尔德网络和汤克网络经过初始状态最终能收敛到一个最小能量状态。神经网络参数的调整过程实际上可以通过一个自适应架构来进行设计，特别是强化学习网络，通过智能体与环境的交互来进行迭代更新。反向传递网络也是通过监督学习的情况，把理想结果与实际结果进行比较，然后通过梯度法进行权值调整。具有自适应功能的神经网络其实就是人工智能的核心。目前而言的神经网络，只是具有单一功能，比如神经网络能够识别手写，能够进行翻译和下围棋，但是基本不能同时具备多种功能，不像真正的人类，可以通过不断学习新的东西获得各种新的技能，对于此情况的一种解释是目前的神经网络的结构复杂度还远不如人类大脑中的神经网络，比如人类大脑有 860 亿个神经元，每个神经元可长出 8 000 个链接，大脑皮层突触总数大约为 100 万亿。

10.2　深度学习网络与自适应

深度学习在过去十年间为数据科学领域带来了一场革命，它使许多之前被认为无法实现的任务成为可能，如计算机视觉、语音识别、自然语言翻译或围棋游戏等。现代深度学习中有各种各样的结构,但缺乏统一原理和框架,类似于 Felix Klein 的爱尔兰根纲领。对于这个问题,近期 Michael Bronstein 等人在 Geometric deep learning: going beyond Euclidean data 论文中引入了"几何深度学习"概念,作为近期从几何学的角度将机器学习统一起来的尝试,它提出了一个通用的数学框架,从而推导出当下最成功的神经网络架构,给出了一种建设性的过程,以一种有条理的方法构建未来的框架。

深度学习网络的发展受到香农(1916—2001)信息论和图灵(1912—1954)计算理论的影响。图灵在其《计算机器与智能》中提出了"机器可以思考吗"这一问题,在他描述的"图灵测试"中,如果一个人在使用文本交互时不能区分他的对话对象到底是人类还是机器,那么就可以认为这台机器是有智能的。同时,因为人工智能实际上就是让机器模拟人的智能,那么人本身的特点研究对于人工智能的发展影响很大,而神经学与心理学探究的就是人本身的智能机理。赫布(1904—1985)在《行为的组织》中提出了赫布理论:神经是通过正向强化来学习的。这个理论是感知机学习算法的原型,成了支撑今日深度学习的随机梯度下降算法的基础:强化合意的行为,惩罚不合意的行为,最后获得好的网络参数。绝大多数神经网络包含两个核心原则:一是交替使用线性处理单元与非线性处理单元,它们经常被称为"层";二是使用链式法则(即反向传播)来更新网络参数。深度学习网络的大发展除了受到计算力硬件和软件水平提升关系影响外,其他主要包括优秀的容量控制方法、注意力机制、记忆网络、神经编码器–解释器的多阶段设计、生成对抗网络的发明、分布式并行计算和深度学习框架的建立等。目前深度学习已经渗透到生活的方方面面,其中智能设备助手包括苹果公司的 Siri、亚马逊的 Alexa 和小米公司的小爱同学等,在技术应用层面,自动驾驶汽车中的视觉处理部分、各类高端竞技用的棋牌游戏等。深度学习已经变成了很多行业可以使用的工具,工程师和科学家可以团结协作利用这一工具,调整算法程序以适应各种具体需求来解决实际问题。

在神经网络的调参过程中,通过算法的设计,自适应地改变网络中参数的权重,与 MIT 法则用梯度法改变参数很类似。自适应理论基本都是针对变量较少的系统,若涉及多变量系统和复杂系统,则利用神经网络的办法解决是一个可行的路径。深度学习神经网络可以拟合复杂的连续函数,从而把一些直接简单判别的特征表示出来,万能近似定理可以使神经网络以理想的准确率近似任意连续函数,例如多层感知机就是一种只包含一个隐层的通用近似器,它们可以表征阶跃函数的组合,从而以任意精度近似任意连续函数。深度学习网络主要应用的一个方面就是图像特征提取,对于一张图像,包含哪些特征,一般人很容易通过观察就能发现出,比如这是一幅世界名画,其中画了一个五颜六色的花瓶,花瓶里还有几朵盛开的花骨朵。这对人来说是一个简单的探测和识别任务,那这样一个任务我们如何通过自动程序系统来执行呢?人类通过眼睛和大脑的协同,能够识别一些具体的对象,是因为人们在不断地进化和学习,按照现在生物学理论的认识,人的认识手段和思考能力,是人在不断适应自然界的过程中,对人大脑中的神经网络不断学习提高的结果。这样一个复杂的网络结构,如果想用简单的几句程序语言来拟合匹配基本是不可能的。因此对于这类计算复杂的问题,或者用以前的程序语句需要很多代码的情况下,神经网络乃至深度神经网络就有了用武之地。比如对于刚才说的简单的图像中特征的识别,假设是一个小图像,像素是 500 像素 × 600 像素,而且是彩色,在 RGB 空间,每个像素有三通道的信息,那么包含的数值有 90 万个。其中哪些数值包含了我们进行判断的特征,这是需要考虑的问题,比如通过像素的聚类形成的形状和颜色,就可以判断这是什么花。这需要经验和知识来进行识别和判断。在深度学习网络中，我们可以通过数据驱动的方式来进行这个问题的求解，拿一些包含类似花瓶和花的真实图像，得到是否存在特定花的函数关系，这个函数关系可能是比较复杂的非线性函数，通过数据集对神经网络的不断训练，来得到这样一个复杂非线性函数，其中包含了不断迭代优化得到的函数的参数值，这些参数值表现在神经网络中就是权重和偏差。通俗地说，包括深度神经网络在内的人工智能机器学习就是一门讨论各种适用于不同问题的函数形式，以及如何使用数据来有效获取函数具体参数的学科。

深度学习网络是指机器学习中的一类函数，它们的形式常为多层神经网络。在自校正控制中涉及模型辨识，我们用到了最小二乘法。线性回归寻找的是权重和偏差，而在神经网络中其基本原理也一样，只是需要寻找的权重和偏差由一个变为多个，从线性回归变成了逻辑回归，需要对线性回归的值进行一个激活函数操作。这其实也从侧面反映了神经网络模型与自适应控制算法存在一定的一致性和联系。深度学习是具有多级表示的表征学习方法，在每一级，深度学习通过简单的函数将该级的表示变换为更高级的表示，因此，深度学习模型可以看作是由许多简单函数复合而成的函数，当这些函数足够多时，深度学习模型就可以表达非常复杂的变化。深度学习可以逐级表示越来越抽象的概念或模式。作为表征学习的一种，深度学习将自动找出每一级表示数据的合适方式。深度学习是端到端的，也就是，并不是将单独调试的部分拼凑起来组成一个系统，而是将整个系统组建好之后一起训练的。在这之前，计算机视觉科学家曾经一度将特征提取与机器学习模型构建分开，如 Canny 边缘检测和 SIFT 特征提取。在深度学习进入这个领域后，这些特征提取方法就被性能更强的自动优化的逐级过滤器替代了。

深度学习中因为要处理的数据量相对来说比较大，人工无法简单抽象地设计出函数来表示输入数据与输出判断之间的关系，因此需要用多层神经网络，具体指通过大量数据进行训练后的多层神经网络来拟合出输入与输出的函数关系，从而建立输入数据与输出判断之间的有效联系。有效利用训练数据和模型大小的规模是深度学习成功的关键。当数据集足够大时，增加神经网络的容量（参数数量）可以得到更高的预测精度。深度学习的这一思想，特别是基于神经网络模型和用数据进行编程的核心思想已经被研究了上百年，自古以来，人们就一直希望能够从数据中分析和预测未来。数据分析正是大部分自然科学研究的本质，我们都希望从观测中提取规则，克服不确定性而预测未来现象。神经网络进行函数拟合这一想法在 20 世纪 80 年代就已经风靡一时，然后又沉寂了一段时间，直到最近这几年，随着计算机硬件的提升和计算成本的大幅度降低，神经网络才又一次获得工业界和学术界的关注，并且在某些应用领域如围棋、生物学结构解析等方面获得了举世瞩目的成绩。比如，如今谷歌在超过 100 种服务中使用了深度学习，包括街景和语音搜索等。同时，他们设计了一种用于深度学习的专用芯片，并设计了可以插入数据中心机架中的硬盘插槽的电路板。这种张量处理单元（Tensor Process Unit），又叫 TPU，不同于 GPU 和 CPU，它是专门针对神经网络处理进行的设计，使得深度学习相关应用程序性能得到大幅改进。

10.3　强化学习与自适应

近年来，强化学习作为人工智能领域中的一个分支越来越受到国内外学者们的重视，其理论和实践成果均取得了较大的进步。同时，随着基础技术的发展，强化学习在实际生活中的适用性不断提高。强化学习模拟人类解决问题的方式,通过与环境互动和评估反馈所获得的经验来提高系统做出行为决策的能力,这种动态式的交互学习有助于训练并增强控制系统的自主学习能力,为实现自主控制系统智能化提供了新的思路和动力。强化学习本身还有一定的自适应特征,通过智能体与环境的交互来自适应地调整系统参数。深度强化学习(Deep Reinforcement Learning,DRL),是一种端到端的方法,此类方法只需通过关于模型的先验知识来确定系统输入和输出的关系,而不需要知道系统的具体模型。它利用与世界互动和评估反馈所获得的经验来提高系统做出行为决策的能力,而且学习算法必须自主采取行动才能表现良好并实现其目标。在一定程度上,由于数据丰富且可用性不断提高,近年来,强化学习的理论和实践取得了令人振奋的进步。

DRL 的开端是 DeepMind 在 2013 年提出的深度 Q 网络(Deep Q Network,DQN)算法。该算法使计算机学会玩 Atari 游戏,并超出人类水平,引起了广泛关注。DQN 算法能够直接根据当前游戏情况的原始图像进行学习,而不需要考虑该游戏的具体模型。2016 至 2017 年,Google DeepMind 基于深度强化学习算法,先后推出 AlphaGo 和 AlphaGo Zero 围棋系统,击败了全球顶尖围棋职业选手李世石和柯洁,引起了轰动。自此,深度强化学习掀起了全世界范围内的巨大浪潮,与其他机器学习方法相比,更侧重于目标导向的交互学习。假若现在的一个行动给未来带去积极的影响时,该行动应被加强;反之,若带去不良的影响时,就应该降低该行动出现的概率。DRL 的目的就是要学习从状态到动作的最佳映射,使得奖励信号最大,从而最小化误差,DRL 的系统框架如图 10.1 所示。

图 10.1 深度强化学习系统框架

单纯的 RL 很难控制连续动作空间,而 NN 和 RL 的结合研究很好地解决了这一问题,深度强化学习即在强化学习的算法框架中加入了深度学习。深度强化学习最近取得了很多进展,并在机器学习领域得到了很多的关注。传统的强化学习局限于动作空间和样本空间都很小,且一般是离散的情境下。然而比较复杂的、更加接近实际情况的任务则往往有着很大的状态空间和连续的动作空间,实现端到端的控制也是要求能处理高维的,如图像、声音等的数据输入。前些年开始兴起的深度学习,刚好可以应对高维的输入,如果能将两者结合,那么将使智能体同时拥有深度学习的理解能力和强化学习的决策能力。最新的算法,如深度确定性策略梯度(Deep Deterministic Policy Gradient,DDPG)(Lillicrap 等人,2015)、信任区域策略优化(Trust Region Policy Optimization,TRPO)(Schulman 等人,2015)和近端策略优化(Proximal Policy Optimization,PPO)(Schulman 等人,2017)已被证明是解决具有连续状态空间及连续动作空间的强化学习问题的有效方法(Duan 等,2016;Koch 等,2019)。DDPG 对连续动作领域的深度 Q 网络(DQN)(Mnih 等人,2013)进行了改进,它采用了

actor-critic 体系，每个 actor 和 critic 模型都使用两个神经网络，一个是用来产生样本的策略，而另一个是需要优化的策略。TRPO 与自然梯度策略方法相似，但是此方法改善了单调性。PPO 也是一种策略梯度方法，与 TRPO 相似，其新颖之处在于目标功能允许在每次训练迭代时对策略进行信任区域更新。

波士顿大学的 William Koch 等人基于 OpenAI 的强化学习测试平台 OpenAI GYM，开发了一个四旋翼无人机控制测试环境 GYM FC，并采用此环境结合基于 ROS-Gazebo 开发的四旋翼无人机环境，分别评估了最新的强化学习算法 TRPO、DDPG 和 PPO。对不同算法的对比研究发现，采用 PPO 能更快地使损失函数收敛，从侧面证实了 PPO 算法相对于 TRPO 以及 DDPG 的先进性。对比了 PPO 训练的控制器与 PID 控制器的性能，作者发现基于 PPO 的控制器几乎在每个控制评价指标上都优于 PID 控制器。

近些年来，深度强化学习方法得到了大量的关注。它能够实现从感知到决策控制的端到端自学习，在机器学习、人工智能和自动控制等领域大放异彩，具有非常广阔的应用前景。同时，深度强化学习的发展也将进一步推动智能控制技术的革命。目前强化学习中有多种不同的算法，根据不同的分类方式，可将强化学习算法进行以下四种分类。

（1）根据环境转移概率是否已知，分为基于模型的强化学习和模型无关的强化学习。在多数强化学习问题中状态转移概率与即时奖励都是未知的，而基于模型的强化学习解法是指使用采样估计的方式估计出代价函数的和，然后将强化学习问题转换为可以使用动态规划求解的已知模型问题。

（2）根据选择动作的方式分为基于策略的强化学习与基于值函数的强化学习。基于策略的强化学习方法直接输出下一步所有可能动作的概率，根据概率选取动作，所以每种动作都有可能被选中，只是可能性不同，它适用于离散或连续的动作空间，常见的方法是 PG 算法。基于值函数的强化学习方法输出的是动作的价值，智能体选择价值最高的动作作用于环境，适用于非连续的动作，常见的方法有 Q-Learning 和 SARSA。适用性更广的方法是二者的结合——AC 算法，策略根据状态做出动作，评价者根据当前策略采取的动作给出价值，于是在基于策略的强化学习上便加速了学习的过程。

（3）根据策略更新的步数分为回合更新（如蒙特卡洛算法）和单步更新（如时序差分算法）。回合更新是指从开始到结束整个回合结束后更新一次策略，单步更新相当于每做一个动作都会更新一次策略。因为单步更新更有效率，所以目前大多数的强化学习都是基于单步更新的方法。

（4）根据采样策略与学习策略是否是同一策略，分为同策略（On Policy）强化学习和异策略（Off Policy）强化学习。同策略强化学习是指通过采样获取训练数据的策略与需要学习优化的策略是同一个策略，不是同一个策略则称之为异策略强化学习。

这里解释一下同策略和异策略，首先说一下行为策略（Behavior Policy）和目标策略（Target Policy），行为策略是用来与环境互动产生数据的策略，即在训练过程中做决策，而目标策略在行为策略的数据中不断学习和优化，即学习训练完毕后拿去应用的策略。提出这两个策略的目的是为了解决强化学习问题中的探索（Exploration）和利用（Exploitation）问题，我们可以利用两个策略，其中行为策略用来保持搜索性，提供多样化的数据，而不断优化另一个策略（目标策略）。同策略的目标策略和行为策略是同一策略，直接利用数据就可以优化其策略，但这样的处理会导致策略其实是在学习一个局部最优，因为同策略没办法很好地同时保持探索和利用；而异策略将目标策略和行为策略分开，可以在保持探索的同时，更能求得其全局最优值，其问题和难点在于，如何使用在一个策略下产生的数据来优化另外一个策略。

目前的强化学习算法几乎都是无模型的，通过反复试验来获取数据。其中，只有 SARSA 是同策略算法，即需要优化的策略与采样的策略是同一个策略。DQN 是一个从离散观察空间到连续空间的巨大突破，使智能体能够处理未见过的状态。DDPG 算法是另一个突破，它使智能体使用策略梯度执行连续动作，将强化学习的应用扩展到更多的任务上（如控制）。TRPO 改善了 DDPG 的性能，因为它引入了一个智能体目标函数和相对熵约束，保证了长期回报不减少，而 PPO 通过修改智能体目标函数进一步优化了 TRPO，提高了目标性能，同时减弱了实现和计算的复杂度。

10.4 通用人工智能

通用人工智能（Artificial General Intelligence）系统可以完成一个人的部分智能行为，因此其实现在目前来说也是很困难的，还需要一代代科学家和工程师不断的努力。通用人工智能意味着这种人工智能能适应各种复杂环境，真正像人脑一样具有自适应功能，能够适应各种不同的任务和要求。目前的人工智能基本都是围绕单一功能进行训练和测试的，而通用人工智能似乎离我们很远，麻省理工教授马文·明斯基曾经认为神经网络无法实现通用人工智能，此观点一度对人工智能领域的发展打击颇大，因为他在人工智能领域很有地位。明斯基在 1940 年获得了博士学位，发表有著作——*The society of mind*，讨论了思维的运作过程和心智社会的涌现方式，他认为人的真正智能可能来源于大量的不具备思维能力的微小单元，这些微小单元组成了各种思维意思，认为思维的本质也许就是来源于这些大规模单元之间复杂的交错关联。人工智能领域主要专注于研制像人一样思考、像人一样从事多种用途的机器。这一单词源于 AI，但是由于主流 AI 研究逐渐走向某一领域的智能化（如机器视觉、语音输入等），因此为了与它们相区分，增加了通用性的描述。DeepMind 研究人员 Alex Graves 和 Greg Wayne 通过添加动态外部存储器，实现了基于深度学习的通用人工智能技术推进。人类第一次发现猫的记录已无从查证，但机器第一次"发现"猫是在 2012 年，当时谷歌大脑（Google Brain）团队成员 Jeff Dean 和吴恩达等曾通过深度学习技术，成功让 16 000 台计算机学习 1 000 万张图片后，在视频中"认出"了猫，即机器拥有了图像学习和辨识方面的能力。

尽管从理论到技术在通用人工智能方面都获得了一些进展，然而要真正从系统层面获得通用人工智能的突破，可能还有很长的路要走，也许要从生物学、基因学和智能的深刻理解方面获得突破性的发现和进展才能推进一大步。目前，以 OpenAI 公司的生成式大模型结合一些硬件厂商，最近生产出的 Figure 智能机器人演示效果让人们对通用人工智能的实现产生了巨大的愿景与希望。

10.5 总结

恐龙由于没有适应新的环境，灭绝了。人之所以能不断地进化和发展，正是因为人有自适应功能，从自动控制核心的反馈概念，到现在各种智能设备、神经网络的应用，证明了人类社会的进步正是因为人能不断地学习,不断地自适应地应对复杂变化的环境。进入21世纪后,人工智能相关理论的进展是人们不断更新改进生成方式的努力结果,人工智能相关理论与自适应控制理论一样都是为了更好地解决相关问题提出的新的理论方法。按照马克思主义理论观点,生产力决定生产关系,生产关系反作用于生产力,社会的进步依托于各类先进的理论以及对应理论产生的方法和工具。情况或者说客观环境会不断变化,人们的理论方法也要与时俱进。人工智能理论与自适应控制理论一脉相承,是社会技术进步的一种体现。理论知识只有与实践结合才能体现其生命力,宋代爱国诗人陆游说"纸上得来终觉浅,绝知此事要躬行。"对于人工智能与自适应相关理论知识,也要学会在现实问题中进行灵活应用。只有不断努力学习,追求创新,才能不断提升水平,实现个人价值和社会价值,为国家做出贡献。最后借用明代理学家朱熹的一句话来结尾,那就是"问渠那得清如许?为有源头活水来!"

习 题

1. 对人工智能相关理论和应用的进展进行调研,看看身边的人工智能应用案例都有哪些?
2. 请根据自动驾驶汽车的应用需求,设计一个深度学习网络,对横穿斑马线上的行人进行识别与分类。
3. 请利用强化学习理论,为四旋翼飞行器设计控制器,并进行仿真验证。
4. 对于通用人工智能理论,谈谈自己的看法,你觉得通用人工智能能实现吗?如何实现?
5. 调研目前国内外是否有通用人工智能的统一框架,考虑一下,人的感情是否可以包括在通用人工智能的框架中?

参 考 文 献

[1] 陈复扬，姜斌．自适应控制与应用［M］．北京：国防工业出版社，2009．

[2] ［美］B．威德罗，［以色列］E．瓦莱斯．自适应逆控制［M］．刘树棠，韩崇昭，译．西安：西安交通大学出版社，2000．

[3] 吴宏鑫．全系数自适应控制理论及其应用［M］．北京：国防工业出版社，1990．

[4] 刘小河，管萍，刘丽华．自适应控制理论及应用［M］．北京：科学出版社，2011．

[5] 韩正之，陈彭年，陈树中．自适应控制［M］．北京：清华大学出版社，2011．

[6] 陈新海，李言俊，周军．自适应控制及应用［M］．西安：西北工业大学出版社，1998．

[7] 韩曾晋．自适应控制［M］．北京：清华大学出版社，1995．

[8] 谢新民，丁锋．自适应控制系统［M］．北京：清华大学出版社，2002．

[9] 徐湘元．自适应控制理论与应用［M］．北京：电子工业出版社，2007．

[10] 吴振顺．自适应控制理论与应用［M］．哈尔滨：哈尔滨工业大学出版社，2005．

[11] 刘兴堂．应用自适应控制［M］．西安：西北工业大学出版社，2003

[12] 周克敏，DOYLE J C，GLOVER K．鲁棒与最优控制［M］．毛剑琴，钟宜生，林岩石，等译．北京：国防工业出版社，2002．

[13] 王文庆．复杂系统自适应鲁棒控制：基于模糊逻辑系统的分析设计［M］．西安：西北工业大学出版社，2005．

[14] 王伟，李晓理．多模型自适应控制［M］．北京：科学出版社，2001．

[15] 陈新海，李言俊，周军．自适应控制及应用［M］．西安：西北工业大学出版社，2003．

[16] 吴敏，何勇，佘锦华．鲁棒控制理论［M］．北京：高等教育出版社，2010．

[17] 李清毅．自适应控制系统理论、设计与应用［M］．北京：科学出版社，1990．

[18] 侯忠生，金尚泰．无模型自适应控制——理论与应用［M］．北京：科学出版社，2013．

[19] 董宁．自适应控制［M］．北京：北京理工大学出版社，2009．

[20] ÅSTRÖM K J，WITTENMARK B．Adaptive Control［M］．2nd Edition．Prentice Hall，1995．

[21] ［美］特伦斯·谢诺夫斯基，TERRENCE J S．深度学习［M］．姜悦兵，译．北京：中信出版社，2019．

[22] 阿斯顿·张，李沐，［美］ZACHARY C L，［德］ALEXANDER J S．动手学深度学习［M］．北京：人民邮电出版社，2019．

[23] RICHARD S S，ANDREW G B．Reinforcement Learning：An Introduction［M］．2nd Edition．The MIT Press，2018．

图 8.17 Φ 矩阵变化曲线（附彩插）

图 8.18 ω_p 收敛于 ω_m 的变化曲线

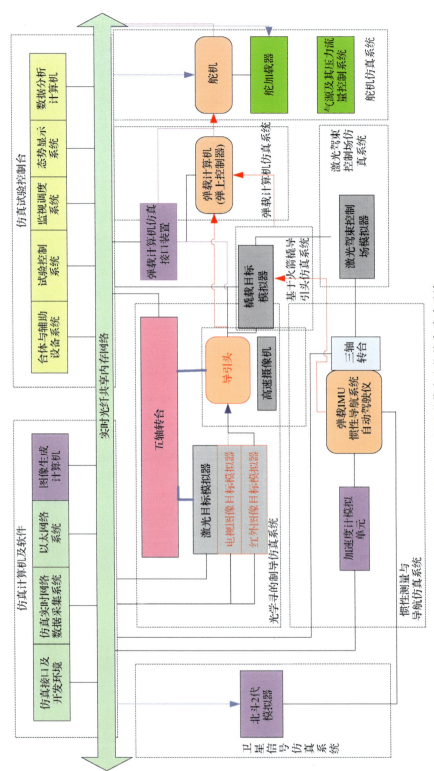

图 9.14 制导弹药半实物仿真试验系统